Jeff Daniel Nze Memiaghe

Práticas Agrícolas e Variabilidade Espacial do Fósforo nos Solos

Jeff Daniel Nze Memiaghe

Práticas Agrícolas e Variabilidade Espacial do Fósforo nos Solos

ScienciaScripts

Imprint

Cover image: www.ingimage.com

This book is a translation from the original published under ISBN 978-620-6-70890-2.

Publisher:
Sciencia Scripts
is a trademark of
Dodo Books Indian Ocean Ltd. and OmniScriptum S.R.L publishing group

120 High Road, East Finchley, London, N2 9ED, United Kingdom
Str. Armeneasca 28/1, office 1, Chisinau MD-2012, Republic of Moldova, Europe
Printed at: see last page
ISBN: 978-620-8-07417-3

Conteúdo

Resumo

O fósforo (P) é um nutriente importante para o crescimento das plantas. No entanto, as aplicações excessivas de P nos solos agrícolas podem aumentar o risco de perda deste elemento através do escoamento superficial e contribuir para a eutrofização dos cursos de água. A gestão sustentável do P nos solos aráveis depende, pois, de uma fertilização que equilibre a disponibilidade de P no solo com as necessidades efectivas de P das plantas. Por conseguinte, é importante compreender melhor a variabilidade espacial (VS) do P disponível para as culturas, a fim de melhorar a utilização económica e racional dos fertilizantes fosfatados, promover a rentabilidade e a sustentabilidade da atividade agrícola e, simultaneamente, reduzir as perdas de P para o ambiente. O objetivo geral desta tese de doutoramento foi avaliar a VS da disponibilidade de P no solo em diferentes sistemas de cultivo (pastagens velhas (OG) vs pastagens jovens (YP)) e práticas de cultivo (lavoura convencional (CT) vs sementeira direta (DS)) utilizando ferramentas estatísticas e geoestatísticas para recomendações agro-ambientais.

Para atingir os objectivos da tese, foram utilizados quatro campos de culturas comerciais, dois na região de Chaudière-Appalaches e dois em Montérégie (província do Quebeque). Dois solos da região de Chaudière-Appalaches, um sob pastagem jovem (JP; 2,4 ha; 2 anos) e um sob pastagem velha (AP; 2,5 ha; 10 anos sob pastagem permanente), classificados como Podzols Humo-Férricos, receberam adições orgânicas (estrume, chorume de gado). Os resultados revelaram um índice médio de saturação de P (PSI, $(P/A1)_{M3}$) de 3% em ambas as camadas (0-5 cm e 5-20 cm) sob JP em comparação com 7% na camada de 0-5 cm e 4% na camada de 5-20 cm sob AP, após aplicações de estrume a longo prazo. Para ambos os campos de pastagem (JP e AP), observámos uma elevada intensidade de variabilidade de P (CV > 50%) e uma estrutura espacial moderada (25-75%). As aplicações repetidas de estrume e chorume de gado podem ter um impacto a longo prazo na acumulação de P no solo, reduzindo assim a variabilidade e a dependência espacial do P em pastagens permanentes. Devido à estratificação observada do P, uma estratégia de amostragem do solo centrada na camada de 0-5 cm deve ser mantida nos prados permanentes (PS) para recomendações sustentáveis de fertilizantes P nos solos da província do Quebeque.

Além disso, este estudo examinou os impactos da lavoura na variabilidade espacial do P disponível em dois campos comerciais que estiveram em rotação milho-soja durante 20 anos, denominados TC (10,8 ha) e SD (9,5 ha), com o objetivo de melhorar as recomendações de fertilizantes fosfatados na região de Montérégie. Os resultados mostraram que a variabilidade do P disponível no solo nos dois campos variou de moderada a muito alta (32-60%) em TC e SD. Um PSI médio de 3% foi medido em ambas as camadas sob CT, comparado com 8% na camada de 0-5 cm e 6% na camada de 5-20 cm sob SD. Relações entre os índices de P e outras propriedades

propriedades físico-químicas (CT, Fe_{M3}, pH_{water}, Ca_{M3}) diferiram de acordo com as práticas de lavoura. Este estudo demonstrou a importância da aplicação de taxa variável (VRA) para melhorar as recomendações de fertilizantes P na província do Quebec.

Além disso, foi efectuada a delimitação de zonas de gestão (ZAs) no campo sob SD (9,5 ha). As ZAs foram delimitadas com base na relação condutividade eléctrica aparente (CEa)-P do solo, a fim de reduzir a variabilidade espacial do P do solo para recomendações específicas de fertilizantes P no campo. Os dados da CEa (CEa_{30}; CEa_{100}) foram medidos a duas profundidades (0-30; 0-100 cm) utilizando o Veris. As ZAs foram delimitadas utilizando o método ISODATA de acordo com três estratégias de delimitação: medições PSI, medições ECa, ou medições combinadas PSI+ECa. Os resultados mostraram que o PSI médio foi 7,9% inferior ao SD. A variabilidade do P do solo foi moderada (32-36%), indicando que uma recomendação uniforme de fertilizante P não pode ser aplicada no campo. $^{-1}$Os valores médios de ECa_{30} e ECa_{100} foram 15,8 e 32,6 mS m, respetivamente. Foi observada uma correlação significativa entre ECa_{30} e P do solo (0,22-0,23). A delimitação de duas ou três ZAs através de medições do PSI gerou as maiores reduções de P (40-74 kg P_2O_5), representando assim a melhor estratégia agronómica para delimitar ZAs. Este estudo evidenciou o potencial de redução da variabilidade espacial do P do solo utilizando a estratégia de delimitação de ZAs, reduzindo assim as perdas de P sob SD.

Assim, o ATV gerou 366 kg de P_2O_5, enquanto a delimitação de duas ou três ZAs gerou 306 e 341 kg de P2O5 no campo sob SD, ou seja, ganhos de 60 e 25 kg de P_2O_5, respetivamente, em comparação com o ATV na cultura do milho em grão. Por conseguinte, a estratégia de delimitação de duas ou três ZAs parece ser mais eficaz do que a ATV em termos de ganhos de P_2O_5 neste campo. Em geral, os resultados desta tese demonstraram a importância de ter em conta o SV de P para fins específicos de gestão de P, a fim de reduzir as perdas de P nos solos sob culturas de campo em agricultura de precisão.

Resumo

O fósforo (P) é um nutriente do solo importante para o crescimento das plantas. No entanto, as aplicações excessivas de P em solos agrícolas relativamente às necessidades das culturas podem aumentar o risco de perda de P através do escoamento superficial, contribuindo para a eutrofização da água. Assim, a gestão sustentável do P do solo à escala do terreno deve basear-se numa fertilização equilibrada entre o fornecimento de P do solo e a procura real de P resultante das necessidades das culturas. Assim, é importante ter uma melhor compreensão da variabilidade espacial do P disponível no solo sob culturas de gestão intensiva, com o objetivo de melhorar a utilização económica e racional de fertilizantes P, para promover a rentabilidade e sustentabilidade das empresas agrícolas, reduzindo simultaneamente as perdas de P no ambiente. O principal objetivo desta dissertação de doutoramento foi avaliar a variabilidade espacial do P disponível no solo sob culturas contrastantes [prados velhos (OG) vs prados jovens (YG)] e sistemas de lavoura [convencional (CT) vs plantio direto (NT)] usando ferramentas estatísticas e geoestatísticas, visando fornecer recomendações agro-ambientais.

Para atingir os objectivos desta dissertação de doutoramento, foram utilizados quatro campos comerciais. Dois campos estavam localizados na região de Chaudière-Appalaches e dois outros na região de Montérégie (Canadá Oriental). Assim, o estudo teve como objetivo investigar a variabilidade à escala do campo do P testado no solo (STP) em dois campos de pastagem contrastantes na região de Chaudière-Appalaches, utilizando estatísticas descritivas e geoestatísticas para recomendações precisas sobre a estratégia de amostragem do solo e abordagens sustentáveis à gestão do P. Um prado jovem (YG; 2 anos) e um prado velho (OG; 10 anos sob pastagem permanente) foram classificados como podzol humo-ferrico e receberam fertilizantes orgânicos. As amostras de solo foram recolhidas em grelhas triangulares de 16 m por 16 m a duas profundidades (0-5 e 5-20 cm). Os resultados mostraram um índice de saturação de P (PSI, $(P/A1)_{M3}$) valor médio de 3% em ambas as camadas de solo YG (0-5 cm e 5-20 cm) contra 7% na camada OG 0-5 cm e 4% na camada OG 5-20 cm, devido a aplicações de estrume a longo prazo. A variabilidade do P do solo foi elevada (CV > 50%) e a estrutura espacial do P do solo foi moderada (25-75%) em ambos os campos contrastados. As aplicações repetidas de estrume de bovinos e de chorume podem ter um impacto a longo prazo na acumulação de P no solo, reduzindo assim a variabilidade espacial e a dependência do P do solo em prados permanentes. Devido à estratificação do P, uma estratégia de amostragem do solo centrada na camada de 0-5 cm deve ser mantida nos prados permanentes (OG) para recomendações sustentáveis de fertilizantes P no Canadá Oriental.

Além disso, o estudo examinou os impactos da lavoura na variabilidade espacial do P disponível no solo, em dois campos comerciais com 20 anos de rotação milho-soja, denominados CT (10,8 ha) e NT (9,5 ha), com o objetivo de melhorar as recomendações de fertilizantes P no leste do Canadá. As misturas de fertilizantes NPK foram aplicadas aos solos (Gleysols húmicos) seguindo as recomendações locais. Os resultados mostraram que a variabilidade do P disponível no solo variou de moderada a muito alta (32-60%) sob CT e NT. O valor médio do PSI foi de 3% em ambas as camadas CT, contra 8% e 6% nas camadas 0-5 cm e 5-20 cm NT, respetivamente. As relações entre os índices de P e outras propriedades químicas do solo (TC, Fe_{M3}, pH_{water} e Ca_{M3}) diferiram entre as práticas de cultivo contrastadas. Este estudo destacou a importância da aplicação de taxa variável (VRA) para melhorar as recomendações de fertilizantes P no leste do Canadá.

Além disso, foi efectuada a delimitação de zonas de gestão (ZM) no campo NT de 9,5 ha. Esta abordagem de delimitação das ZM baseou-se na relação condutividade eléctrica aparente (CEa)-P do solo, com o objetivo de reduzir a variabilidade espacial do P do solo para prever as recomendações de fertilizantes P específicas do campo. Os dados da CEa (CE_{a30}; CE_{a100}) foram medidos a duas profundidades do solo (0-30; 0-100 cm) utilizando o sistema Veris. As MZs foram delineadas utilizando o método ISODATA seguindo três estratégias de delineamento: ISP, ECa e medições combinadas de ISP+ECa. Os resultados mostraram que o valor médio do ISP foi de 7,9% no campo NT. A variabilidade do P do solo foi moderada (32-36%), indicando que não é possível aplicar uma recomendação uniforme de fertilizante P no campo. $^{-1}$Os valores médios de EC_{a30} e EC_{a100} foram de 15,8 e 32,6 mS m, respetivamente. Foi observada uma correlação significativa entre a EC_{a30} e o P do solo (0,22-0,23). A delimitação do campo em duas ou três ZM utilizando as medições do ISP gerou as maiores reduções de P (40-74 kg P_2O_5), representando assim a melhor estratégia agronómica para a delimitação das ZM. Este estudo destacou a importância de usar a estratégia de delineamento MZ para reduzir a variabilidade espacial do P do solo, diminuindo as aplicações de fertilizantes P e as perdas de P no campo NT.

Assim, a estratégia agronómica VRA gerou 366 kg de P2O5 , enquanto a estratégia de delineamento em duas ou três MZs gerou 306 e 341 kg de P2O5, respetivamente, sob o campo NT. Isso representou reduções de 60 e 25 kg de P2O5 em comparação com a VRA sob campo NT de milho-grão. Portanto, a estratégia de delineamento em duas ou três MZs pareceu mais eficaz em comparação com a estratégia VRA em termos de redução de P2O5 nesta escala de campo. Os resultados desta dissertação de doutoramento demonstraram a importância de ter em conta a variabilidade espacial do P do solo para a gestão específica do P no terreno, com o objetivo de reduzir as perdas de P em grandes campos de culturas na agricultura de precisão.

Aos meus pais e modelos a seguir. Dr. Ing. Joseph-Aimé Memiaghe e Dra. Gisèle Memiaghe, nascida Ossakedjombo-Ngoua. Gisèle Memiaghe, nascida Ossakedjombo-Ngoua. Obrigado pelo dom mais precioso que me deste: a vida.

A educação é a arma mais poderosa para mudar o mundo. Nelson Rolihlahla Mandela (1918-2013). Prémio Nobel da Paz e Presidente da República da África do Sul.

Agradecimentos

Esta tese marca o fim definitivo dos meus estudos universitários. [11]Na verdade, é o culminar de um projeto de vida que começou quando cheguei ao Canadá, no início do meu programa de licenciatura em Agronomia, com especialização em Solos e Ambiente, na Faculdade de Ciências Agrárias e Alimentares da Universidade Laval, em 2004. Ao longo da minha carreira académica, muitas pessoas e professores apoiaram-me e encorajaram-me. É-me difícil mencioná-los a todos pelo nome. No entanto, gostaria de agradecer particularmente a :

A minha co-orientadora de tese, a Dra. Athyna N. Cambouris, investigadora do Centro de Investigação e Desenvolvimento do Quebeque da Agriculture and Agri-Food Canada (AAFC), pela sua orientação e por todas as facilidades e oportunidades que me deu. O seu apoio científico e moral, a sua calma e paciência ajudaram-me a melhorar de dia para dia. Obrigado Athyna, por me ter aberto as portas da geoestatística aplicada à agricultura de precisão!

O meu orientador de tese, Dr. Antoine Karam, professor na Universidade Laval, pela sua disponibilidade, pelo seu encorajamento nas várias conferências em que participámos juntos e pelo seu rigor científico. Antoine, gostaria de expressar a minha mais profunda gratidão pelas facilidades e oportunidades que me proporcionou. Obrigado por me ter acolhido na sua equipa, que se tornou a minha segunda família!

Dra. Noura Ziadi pela sua ajuda essencial e enriquecedora na redação dos capítulos desta tese. Obrigado, Noura, pelo teu espírito crítico e rigor científico.

Gostaria também de agradecer aos avaliadores externos desta tese, o Dr. Aimé Jean Messiga, a Dra. Judith Nyraneza e o Dr. Louis Longchamps. Através dos vossos comentários e sugestões, contribuíram grandemente para a melhoria desta tese.

Gostaria de agradecer a Marc Duchemin pelo seu apoio técnico na elaboração das numerosas figuras e quadros que figuram nos capítulos desta tese. Marc, obrigado pelas suas sugestões e críticas, porque sem as suas observações, este trabalho poderia não ter visto a luz do dia. Muito obrigado!

Gostaria de agradecer aos meus amigos da AAC: Chedzer Clarc-Clément, Wen Guoqi, Éric Manirakiza, Karim Lajili, Nomena Ravelojaona e Bilal Javed por todas as discussões, risos e bons momentos que passámos na vossa companhia. Gostaria também de estender os meus mais sinceros agradecimentos aos meus amigos (irmãos): Piterson Floradin, Raghad Soufan, Dacos (Wally) Ndiaye, Ralph-Dimitri Tasing, Thierno Diallo, Pierre-Paul Audate, Pôl Zué Essangui, Patrick Kankolongo, Siaka Koné, e à minha querida tia (mãe) Zedna-Inès Étsang- Metegue épouse Yèno por me aconselharem e apoiarem durante os meus estudos de doutoramento.

Esta tese foi possível graças ao apoio financeiro da AAFC. Gostaria também de agradecer ao Departamento de Solos e Engenharia Agroalimentar da Universidade Laval e ao Centro SÈVE por me terem concedido bolsas para apresentar os meus resultados de investigação em conferências científicas. Além disso, os resultados desta tese de doutoramento foram objeto de vários prémios de prestígio, nomeadamente o Prémio *Karl Ivarson Soil Science* ($3.000) oferecido pela Canadian Agri-Food Education Foundation em 2023, o Prémio *Yvon Lévesque* ($400) oferecido pela Ordre des Agronomes du Québec em 2023, o *prémio ISPA Outstanding Graduate Student Award* ($1.000) da International Society for Precision Agriculture nos Estados Unidos (2022-2024), a bolsa de estudo da International Union of Soil Science (£300) no âmbito do World Soil Science Congress 2022, e uma bolsa de doutoramento ($5.000) oferecida pela Université Laval em 2022.

Dedico esta tese aos meus falecidos pais paternos e maternos. Os meus tios paternos (pais) partiram demasiado cedo: Dr. Antoine-Joel Olame-Nze, Gabriel Nze-Bithegue e Jean-Christian Nkouele Nze-Memiaghe. Foram e continuam a ser para mim verdadeiros modelos a seguir. À minha querida avó materna, Georgette Ntombwiyandji Tétaye Simira, viúva de Martin Ngoua, obrigado pelo seu amor, pela sua doçura, pela sua humildade, pelo seu silêncio, pela sua paciência e pelos seus sábios conselhos aos seus netos! Que estejas junto do teu Pai, a quem nos ensinaste a honrar desde a mais tenra idade! Aos meus tios-avós maternos: Dr. Albert Ndjavé-Ndjoy, médico militar, e Pascal Ndjavé Émane, obrigado pela vossa dedicação incansável à família! Que Deus vos pague cem vezes mais!

Finalmente, gostaria de agradecer aos meus pais: Dr. Ing. Joseph-Aimé Memiaghe e Dra. Gisèle Marie-Hortense Memiaghe, nascida Ossakedjombo-Ngoua, aos meus irmãos e irmãs: Nanou, Ange, Clisy-Awan e Ludmillia pelo seu apoio e encorajamento ao longo dos meus muitos anos de estudo. Obrigado pai pelas tuas sugestões e conselhos durante os nossos intercâmbios científicos. Obrigado também, mãe, pelos teus conselhos, pelos valores que transmitiste e, sobretudo, pelo rigor que nos demonstraste desde a mais tenra infância, herdado dos teus queridos pais.

Prefácio

Esta tese de doutoramento faz parte de uma colaboração entre a Universidade Laval e o Centro de Investigação e Desenvolvimento do Quebeque da Agricultura e Agro-Alimentação do Canadá.

O documento está dividido em cinco capítulos. O primeiro capítulo descreve a revisão da literatura científica, na qual são apresentados tópicos relacionados com o tema de estudo, tais como o ciclo do fósforo e os métodos de determinação do fósforo no solo, os factores agronómicos e ambientais que afectam a estratificação do fósforo, o estado atual do conhecimento sobre a variabilidade espacial do fósforo nos solos e as principais estratégias agronómicas para controlar a variabilidade espacial do fósforo nos solos sob culturas de campo.

Os capítulos 2, 3 e 4 são artigos científicos escritos em inglês. O capítulo 2 trata da variabilidade espacial dos indicadores de fósforo em dois sistemas de pastagem contrastantes. Este artigo foi publicado em dezembro de 2020 na *revista Agronomy MDPI*. O capítulo 3 é um artigo publicado em maio de 2022 no *Soil Systems MDPI Journal*. Ele trata dos impactos da lavoura na variabilidade espacial do fósforo sob rotação milho-soja. O capítulo 4 apresenta estratégias de delimitação de zonas de manejo para reduzir a variabilidade espacial do fósforo do solo para recomendações de fertilizantes fosfatados em um campo de plantio direto. Este artigo será submetido ao *Canadian Journal of Soil Science*. Os artigos foram escritos em coautoria com a Dra. Athyna N. Cambouris, a Dra. Noura Ziadi, o Dr. Marc Duchemin, Isabelle Perron do Centro de Investigação e Desenvolvimento da Agricultura e Agroalimentar do Canadá na cidade do Quebeque e o Dr. Antoine Karam da Universidade Laval. Todos os artigos foram incluídos na tese tal como foi apresentada. O capítulo 5 inclui uma discussão geral relacionada com os capítulos anteriores, bem como uma conclusão e recomendações futuras.

As experiências de campo, a recolha de dados e a análise do solo e das plantas no laboratório foram realizadas pela equipa de profissionais de investigação da Dra. Athyna Cambouris. A equipa de profissionais de investigação da Dra. Athyna Cambouris. O processamento e a análise dos dados foram efectuados por mim, sob a supervisão da Dra. Athyna Cambouris. Athyna Cambouris.

[èmeème]Os resultados destes estudos foram apresentados no Congresso Internacional da *Sociedade Americana de Cientistas do Solo* em San Antonio, EUA, em novembro de 2019, no 35.º congresso da *Associação Québécoise des Spécialistes en Science du Sol* na cidade do Quebeque, em junho de 2021, na 15.ª *Conferência Internacional sobre Agricultura de Precisão* em Minneapolis, EUA, em junho de 2022, [ème]no 22.º *Congresso Mundial de Ciência do Solo* (em modo virtual) em Glasgow, Reino Unido, em agosto de 2022, no Congresso Internacional da *Sociedade Americana de Cientistas do Solo* em Baltimore, EUA, em novembro de 2022, nas reuniões científicas da Ordem dos Agrónomos do Quebeque em Lévis, em abril de 2023, no âmbito da entrega do prémio *Yvon Levesque,* e no Congresso Internacional da Água na cidade do Quebeque, em maio de 2023.

Introdução

ème O fósforo (P) representa 0,12% dos elementos constituintes da litosfera, o que o torna o 11º elemento mais abundante na crosta terrestre (Cathcart, 1980; Messiga, 2010; Li, 2017). $^{-1}$O teor de fosfato das rochas portadoras de fosfato das reservas naturais situa-se entre 100 e 140 g P kg . Estas reservas naturais são as principais fontes de fosfatos no mundo (Morel, 2002). Recentemente, as reservas mundiais de fosfato foram reavaliadas em 300 mil milhões de toneladas métricas, devido à descoberta de novos depósitos de fosfato no Norte de África, na China, no Médio Oriente e nos Estados Unidos (US Geological Survey, 2022).

A distribuição das reservas mundiais de fosfatos e a disponibilidade de depósitos exploráveis variam muito em função da sua distribuição geográfica. Os principais depósitos naturais de fosfatos estão localizados em seis países (Marrocos (70%), China (5%), Egito (4%), Argélia (3%), África do Sul (2%) e Brasil (2%)) (US Geological Survey, 2022). Devido à elevada procura global de fosfatos face a uma população mundial em crescimento, é geralmente reconhecido que as reservas de fosfatos estão a diminuir consideravelmente e que a prática atual de extração de fosfatos já não está em conformidade com o desenvolvimento sustentável preconizado (Steen, 1998; Gassner, 2003; Fu et al., 2013a).

O P é um nutriente importante para o crescimento e desenvolvimento das plantas cultivadas. É utilizado na formação de ácidos nucleicos e desempenha um papel fundamental no crescimento das culturas (Fu et al., 2013a). A aplicação excessiva de P nos solos agrícolas em relação às necessidades das culturas leva a uma acumulação de P na camada superficial do solo das parcelas agrícolas, aumentando o risco de perda deste elemento através do escoamento superficial (Jamieson et al., 2003) por erosão das partículas do solo. Este facto contribui para a degradação ambiental através da eutrofização dos cursos de água (Grant et al., 1996; Jordan et al., 2000; Messiga, 2010; Wei-Xia et al., 2015).

Assim, a gestão sustentável do P em solos aráveis depende de uma fertilização que equilibre a oferta e a procura reais de P no solo (Tunney, 1990; Fu et al., 2013a). Por conseguinte, é importante compreender melhor a variabilidade espacial do P nos solos cultivados, a fim de melhorar a utilização económica e racional dos fertilizantes P, promover a rentabilidade e a sustentabilidade da empresa agrícola, melhorar a redução das perdas de P e a proteção do ambiente.

Foram realizados vários estudos sobre a variabilidade espacial do P à escala da bacia hidrográfica (Nolan et al., 2007; Yuan et al., 2009; Wilson et al., 2016), ou à escala regional e territorial (Roger et al., 2014; Wei-Xia et al., 2015; Vasu et al., 2017). A maioria destes estudos centra-se no planeamento e mapeamento do P disponível no solo para efeitos de prevenção e avaliação do risco de poluição ambiental relacionada com o P. No entanto, foram realizados muito poucos estudos sobre a variabilidade espacial do P disponível à escala de uma parcela agrícola sob a influência de diferentes práticas agronómicas (sistemas de cultivo, lavoura) na província do Quebeque. Além disso, até à data, houve poucos estudos de zonas de gestão baseados na monitorização da variabilidade do P para efeitos de recomendações de P à escala do terreno.

O objetivo geral desta tese de doutoramento é avaliar a variabilidade espacial da disponibilidade de fósforo no solo sob vários sistemas de cultivo e práticas de lavoura para efeitos de recomendações agro-ambientais de P no contexto da agricultura de precisão.

Capítulo 1

Revisão da literatura

1.1. Fósforo: ciclo biogeoquímico, formas químicas e métodos de determinação do P disponível nos ecossistemas cultivados

1.1.1. Ciclo biogeoquímico do P em ecossistemas cultivados

As principais fontes de P nos solos cultivados são os fertilizantes minerais, os adubos orgânicos agrícolas (estrume, chorume), os resíduos de fertilização (lamas de depuração, composto) e a deposição atmosférica (Morel, 2007; Gagnon et al., 2010) (Figura 1.1). No Quebeque, Hébert et al. (2008) referem que os adubos orgânicos (estrume e chorume) representam 63% das entradas de P na agricultura, enquanto os fertilizantes minerais e os resíduos de fertilizantes representam 35% e 2% das entradas de P, respetivamente. Mais de 31 milhões de toneladas de adubos orgânicos foram produzidos pelas explorações agrícolas do Quebeque para serem espalhados nos campos agrícolas, representando mais de 95 000 t de P2O5 (MDDELCC, 2017). Os resíduos de culturas são também uma importante fonte de P nos solos cultivados.

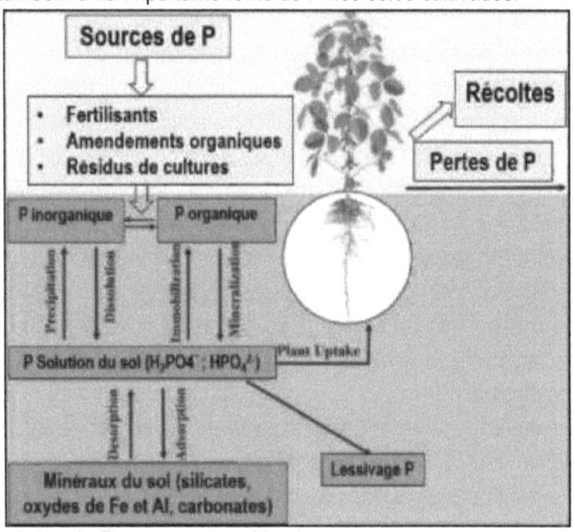

Figura 1-1. Ciclo biogeoquímico do P em campos cultivados

(Fonte: adaptado de Fageria et al. (2017))

Os diferentes reservatórios são o P inorgânico, o P orgânico e as partículas minerais (silicatos, carbonatos, óxidos de Fe e Al). Estes interagem com a solução do solo através de mecanismos físico-químicos, biológicos e bioquímicos. Estes mecanismos são principalmente a adsorção, a dessorção, a precipitação, a dissolução, a mineralização, a imobilização, a difusão intra-partícula, a oxidação-redução e as reacções ácido-base. Todas estas reacções podem levar à libertação de iões P para a solução do solo ou à subtração de iões P da solução do solo para a fase sólida.

Parte do P é exportado para fora da parcela cultivada através dos produtos colhidos e das partes aéreas das plantas. [11]Por exemplo, Webb et al (1992) mostraram que as exportações médias anuais de P eram, respetivamente, 60 kg de P2O5 ha- para o milho e 32 kg de P2O5 para a soja, ou seja, uma média de 46 kg de P2O5 ha- em solos calcários argilosos finos do Iowa, resultantes de 14 anos de fertilização fosfatada numa rotação soja-milho. No Quebeque, Giroux et al (2002) também relataram que uma média de 2,5 e 3 kg de P2O5 t-1 foram removidos de prados de gramíneas e leguminosas, respetivamente.

Outras saídas de P são também avaliadas sob a forma de perdas por lixiviação (migração profunda de P dissolvido), lixiviação (migração profunda de P particulado), escoamento superficial e fluxo preferencial (Simard et al., 2000; Djodjic et al., 2004; Allaire et al., 2011; Abdi et al., 2014). Além disso, novos conhecimentos sobre as perdas de P em águas superficiais e lagos exigem uma melhor quantificação das perdas de P (Simard et al., 2000; Giroux et al., 2008; Allaire et al., 2011). No seu relatório sobre as alterações dos níveis de P do solo em função da sua fertilidade, Giroux et al (2002) afirmam que os efeitos das exportações de P das plantas nas alterações do P do solo não podem ser corretamente medidos sem ter em conta a variabilidade espacial, frequentemente bastante elevada, dos níveis de P do solo, daí a necessidade de definir melhor a variabilidade espacial do P nos solos.

1.1.2. Formas químicas do P nos solos

O P está presente nos solos cultivados sob 3 formas: P inorgânico, P orgânico e P ligado à biomassa microbiana, que representam em média 75%, 20% e 5% do P total, respetivamente (Grant et al., 2005).

[2]O P inorgânico no solo está distribuído entre (1) a solução do solo sob a forma de iões ortofosfato dominantes (H_2PO<e HPO_4 -), (2) fosfatos adsorvidos na fase sólida e (3) fosfatos precipitados com óxidos e hidróxidos de ferro e alumínio e carbonatos de cálcio (Pierzynski et al., 2005). Em solos ácidos, os fosfatos estão ligados a óxidos de ferro e alumínio para formar minerais como a strengite ($FePO_4.2H_2O$) e a variscite ($AlPO_4.2H_2O$), enquanto nos solos neutros e alcalinos os compostos de fosfato se ligam ao cálcio para formar minerais como os fosfatos de cálcio, os fosfatos de magnésio e as várias formas de apatite [$Ca_3(PO_4)_2CaF_2$, $Ca_3(PO_4)_2CaF_2$, $Ca_3(PO_4)_2CaCl_2$, $Ca_5(PO_4)_3OH$, $Ca_{10}(PO_4)_6(CO_3)$]. Desta forma, o P liga-se ao ferro e ao alumínio em condições ácidas e ao cálcio em condições neutras e alcalinas (Pierzynski et al., 2005).

A figura 1.2 resume o efeito do pH da solução do solo na distribuição dos iões ortofosfato em solução. -2-As formas iónicas dominantes de P (H_2PO_4 e HPO_4) são influenciadas pelo pH da solução do solo. -2-A um pH inferior a 7,2, a forma H_2PO_4 é dominante na solução do solo, enquanto a um pH superior a 7,2, a forma HPO_4 predomina na solução do solo.

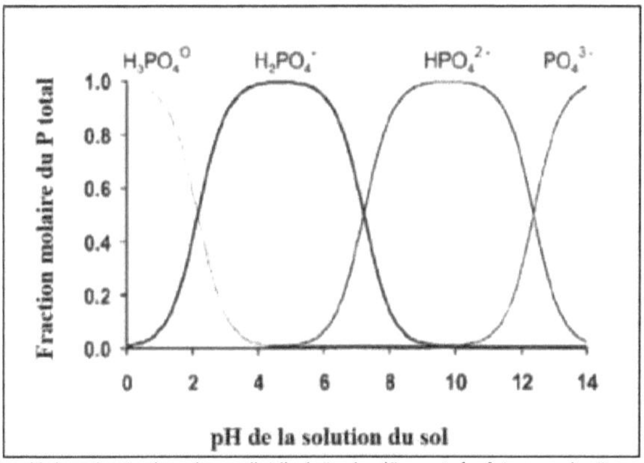

Figura 1-2. Efeito do pH da solução do solo na distribuição dos iões ortofosfato na solução

(Fonte: adaptado de Hinsinger, 2001)

Além disso, Abdi et al (2014) identificaram, utilizando a técnica de ressonância magnética nuclear (RMN), três formas principais de P inorgânico do solo (ortofosfatos, pirofosfatos e polifosfatos) no seu estudo sobre o impacto a longo prazo das práticas de cultivo (lavoura convencional vs. plantio direto) e da fertilização fosfatada nas formas de P do solo. Os investigadores verificaram que a forma ortofosfato é a mais dominante (mais de 95%), seguida das formas pirofosfato e polifosfato. De facto, o grupo dos ortofosfatos representava 95,94% e 96,5% das formas inorgânicas de P nos solos cultivados convencionalmente e nos solos de plantio direto, respetivamente. A proporção de iões ortofosfato pode aumentar com a profundidade do solo. De facto, Abdi et al. (2014) observaram que as fracções de iões ortofosfato representavam 95,65%, 96,49% e 96,16% do P inorgânico total em amostras de solo dos horizontes 0-5 cm, 5-10 cm e 10-20 cm, respetivamente. Assim, a proporção de iões ortofosfato pode variar de acordo com o tipo de prática de cultivo e a profundidade do solo.

Quando os solos recebem P sob a forma de corretivos do solo, a concentração de iões de fosfato na solução pode aumentar, dependendo do estado do fosfato e do tipo de solo (Kovar e Barber, 1988; Messiga, 2010). Este aumento da concentração de iões fosfato é benéfico para o crescimento das culturas, mas pode também representar um risco para o ambiente.

O P orgânico do solo é definido como o P ligado ao carbono. Provém de resíduos animais e vegetais (Kuo, 1996). A fração orgânica do P representa cerca de 20% do P total na camada superficial dos solos e pode atingir 50% ou mesmo 80% do P total (Stevenson 1994, Roger et al., 2014). O seu teor nos solos depende do teor de matéria orgânica, que contém 0,5% de P. A libertação de P orgânico para a solução do solo é controlada pela mineralização da matéria orgânica.

O P orgânico do solo pode ser agrupado em quatro grupos, nomeadamente o grupo dos monoésteres de ortofosfato, que são ésteres de ácido fosfórico que incluem fosfatos de inositol, açúcares fosfatados, fosfoproteínas e mononucleótidos. O grupo fosfato diéster, que inclui o ADN, o ARN, os fosfolípidos, o ácido teicóico e os compostos aromáticos. O grupo dos fosfonatos, que inclui os ácidos fosfónicos e os fosfonolípidos caracterizados por ligações C-P em vez de ligações éster. Por último, o grupo dos ortofosfatos anidros (Smith e Read, 1997; Corbridge, 2000; O'Halloran e Cade-Menum, 2007). No entanto, Turner et al (2005) classificam o P orgânico do solo em três grupos: ésteres de fosfato, fosfonatos e anidridos de ácido fosfórico. Esta classificação baseia-se essencialmente na natureza química das ligações de P.

Abdi et al, (2014) identificaram três classes de P orgânico do solo, incluindo (1) fosfonatos, (2) monoésteres de ortofosfato e (3) diésteres de ortofosfato no seu estudo sobre o impacto a longo prazo da lavoura (convencional vs. plantio direto) e da fertilização com fosfato nas formas de P do solo. Além disso, o grupo fosfonato é estável e não muito biodisponível nos solos (Condron et al., 2005). A figura 1.3 mostra os vários compostos de fosfato orgânico no grupo monoéster de ortofosfato identificados pelos investigadores numa amostra de solo (0-5 cm) de uma parcela fertilizada com lavoura convencional.

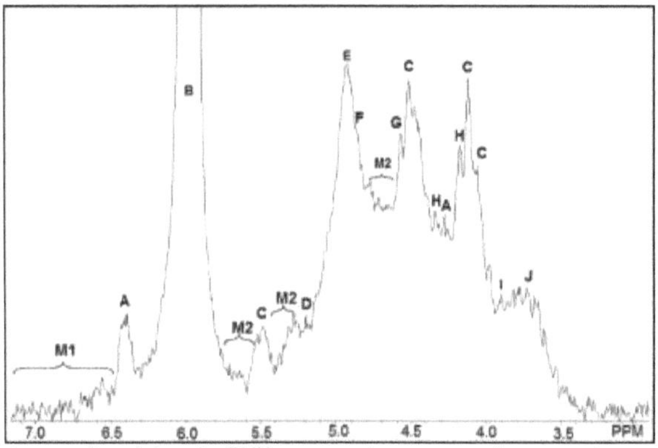

Figura 1-3. Espectro espetroscópico de RMN que mostra o grupo de compostos orgânicos fosfatados detectados na região monoéster de uma amostra de solo (0-5 cm) de uma parcela fertilizada com lavoura convencional. (A) *neo-IP6*. (B) Ortofosfato. (C) *mio-IP6*. (D) Glucose-6P. (E) Composto desconhecido. (F) a-Glicerofosfato. (G) b-Glicerofosfato. (H) Nucleótidos. (I) Colina-P. (J) *scyllo-IP6*. M1, monoéster 1; M2, monoéster 2 (Fonte: Abdi et al., 2014).

Todas estas formas de P orgânico foram identificadas utilizando várias técnicas analíticas, tais como 31P NMR e hidrólise enzimática (Condron et al., 2005; Cade-Menum et al., 2010; Abdi et al., 2014). O P orgânico também existe sob a forma de compostos solúveis na solução do solo. No entanto, a sua contribuição para a nutrição das plantas permanece incerta. Os compostos orgânicos solúveis derivados do P orgânico desempenham um papel importante no ambiente, contribuindo para a eutrofização das águas superficiais (Messiga, 2010).

O P microbiano do solo é muito variável consoante a tipologia do solo. De facto, pode representar uma média de 2 a 10% do P total do solo, dependendo das diferentes fases de desenvolvimento do solo (Richardson e Simpson, 2011). Pode mesmo atingir 50% nas camadas de folhada da superfície do solo (Oberson e Joner, 2005; Achat et al., 2010). Além disso, o P microbiano constitui um reservatório altamente dinâmico de P do solo porque está sujeito a grandes alterações em resposta a vários factores ambientais, como a temperatura do solo, a humidade e a disponibilidade de carbono.

O P da biomassa é libertado sob a forma de iões ortofosfato e em formas orgânicas que são rapidamente mineralizadas no solo (Macklon et al., 1997). Em solos com baixa capacidade de adsorção, a libertação de P microbiano pode estar associada a um aumento mensurável do P da solução do solo (Oehl et al., 2001).

1.1.3. Métodos de determinação do P disponível para as plantas

A disponibilidade de P no solo é definida como a quantidade de P que pode ser absorvida por uma planta. É regida pela absorção radicular e pelas reservas de P do solo (Hinsinger et al., 2007). A disponibilidade de P no solo é também influenciada pelos processos físico-químicos e bioquímicos que têm lugar na rizosfera do solo. A solução do solo é o local de absorção de P. $^{-2-}$As espécies absorvidas pelas raízes são os iões ortofosfato ($H2PO4$ e $HPO4$), dependendo da variação do pH do solo. Esta absorção conduz a uma diminuição da concentração de iões ortofosfato na solução do solo. A solução do solo é, portanto, reabastecida a partir da fase sólida como resultado do gradiente de concentração estabelecido entre as duas fases.

Além disso, a solução do solo desempenha um papel mínimo na nutrição fosfatada. De facto, vários estudos demonstraram que cerca de 99% do P absorvido pelas plantas durante um ciclo de cultura provém da fase sólida (Grant et al., 2005; Morel, 2007). Assim, a transferência de P da fase sólida para a solução ocorre por difusão e numerosos mecanismos rizosféricos associados podem estar envolvidos nesta mudança de fase (Hinsinger, 1998; Hinsinger et al., 2005). Messiga (2010) define três tipos de interação entre o sistema raiz-solução-solo. Em primeiro lugar, as reacções que determinam e controlam a transferência de iões P entre a fase sólida do solo e a solução do solo (adsorção/dessorção, precipitação/dissolução, difusão, mineralização, complexação e reacções redox). Seguem-se os mecanismos ligados ao funcionamento das raízes (presença de fungos micorrizogénicos e outros exsudados radiculares). Por último, as interações entre as reacções solo-solução e os mecanismos implementados pelas raízes, as interações entre os mecanismos radiculares e as interações entre as reacções solo-solução.

Devido à grande complexidade do sistema raiz-solução-solo, a quantidade de P efetivamente disponível para a cultura é ainda difícil de avaliar. Frossard et al (2004) definem a disponibilidade de P para as culturas como a quantidade total de P no solo suscetível de acabar na solução do solo sob a forma de iões ortofosfato durante o período de crescimento da cultura, porque as plantas assimilam o P principalmente pela via radicular sob a forma de iões ortofosfato em solução.

A disponibilidade de P para as plantas é caracterizada por três factores: intensidade, quantidade e capacidade (Frossard et al., 2004). O fator de *intensidade* representa a atividade do P em solução, completa e imediatamente disponível para as plantas, e é expresso em mg P/l de solução. Assim, o P extraído com água ou a partir de um sal diluído é utilizado para estimar o fator *de intensidade*. O fator de *quantidade* é definido como a quantidade total de P suscetível de passar para a solução e ficar disponível para as plantas. Por outras palavras, é a quantidade de iões fosfato presentes na fase sólida e capazes de reabastecer a solução após a absorção dos iões fosfato pelas plantas (McGecham, 2002; McGecham e Lewis, 2002; Grant et al., 2005; Redding et al., 2006). É expresso em mg P/kg de solo. Por último, o fator *de capacidade* representa a capacidade de um solo para manter constante o fator de intensidade quando a quantidade varia, quer quando o fertilizante é aplicado quer quando é absorvido pelas plantas. Também conhecida como capacidade tampão, a capacidade é expressa em l/kg de solo. As propriedades físico-químicas dos solos (ou seja, pH, teor de matéria orgânica, Al trocável) determinam os mecanismos que regem estes três factores (Tran e Giroux, 1990).

São utilizados vários métodos para determinar a quantidade de P disponível para as plantas, incluindo (1) métodos isotópicos, (2) métodos de extração química, (3) métodos ligados ao fracionamento químico do P nos solos, (4) métodos espectroscópicos e (5) membranas de permuta aniónica.

<u>Métodos isotópicos</u>

^{313233}Os métodos isotópicos baseiam-se na utilização de isótopos radioactivos de P (P, P e P). Baseiam-se no pressuposto de que os isótopos de P se comportam de forma idêntica durante os processos químicos, físicos e biológicos. Existem dois tipos de métodos isotópicos: um segue a transferência de P radioativo em solução no solo para a fase sólida numa suspensão agitada solo-água (diluição isotópica ou cinética de troca isotópica) e o outro, baseado na marcação do P disponível num solo com P radioativo e no seu seguimento até à planta de ensaio (Frossard et al., 2004).

Aplicados principalmente na investigação, os métodos isotópicos dão resultados relativamente fiáveis sobre a concentração de P em solução, a capacidade do solo para amortecer as variações de P em solução e a quantidade de P que pode chegar à solução num período inferior a três meses. No entanto, estes métodos não são suficientemente exactos para estimar os níveis de P disponíveis em solos com elevada capacidade de fixação (Tran et al., 1988). Além disso, as dificuldades analíticas associadas à utilização deste método em laboratório tornam-no mais complexo.

Métodos de extração química

Os métodos de extração química são os métodos mais utilizados para determinar o P disponível nos solos. Estes métodos permitem caraterizar o P disponível para as plantas utilizando ácidos ou bases. De acordo com Tiessen e Moir (2007), a escolha de um método de extração química baseia-se em quatro factores principais, tais como (1) a simplicidade do método, (2) a extração suficiente de P disponível para as plantas para efeitos de medição, (3) a proporção significativa de P extraído que é exportado pelas plantas e (4) o risco de extrair P que não está disponível para as plantas durante o período de crescimento. Assim, alguns métodos tenderão a extrair mais facilmente o P ligado às partículas do solo, enquanto outros representarão mais P em solução. A pedogénese e as propriedades do solo (tipo de solo, pH da água, teor de argila, teor de matéria orgânica) têm um efeito importante nos resultados dos vários testes disponíveis. O quadro 1.1 resume os principais métodos utilizados para a extração química do P disponível.

Quadro 1.1 - Métodos de extração química do P disponível no solo

Método	Composição química	Relação solo : solução	Tempo
Mehlich-3 (Mehlich, 1984)	0,015N $_{NH4F}$ + 0,25N $_{NH4NO3+}$ 0,2N CH3COOH + 0,013N $_{HNO3+}$ 0,001M EDTA a pH 2,3	1:10	5 min
Mehlich-2 (Mehlich, 1978)	0,2N $_{NH4Cl}$ + 0,2N HOAc + 0,015N $_{NH4F}$ + 0,012N HCl	1:10	5 min
Mehlich-1 (Nelson et al., 1953)	0.05N HCL + 0.025N $_{H2SO4}$	1 :4	5 min
Bray 2 (Bray e Kurtz, 1945)	0,03N $_{NH4F}$ + 0,1N HCL	1:10	1 min
Bray 1 (Bray e Kurtz, 1945)	0,03N $_{NH4F}$ + 0,025N HCL	1 :10	1 min
Olsen (Olsen et al., 1954)	NaHCO3 0,5M a pH 8,5	1 :20	30 minutos

Adaptado de Giroux e Tran (1985), Tran et al (1990) e Beagle (2005)

Na América do Norte e no Canadá, em particular, os métodos mais utilizados são o método Mehlich-3 (Mehlich, 1984) para os solos ácidos e o método Olsen (Olsen et al., 1954) para os solos alcalinos. No Quebeque, o método Mehlich-3 é utilizado desde 1986. Este método de extração química tem a vantagem de extrair simultaneamente vários elementos minerais, como o P, o Mg, o Ca, o Na e o K, bem como os seguintes oligoelementos: Al, Cu, Zn, Mn e Fe. Trata-se de um método robusto que foi testado e considerado eficaz nos solos ácidos e neutros do Quebeque.

Indicador agroambiental de P

Os estudos realizados permitiram melhorar significativamente a utilização dos métodos de extração química do P do solo para efeitos de recomendação de adubos fosfatados que tenham em conta os aspectos agronómicos e os riscos ambientais. Com base no conceito de grau de saturação de P desenvolvido por Breeuwsma e Silva (1992) e no teste químico de P Mehlich-3, Giroux e Tran (1996), Khiari et al. (2000) e Sims et al. (2002) desenvolveram um indicador agroambiental de P para solos ácidos do Quebeque e dos Estados Unidos, respetivamente.

O indicador agroambiental de P (ou índice de saturação de P do solo (PSI)) é definido como a proporção de locais de fixação já ocupados por P. O alumínio e o ferro são os principais locais de fixação, embora as formas de P ligadas ao cálcio sejam dominantes nos solos calcários e neutros do Quebeque (Giroux e Tran, 1985; Tran e Giroux, 1985). O PSI baseia-se, portanto, na relação (Mehlich-3 fósforo)/(Mehlich-3 alumínio), ou seja, a relação $[P/Al]_{M3}$. Com base neste rácio $[P/Al]_{M3}$, Giroux e Tran (1996) avaliaram a saturação de P (SP) nos solos do Quebeque em 4 classes de risco agroambiental: (1) saturação baixa (0% $<SP<$ 5%), (2) saturação média (5%$<SP<$10%), (3) saturação alta (10%$<SP<$20%) e (4) saturação muito alta (SP>20%). Pellerin et al (2006) adaptaram o indicador agroambiental de P à cultura do milho no Quebeque. Ige et al. (2005) utilizaram o método de extração química Olsen para desenvolver um indicador agroambiental de P específico para os solos neutros e calcários das planícies do norte do Canadá. No Quebeque, o limiar agroambiental crítico $(P/Al)_{M3}$ para os solos de textura fina corresponde a um valor-limite de 8%, enquanto este valor corresponde a um limiar-limite de 15% para os solos de textura grosseira (CRAAQ, 2010). Estes índices críticos de saturação de P foram integrados na regulamentação ambiental do governo do Quebeque sobre a gestão sustentável das terras agrícolas (MDDELC, 2017).

Os métodos de extração química do solo são os métodos mais utilizados para determinar o P disponível nos solos, mas estes métodos são morosos, laboriosos, não são amigos do ambiente e resultam na destruição das amostras de solo.

Métodos de fracionamento químico

O P lábil do solo é definido como o P adsorvido na superfície das partículas do solo, que está em rápido equilíbrio com os iões de fosfato na solução do solo. Por outras palavras, é a proporção de P que é facilmente mobilizada. Em função da sua disponibilidade para as plantas, o P lábil do solo pode ser distribuído em três grupos ou fracções (incluindo o P orgânico ou inorgânico), nomeadamente (1) o grupo facilmente lábil, (2) o grupo moderadamente lábil e (3) o grupo dificilmente lábil (Tiessen et al., 1982; Zheng e Zhang, 2011). O fracionamento do P lábil do solo tem aplicações no desenvolvimento de métodos de fracionamento químico do P.

Os métodos de extração sequencial de P foram inicialmente desenvolvidos, depois adaptados e modificados para melhorar a extração das fracções inorgânicas e orgânicas de P em solos cultivados (Chang e Jackson, 1957; Fife, 1963; Petersen e Corey, 1966; Williams et al., 1967; Smillie e Syers, 1972; Bowmen e Cole, 1978). No entanto, estes métodos tinham limitações na medida em que determinavam as fracções inorgânicas e orgânicas de P de forma não simultânea.

Assim, Hedley et al (1982) desenvolveram um protocolo melhorado de fracionamento de P para determinar simultaneamente as fracções inorgânicas e orgânicas de P. O protocolo está resumido em 3 fases. A fase 1 determina o P disponível e facilmente lábil utilizando resina de permuta aniónica, seguida de NaHCO3 0,5M (P_I/P_O). Esta etapa avalia o P facilmente adsorvido por carbonatos, sesquióxidos e minerais cristalinos (Zheng e Zhang, 2011). A fase 2 determina o P moderadamente lábil ou "P protegido" contido nas partículas (óxidos amorfos de Fe e Al) utilizando NaOH 0,1M (P_I/P_O). Os minerais de apatite (P ligado ao Ca) são extraídos com HCl 1M (P-HCl) durante esta fase. Finalmente, a fase 3 determina o P residual utilizando uma digestão H2S04-H2O2 (ou $K_2S_2O_8$).

O método de Hedley tem sido amplamente utilizado para avaliar as distribuições das fracções de P em solos agrícolas cultivados (O'Halloran, 1993; Piegholdt et al., 2013; Shi et al., 2013), no entanto, foram feitas modificações para extrair facilmente o P lábil (Tiessen e Moir, 1993; Kuo et al., 1996; Piegholdt et al., 2013; Sun et al., 2015). Os métodos de fracionamento do P são mais descritivos do que os métodos de análise química, mas são mais morosos para realizar análises de rotina do solo. Além disso, a taxa de recuperação das diferentes fracções de P analisadas com estes métodos varia muito em comparação com outros métodos (Ziadi et al., 2013).

Métodos espectroscópicos

Os métodos espectroscópicos incluem a técnica de espetroscopia no infravermelho próximo, a ressonância magnética nuclear (RMN) e as técnicas baseadas no método XANES (radiação sincrotrónica). Inicialmente utilizada em laboratório, a técnica de espetroscopia no infravermelho próximo está atualmente a ser aplicada no terreno. O método espetroscópico NIR é rápido, exato, pouco dispendioso e amigo do ambiente (Ndwamungu et al., 2009a; 2009b; Abdi et al., 2016). O método requer pouca preparação, nenhuma logística e nenhum produto químico para analisar amostras de solo. A técnica espectroscópica no infravermelho próximo baseia-se em equações de calibração entre o sinal ótico e o parâmetro físico-químico que está a ser medido, razão pela qual é tão importante realizar campanhas de recolha de amostras para obter uma base de dados.

Vários estudos demonstraram que a técnica de espetroscopia no infravermelho próximo é eficaz para a determinação do P total em solos argilosos e arenosos finos (Malley et al., 2004; Bokregci e Lee; 2005), e do P orgânico em chernozems de textura argilosa e franco-argilosa (Abdi et al., 2016). O sucesso da qualidade da previsão da fração orgânica de P medida por este método baseia-se no facto de os compostos orgânicos serem mais facilmente excitados pela radiação infravermelha do que as fracções inorgânicas de P. No entanto, este método é menos eficaz para a previsão do P disponível extraído em Mehlich-3. Chang et al (2001) e Nduwamungu et al (2009a) mostraram uma fraca correlação entre o P disponível medido com Mehlich-3 e a técnica espectroscópica (VNIRS) para amostras de solo recolhidas em 448 locais nos EUA e 150 amostras de 5 séries de solos na área de Montreal. No entanto, este método forneceu bons resultados para a determinação do P disponível utilizando o método Olsen (Van Groenigen et al., 2003; Abdi et al., 2016). Por conseguinte, a espetroscopia de infravermelho próximo continua a ser um método muito promissor para o futuro (Abdi et al., 2016).

A espetroscopia de RMN e o método XANES também têm sido utilizados para uma identificação e quantificação mais precisas das formas de P nos solos (Cade-Menum et al., 2010; Abdi et 2014). Estas técnicas foram descritas em pormenor por Beauchemin et al. (2003) e Shober et al. (2006). No entanto, a aplicação destas técnicas é muito limitada devido aos custos financeiros e às dificuldades técnicas e práticas associadas à sua utilização.

Membranas de permuta aniónica

As membranas de permuta aniónica (MIA) são também amplamente utilizadas para avaliar o P disponível para as plantas. Simulam a ação das raízes, removendo continuamente o P da solução (Yang et al., 1991), o que integra o efeito dos factores bióticos e abióticos do solo (Cooperband e Logan, 1994). Ao atuar como sumidouro de iões de ortofosfato, as MEA permitem uma melhor determinação do fator de *quantidade* do solo do que os métodos de extração química. Consequentemente, melhoram as medições da capacidade tampão do solo e as curvas de sorção e dessorção de P (Sato e Comerford, 2006).

Vários estudos mostraram que as MEA ou os simuladores de raízes poderiam ser melhores indicadores da disponibilidade para as plantas de nutrientes do solo, como o azoto e o P do solo (Quian et al., 1992; Ziadi et al., 2000; Nyraneza et al., 2011; Mason et al., 2013). Para o efeito, um estudo realizado no Quebeque num Inceptisol húmico mostrou que o P extraído com uma MEA é um melhor indicador do P lábil do solo do que o P extraído com o teste químico Mehlich-3 (Zheng et al., 2003). Além disso, Zehetner et al, (2018) observaram que os MEAs se correlacionaram melhor com o P da planta em comparação com o método Mehlich 3 em um estudo comparativo de 14 métodos de extração de P realizados em 50 solos agrícolas austríacos e alemães cultivados com trigo de primavera. Além disso, o uso de MEAs incorpora a variação temporal ligada ao reabastecimento de P durante um determinado período, em comparação com os métodos de extração química, que são medições estáticas de íons fosfato em um ponto no tempo (Nyraneza et al., 2011).

As MEA poderiam, portanto, ser uma melhor alternativa e um excelente instrumento potencial para determinar o P disponível do que os métodos de extração química, que são dispendiosos, demorados e pouco ecológicos para analisar este elemento importante. No entanto, apesar de ter sido utilizada com sucesso na agricultura convencional, a utilização de MEAs para determinar o P disponível é ainda muito limitada, particularmente em solos de culturas arvenses.

1.2. Práticas agronómicas e factores ambientais relacionados com a gestão do P em solos cultivados

1.2.1. Lavoura e P em solos agrícolas

A gestão sustentável do P em solos de culturas de campo baseia-se na aplicação de recomendações adequadas de fertilização fosfatada combinadas com práticas adequadas de gestão das culturas (Messiga, 2010). A lavoura convencional (CT) é uma prática de cultivo baseada na formação de uma camada de lavoura usando uma charrua de partilha (ou disco). A mobilização do solo controla as ervas daninhas, modifica as propriedades físicas do solo (porosidade e drenagem) e melhora a produtividade das culturas em sistemas agrícolas convencionais. No entanto, a CT destrói a estrutura do solo e aumenta o risco de erosão do solo, o que aumenta o risco de perda de nutrientes (Li, 2017).

As práticas agrícolas de conservação do solo (ou seja, mobilização mínima do solo ou sementeira direta (SD)) foram desenvolvidas para promover sistemas agrícolas sustentáveis. A DS é uma prática de conservação do solo melhor do que a CT porque aumenta a atividade biológica do solo (Duiker e Beegle, 2006; Abdi et al., 2014) e melhora as propriedades físicas do solo reduzindo a compactação, o risco de drenagem, o risco de erosão hídrica e eólica em solos agrícolas (Dick, 1992; Olson e Ebelhar, 2009; Friedrich et al., 2012).

O DS é praticado em 9% das terras aráveis em todo o mundo, ou seja, 125 milhões de hectares, nomeadamente na América do Norte (Pittelkow et al. 2015). No Canadá, a percentagem de terras aráveis sob SD aumentou de 18,5% em 2001 para 25% em 2011. Em 2016, as terras agrícolas canadianas sob SD cobriam uma superfície de 19,5 milhões de hectares (Statistics Canada, 2016). No Quebeque, a área de terras sob SD duplicou para mais de 69% da área total entre 2009 e 2013, como resultado do aumento dos subsídios governamentais aos agricultores para promover o SD (Statistics Canada, 2016). Estes aumentos de área sob SD foram observados devido ao bom desempenho agronómico e económico (Holm et al., 2006; Lafond et al., 2011).

O SD influencia as propriedades químicas dos solos agrícolas, particularmente ao nível do P. De facto, os teores de P são muito elevados nos primeiros 5 cm do solo, diminuindo depois drasticamente em profundidade nos sistemas sob SD, em comparação com os sistemas sob CT (Duiker e Beegles, 2006; Cade-Menum, et al., 2010; Messiga et al., 2012; Rodrigués et al. 2016). Abdi et al. (2014) encontraram altos níveis de P total e P disponível (P_{M3}) nos horizontes (0-5 cm) e (5-10 cm) em solos sob SD em comparação com solos sob CT em seu estudo sobre o impacto da lavoura e fertilização fosfatada na distribuição das formas de P no solo. Os investigadores também observaram uma distribuição do carbono total semelhante à do P disponível nos solos sob SD em comparação com os solos sob CT.

Rodrigués et al. (2016) também observaram um aumento nas formas orgânicas e inorgânicas de P nos horizontes superficiais (0-5 cm) de 4 solos tropicais (tipo Oxisols) sob SD em comparação com solos sob CT, após aplicações repetidas de aditivos fosfatados. Cambouris et al. (2017) observaram resultados semelhantes em relação à distribuição do P disponível (P_{M3}) no horizonte superficial (0-5 cm) de solos sob SD em comparação com solos sob CT. De facto, os teores de P_{M3} e o PSI foram mais elevados nos solos sob SD em comparação com os solos sob TC em parcelas de longo prazo sob rotação milho-soja. Além disso, Puustinen (2005) também demonstrou que o transporte de P reativo dissolvido era 348% mais elevado em solos sob SD em comparação com solos sob CT.

Assim, o SD aumenta o risco de acumulação de P disponível, particularmente nos horizontes superficiais (0-5 cm). Abdi et al. (2014) referem-se à estratificação de P para definir a acumulação de P nos horizontes superficiais sob mobilização mínima. O SD pode ser um problema agroambiental significativo devido a um elevado risco de transporte de P e lixiviação para a água.

1.2.2. Estratificação do P ligada à prática agronómica da sementeira direta

A estratificação de P em solos sob SD é caracterizada por altas concentrações de P nos primeiros cinco centímetros do solo, diminuindo com a profundidade do solo (Selles et al., 1999; Duiker e Beegle (2006); Cade-Menun et al., 2010; Messiga et al., 2012; Abdi et al., 2014). Pensa-se que a estratificação do P é causada principalmente por três razões: (1) a aplicação anual de emendas fosfatadas em faixas (ou em difusão) perto das plântulas em linha, (2) a falta de mistura de emendas fosfatadas (fertilizantes, estrume) com o solo e os resíduos de culturas deixados na superfície do solo após a colheita, e (3) a subsequente lixiviação do P dos resíduos de culturas (Duiker e Beegles, 2006; Piegholdt et al., 2013).

Para ultrapassar este problema, foram propostas duas estratégias, nomeadamente (1) mobilização mínima estratégica ou mobilização reduzida (Dang et al., 2015) e (2) amostragem intensiva do solo (Cade-Menum et al., 2010). A mobilização mínima estratégica poderia melhorar a rentabilidade e a sustentabilidade dos sistemas agrícolas a curto prazo, nomeadamente no que diz respeito ao P. De facto, Dang et al. (2015) afirmam que a mobilização mínima estratégica combinada com a DS poderia reduzir a estratificação do P disponível nos 10 cm superiores da camada superficial e ajudaria a redistribuir o P disponível mais profundamente na camada de 0-30 cm durante pelo menos três anos. No entanto, a longo prazo, o impacto desta prática de cultivo poderia ser negativo a nível agroambiental, particularmente para os ciclos do carbono e do azoto no solo (Dang et al., 2015). Uma amostragem intensiva do solo, baseada na recolha de amostras de solo de diferentes horizontes, poderia permitir uma melhor compreensão e identificação da variabilidade vertical do P na zona radicular para efeitos de recomendações precisas de fertilização com P (Cade-Menum et al., 2010). Esta estratégia de amostragem georreferenciada permitiria identificar zonas de P excessivo e crítico a nível do campo.

1.2.3. Factores ambientais e P nos solos agrícolas

As condições ambientais (ciclos de congelação/degelo, dessecação/humidade e outras variações nos factores abióticos) podem também modificar os níveis de P nos solos agrícolas. Os solos temperados frios estão expostos a ciclos de congelação/degelo, que podem estimular a mineralização e afetar a disponibilidade de P no solo (Freppaz et al., 2007). A destruição das células vegetais liberta P solúvel dos resíduos vegetais (Bechmann et al., 2005).

Messiga et al (2010) investigaram os efeitos dos ciclos de congelação-descongelação na disponibilidade de P na camada (0-15 cm) de solos cultivados sob SD em comparação com solos sob CT em condições de campo e de laboratório durante um número crescente de 1-6 ciclos de congelação-descongelação. Os investigadores observaram que os teores de P solúvel em água (P_W) e de P disponível (P_{M3}) eram muito elevados nas amostras de solo recolhidas na primavera, em comparação com as recolhidas no outono. Além disso, entre o primeiro e o terceiro ciclos de congelação-descongelação, as concentrações médias de P solúvel foram duas vezes mais elevadas em SD do que em TC. Após 6 ciclos alternativos de congelamento e descongelamento, a acumulação de P disponível foi particularmente mais elevada nos solos sob SD em comparação com os solos sob TC, porque os teores de P_{M3} tinham duplicado.

Assim, os teores de P solúvel (P_W) e de P_{M3} podem ser elevados nos solos sob SD em comparação com os solos sob CT, na sequência de um aumento do número de ciclos de congelação-descongelação em condições de aquecimento global. Este facto deverá aumentar as concentrações de P disponível no solo no início da primavera, mas ainda está por determinar se o P solúvel beneficiará o crescimento das culturas no início da estação ou se perderá no escoamento e drenagem durante o degelo da primavera.

Além disso, o teor de água do solo varia rapidamente após a precipitação em vários agroecossistemas (Ziadi et al., 2013). Os ciclos de dessecação/reumidificação resultantes podem, portanto, afetar os níveis de P disponível no solo. O aumento do P disponível no solo durante a fase de re-humedecimento resulta da libertação de P orgânico da lise das células da biomassa microbiana (Turner e Haygarth, 2001). O reumedecimento do solo é acompanhado por um rápido crescimento microbiano e respiração, provavelmente devido a novas células microbianas que utilizam substratos solúveis, como os compostos orgânicos solúveis de P libertados durante a fase de secagem. Barrow e Shaw (1980) demonstraram que os efeitos da dessecação (60°C) sobre a concentração de P disponível no solo eram de curta duração, uma vez que a concentração de P solúvel regressava ao nível anterior ao tratamento após 1 dia de re-humedecimento do solo.

Além disso, a gestão sustentável do P em solos cultivados depende de uma fertilização equilibrada do P (Tunney, 1990; Fu et al., 2013). Uma das principais formas de alcançar este objetivo é ter uma melhor compreensão da variabilidade espacial do P em solos de culturas de campo (Haneklauss e Schnug, 2006).

1.3. Variabilidade espacial do P do solo em solos cultivados

1.3.1. Variabilidade do solo: definição e conceitos

Vários autores (Wagenet, 1985; Ovalles e Collins, 1986; Nolin e Caillier, 1992a; b; Si et al., 2007; Franzen, 2018; Kitchen e Clay, 2018) exploraram o conceito de variabilidade do solo. Kitchen e Clay (2018) resumiram a variabilidade do solo como a medida de dissimilaridade ou diferença, de rendimentos, propriedades ou nutrientes do solo no espaço ou no tempo, em um campo. Anteriormente, Nolin e Caillier (1992a) definiram a variabilidade do solo em três componentes, nomeadamente a variabilidade vertical, a variabilidade lateral (ou espacial) e a variabilidade temporal. De acordo com os autores, a variabilidade vertical traduz-se na diferenciação do perfil do solo em horizontes ou camadas distintas, a variabilidade lateral (ou espacial) é caracterizada por variações na camada superficial cultivada, enquanto a variabilidade temporal está associada a variações diárias, semanais, mensais ou sazonais nas variáveis ou descritores do solo medidos. A variabilidade temporal é frequentemente mascarada pela variabilidade vertical e lateral (Cameron et al., 1971; Nolin e Caillier, 1992a).

A variabilidade espacial e temporal dos solos pode ser de origem intrínseca ou extrínseca (Wagenet, 1985; Franzen, 2018). A variabilidade intrínseca está ligada a factores naturais de formação do solo (origem do material de origem, tipos de séries de solos), enquanto a variabilidade extrínseca está ligada a factores antropogénicos associados à gestão das terras (práticas de cultivo, práticas de fertilização intensiva). A interação dos factores intrínsecos e extrínsecos contribui igualmente para a variabilidade do solo (Nolin e

Caillier, 1992a). Em suma, a variabilidade espacial representa a amplitude de variação de uma variável do solo estudada ao nível da parcela (Arvalis, 2015).

A variabilidade espacial (VS) pode ser estudada utilizando a abordagem estatística clássica combinada com a abordagem geoestatística (Nolin e Caillier, 1992b; Arrouays et al., 1997; Rivero et al., 2012; Mondal et al., 2020; Zhang et al., 2021). A abordagem estatística, baseada no estudo de estatísticas descritivas clássicas (mínimo, máximo, média, desvio padrão e sobretudo o coeficiente de variação (CV)) avalia o grau de heterogeneidade e dispersão do descritor de solo estudado. A abordagem geoestatística analisa a estrutura espacial do descritor ou da variável de solo estudada, com base na dependência espacial das amostras analisadas.

O Variograma é a ferramenta básica na abordagem geoestatística. Ele representa a dissimilaridade entre pontos em função da distância entre eles. Através do estudo do Variograma, é possível avaliar a importância do SV das propriedades do solo. A presença de estrutura espacial nas propriedades do solo pode ser determinada a partir dos principais componentes do Semivariograma, nomeadamente a variância aleatória ou efeito pepita (c_0), a variância estruturada (C), o patamar (c_0+c) e a amplitude (A), resumidos na Figura 1.4.

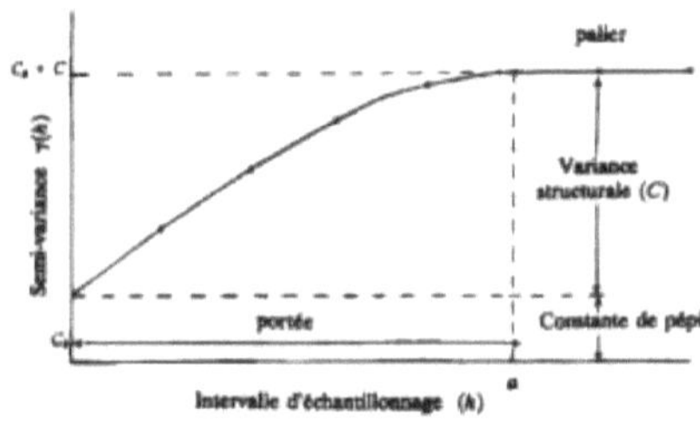

Figura 1-4. Representação de um semi-variograma e dos seus componentes

(Fonte: adaptado de Nolin e Caillier (1992b))

Assim, o rácio do limiar parcial (R=C/(c_0+ C)), expresso em percentagem da semivariância total, define a proporção da dependência ou estrutura espacial da propriedade do solo analisada. Os semivariogramas com uma razão de limiar parcial < 25%, 25-40%, 40-60%, 60-75% ou > 75% correspondem a dependências espaciais fracas, fracamente moderadas, moderadas, fortemente moderadas ou fortes, respetivamente (Whelan e McBratney, 2000). Anteriormente, Cambardella et al (1994) definiram inversamente este rácio pepita/limiar (R=c_0/(c_0+c)) em três classes para definir a proporção de dependência espacial do parâmetro analisado. Um rácio de R<25%, 25-75% e >75% indica uma dependência espacial forte, média ou fraca, respetivamente. Esta escala é também utilizada em muitos estudos.

O grau de dependência espacial (R) de um parâmetro está relacionado com factores intrínsecos ou extrínsecos do solo. Com efeito, Vasu et al (2017) afirmam que os parâmetros com uma estrutura espacial elevada são influenciados por factores intrínsecos do solo (tipos de solo, factores de formação do solo), enquanto os parâmetros com uma estrutura espacial baixa são influenciados por factores extrínsecos (práticas de cultivo, utilização de corretivos do solo e fertilizantes).

1.3.2. Variabilidade espacial de P a uma escala territorial, regional e de bacia hidrográfica

Vários autores estudaram o SV de P em solos cultivados, desde uma escala territorial a uma escala regional (Jia et al., 2011; Roger et al., 2014; Wei-Xia et al., 2015; Vasu et al., 2017), e à escala da bacia hidrográfica (Nolan et al., 2007; Yuan et al., 2009; Wilson et al., 2016; Zhang et al., 2021). Os estudos de P SV do solo às escalas territorial e regional foram geralmente realizados para fins de planeamento e cartografia ambiental de P em regiões de longo prazo (Gburek et al., 2000; Klatt et al., 2003; Roger et al., 2014).

Alguns estudos sobre o P SV tiveram como objetivo mapear o P disponível nos solos para fins de prevenção da poluição ambiental. Especificamente, Roger et al (2014) mapearam o P do solo no cantão de Friburgo (Suíça), a fim de identificar fontes de P disponíveis na região para fins de prevenção da poluição ambiental. Os resultados mostraram que o SV de P está significativamente relacionado com o tipo de uso do solo na região de Friburgo em termos de conteúdo total de P, P disponível e o grau de saturação de P (DSP). Os investigadores verificaram que os solos cultivados sob rotação milho-trigo apresentavam o teor total de P mais baixo (935 ppm), mas, inversamente, o teor de P disponível mais elevado (81,3 ppm) e o grau de saturação de P (37,9%), em comparação com os solos sob prados (67,6 ppm) e pastagens (22 ppm). Por outras palavras, as concentrações mais elevadas de P disponível encontravam-se em solos cultivados, seguidos de solos sob prados e solos sob pastagens de montanha.

Wei-Xia et al. (2015) investigaram o SV de P em solos intensivamente cultivados na região do Delta do Rio Yangtze (China) para avaliar o grau de poluição de P do solo e para emitir futuras estratégias agrícolas para reduzir as concentrações de P na região. Os resultados mostraram que o SV de P disponível extraído pelo método de Olsen (P_{Olsen}) estava fortemente ligado a factores intrínsecos, em particular às diferentes séries de solos encontradas em solos cultivados intensivamente. De facto, os investigadores observaram fortes dependências espaciais (R>84,5%).

Vasu et al (2017) estudaram o SV de P na região tropical árida do Planalto de Deccan (Índia) para identificar áreas críticas deficientes em nutrientes importantes, incluindo o P disponível (P_{olsen}). ^{2}O Planalto de Deccan cobre uma área de 0,42 milhões de km. Os resultados revelaram uma elevada variabilidade (CV=59%) e uma dependência espacial moderada do P (R=27%). $^{-1}$Além disso, mapas da distribuição espacial de nutrientes produzidos por interpolação de krigagem ordinária foram utilizados para identificar áreas de deficiência de P na região, variando de 4 a 12 kg ha . A grelha de amostragem utilizada foi de 325 m x 325 m.

O objetivo dos estudos de P SV à escala da bacia hidrográfica era avaliar a distribuição espacial do P disponível em solos cultivados para efeitos de previsão do risco de erosão do solo, o que conduziria a perdas de P dissolvido. $_{lsen}$Por exemplo, Wilson et al. (2016) investigaram o SV de P disponível (P_O) em 16 pequenas bacias hidrográficas no sudoeste de Manitoba, drenando oito campos em relação ao relevo, lavoura e insumos de P. O objetivo do estudo foi investigar o SV de P disponível em 16 pequenas bacias hidrográficas no sudoeste de Manitoba, drenando oito campos em relação ao relevo, lavoura e insumos de P. $_{sem}$O objetivo do estudo foi investigar a distribuição espacial de Olsen P na escala da bacia hidrográfica, a fim de avaliar o impacto de diferentes práticas de cultivo, relevo e topografia na variabilidade espacial de Olsen P. Os resultados mostraram que a variabilidade do P disponível medido (Olsen P) foi uma função do relevo e da topografia em relação aos solos sob diferentes práticas de cultivo. ^{2}Neste sentido, os investigadores observaram correlações significativas entre os teores de P de Olsen analisados e o índice de humidade topográfico, variando entre 0,19 e 0,96 (r =0,25, n=56, p<0,0001), para efeitos de previsão de um risco elevado de perdas de P nos dois horizontes estudados (0-15 cm) e (15-60 cm). Além disso, os níveis de P extraível eram mais elevados nos solos com declives mais baixos do que nos solos com declives mais elevados. Os investigadores explicaram este facto pelo facto de o P ser fortemente fixado pelo Ca em solos com declives elevados, tornando o P menos disponível. No entanto, os investigadores sugeriram a realização de mais trabalhos para desenvolver relações quantitativas entre os níveis de P extraível analisados e as práticas de cultivo específicas das bacias hidrográficas e dos processos hidrológicos dominantes na região sudoeste de Manitoba.

1.4. Variabilidade espacial do P a nível das parcelas agrícolas

O estudo do P SV do solo à escala de uma parcela agrícola é uma abordagem muito importante, pois representa uma ferramenta eficaz para a gestão sustentável do P na agricultura de precisão (Fu et al., 2013a; Kitchen e Clay, 2018). Na verdade, os produtores agrícolas estão interessados em gerir a variabilidade do solo dentro e fora de um campo, pois isso permite-lhes melhorar a produtividade da terra (avaliação do rendimento), aumentar a rentabilidade do negócio e, ao mesmo tempo, melhorar a proteção ambiental através da redução das perdas de P (Mallarino et al., 2007; Ferguson e Hegert, 2009).

No entanto, tanto quanto é do nosso conhecimento, poucos estudos foram efectuados especificamente sobre a VS de P à escala de uma parcela agrícola em solos de culturas arvenses. Por conseguinte, esta secção resume os poucos estudos que foram realizados sobre a SV de P sob o efeito de culturas arvenses e práticas de cultivo.

1.4.1. Variabilidade espacial do P ligada aos sistemas de cultivo e à utilização dos solos

O SV de P (P total, P disponível) em solos sob culturas arvenses ainda é pouco conhecido. De facto, Fu et al

(2013a) realizaram um estudo sobre o SV de quatro propriedades físico-químicas do solo (pH, Mg, K e P medido pelo P-Morgan) de dois campos com culturas de silagem e pastagem na Irlanda, após aplicações repetidas de cama de aves. O objetivo deste estudo era descrever e compreender o SV de P nos dois locais utilizando ferramentas estatísticas e geoestatísticas. O campo 1 tinha sido cultivado com silagem durante 15 anos e cobria uma área de 5,2 ha, enquanto o campo 2 tinha sido cultivado com pastagem permanente durante 16 anos e cobria uma área de 9 ha. Os resultados mostraram correlações positivas significativas entre o P do solo e as outras propriedades do solo estudadas (pH, K e Mg) em ambos os locais. Os investigadores observaram também que o coeficiente de variação (CV) do P no local 2 (87,4%) era mais elevado do que no local 1 (28,8%), reflectindo a elevada intensidade de variação do P no local 2 em comparação com o local 1. Além disso, o local 2 apresentou um rácio de dependência espacial mais baixo para o P (e outros nutrientes) do que o local 1, reflectindo a baixa estrutura espacial do P e das outras propriedades do solo estudadas no local 2 em comparação com o local 1. Assim, os autores deduziram que o pastoreio permanente de ovelhas no local 2 poderia diminuir a autocorrelação dos nutrientes do solo, o que poderia demonstrar o impacto das práticas de cultivo (factores extrínsecos do solo) na modificação da estrutura espacial do local 2.

Além disso, o SV de P (P total, P disponível e DSP) também pode ser influenciado pela utilização do solo. $^{-}$ ^{2}Bennett et al. (2005) observaram uma elevada variância (expressa em log (mg kg)) de P disponível (P-Bray) em solos sob milho para grão (0,61) em comparação com solos sob pastagens (0,12) no estado de Wisconsin. Da mesma forma, Roger et al (2014) observaram uma maior variabilidade do P disponível em solos sob pastagem (CV=106,7%), seguido de solos sob pastagem de montanha (CV=86,6%) e solos cultivados sob rotação milho-trigo (CV=69,7%) no cantão de Friburgo (Suíça). Além disso, os investigadores observaram que as concentrações de P disponível (ppm) e de DSP (%) eram significativamente mais elevadas nos solos cultivados, seguidos dos solos sob pastagens e dos solos sob pastagens de montanha. Com efeito, os níveis médios de P disponível analisados (P extraído pelo método do acetato de amónio-EDTA (P_{AAE}): o método de referência suíço) foram de 81,3 ppm para os solos cultivados, contra 67,6 ppm para os solos de prados e 71,3 ppm para os solos de pastagens de montanha. As DSPs analisadas foram de 38%, 31% e 17%, respetivamente. Por outro lado, Roger et al (2014) observaram que as concentrações mais elevadas de P total foram encontradas em solos sob pastagem de montanha, seguidas de solos sob pastagens e solos cultivados, e provinham dos níveis mais elevados de P_{org} analisados, o que confirmaria a contribuição das alterações orgânicas.

Em termos de análises geoestatísticas, os pesquisadores observaram uma dependência espacial dos indicadores de P superior a 70%, resultante da influência da alta diversidade de solos encontrada na região. Para melhor resolver o problema da dependência espacial, Roger et al. (2014) sugeriram uma estratégia de amostragem adicional regular e georreferenciada para uma melhor análise espacial dos indicadores de P em relação a factores intrínsecos e extrínsecos, mas também para uma redução da incerteza dos modelos de previsão de P.

1.4.2. Variabilidade espacial do P em relação às práticas de cultivo

A mobilização do solo combinada com práticas de cultivo (factores extrínsecos), tais como adições minerais e orgânicas ricas em P (e o seu historial), compostos, incorporação de resíduos de culturas no solo, rotação de culturas e utilização da terra afectam significativamente a distribuição espacial do P disponível em solos cultivados (Bennett et al., 2005; Page et al., 2005; Nolan et al., 2007; Wei-Xia et al., 2015).

Por exemplo, Wilson et al. (2016) caracterizaram o SV de P_{Olsen} em relação a cinco práticas de cultivo diferentes, combinadas com a lavoura (plantio direto com aplicação de fertilizante comercial, local orgânico sem emenda, local com emenda de chorume orgânico, local com aplicação histórica e repetida de chorume e solos sob lavoura convencional com uso de fertilizante comercial) em seu estudo de solos de Manitoba de acordo com as profundidades (0-15 cm) e (15-60 cm). Os resultados mostraram diferenças marcantes no impacto das práticas de cultivo na gestão do P. De facto, os níveis mais elevados de P foram observados em locais que tinham historicamente recebido aplicações repetidas de fertilizantes ou chorume com lavoura (20-22 ppm P), em contraste com solos de plantio direto e aqueles que tinham recebido pouca ou nenhuma alteração orgânica (4,5-6 ppm P). Os investigadores observaram igualmente uma variabilidade muito acentuada do teor de P nos horizontes superficiais (0-15 cm) dos solos com baixo teor de P (solos orgânicos que não receberam corretivos orgânicos e solos de plantio direto), em comparação com os horizontes superficiais (0-15 cm) dos solos enriquecidos com P (solos cultivados convencionalmente, solos que receberam fertilizantes comerciais, solos que receberam historicamente estrume líquido). No entanto, esta variabilidade de P ligada às práticas de cultivo foi menos acentuada nos horizontes sub-superficiais (15-60 cm) dos dois grupos de solos analisados.

Além disso, o SV de P (P total, P disponível) sob a influência da lavoura (TC em comparação com SD) permanece pouco estudado. Cambouris et al. (2017) estudaram o SV decimétrico de P disponível (Mehlich-3, PM3), em linhas de milho em grão de parcelas experimentais influenciadas por duas práticas de cultivo diferentes (lavoura convencional e plantio direto) usando análises químicas convencionais e geoestatísticas 2D (semivariogramas), nos horizontes (0-5 cm) e (5-20 cm). $^{-1}$As parcelas estudadas foram fertilizadas com 35 kg P ha a cada dois anos num sítio experimental de longa duração sob rotação milho-soja. Os investigadores observaram que a distribuição horizontal da PM3 era menos sensível a factores extrínsecos, nomeadamente a mobilização do solo, a fertilização com P e a profundidade do solo. Além disso, a distribuição do PM3 em 2D (horizontal e vertical) de acordo com as profundidades do solo (0-5 cm) e (5-20 cm) em ambos os lados das linhas de sementeira não revelou um VS dos solos influenciado pelas 2 práticas de cultivo estudadas. Segundo os pesquisadores, a alta variabilidade, observada pelos altos CVs (77% e 63%), associada aos teores de PM3 nas parcelas sob CT e SD poderia ter ofuscado a forte distribuição decimétrica de P marcada na forma de variabilidade. Como o estudo foi realizado e limitado à escala da parcela, o modelo geoespacial 2D ligado ao método de fertilização não foi detectado pela grelha de amostragem utilizada. Assim, Cambouris et al. (2017) sugeriram o desenvolvimento de um procedimento de amostragem geoestatística mais bem equipado e mais adequado à escala de um campo agrícola, a fim de obter uma melhor estimativa da variabilidade do P num solo sob SD.

Em suma, apesar dos estudos efectuados e mencionados acima, o conhecimento do SV de P disponível em solos aráveis, sob o efeito de sistemas de cultivo e lavoura (CT vs. SD) é ainda muito limitado.

1.5. Gestão da variabilidade espacial do P à escala de uma parcela agrícola

1.5.1. Zona de gestão: uma ferramenta para gerir a variabilidade espacial de P

Gerir a variabilidade para obter retorno económico e desenvolvimento sustentável é o princípio básico da agricultura de precisão (AP) (Kitchen e Clay, 2018). A compreensão do P SV representa uma estratégia eficaz para a gestão sustentável do P na AP, na medida em que permite a utilização racional de fertilizantes fosfatados. Isto reduziria as perdas ambientais de P através da erosão e do escoamento superficial.

O controlo do P SV do solo em culturas arvenses na AP baseia-se principalmente em duas abordagens agronómicas principais: (1) aplicação de taxa variável (VRA) e (2) utilização de zonas de gestão (MZs). A VRA gere a variabilidade de um parâmetro com base num mapa de interpolação prescrito, produzido a partir de dados georreferenciados, combinado com uma análise geoestatística (*ou seja, um* mapa krigado da variabilidade das concentrações de NO3-N no solo).

A abordagem ZAs é uma estratégia agronómica cada vez mais popular na AP (Fergusson et al., 2002). Consiste em subdividir as parcelas agrícolas em pequenas unidades homogéneas de solo com base nas suas caraterísticas e comportamento em termos de necessidades específicas e respostas a insumos e riscos ambientais em relação aos rendimentos das culturas visadas (Mulla, 1989; Fridgen et al., 2000, Khosla et al, 2001; Quenum et al., 2012, Cambouris et al, 2014; Servadio et al., 2017). Estas unidades homogéneas, denominadas ZAs, são utilizadas para captar o SV, orientar a amostragem do solo reduzindo o número de amostras colhidas e, por conseguinte, a densidade de amostragem, estabelecer recomendações e gerir os insumos (*por exemplo,* pesticidas, fertilizantes, irrigação) uniformemente entre as diferentes unidades (Cambouris et al. 2006).

A ZA de um campo cultivado é caracterizada por uma sub-região com uma combinação de factores homogéneos que limitam o rendimento da cultura visada (Vrindts et al., 2005; Li et al., 2007). As ZAs têm muitas utilizações. Representam uma excelente alternativa à amostragem do solo em grelha e são ferramentas para avaliar os rendimentos agronómicos em relação às propriedades físico-químicas dos solos para um melhor estudo da modelização das culturas (Li et al., 2007; Armstrong et al., 2009; Rab et al., 2009). O ATV é mais eficaz com as propriedades baseadas nas plantas, enquanto a abordagem ZAs é mais eficaz com as propriedades do solo do

que com os parâmetros baseados nas plantas (Zebarth et al., 2009).
Foram realizados vários estudos sobre a utilização de ZAs para a gestão sustentável do N à escala do campo na AP (Khosla e Alley, 1999; Khosla et al., 2002; Cambouris et al, 2006; Peralta et al., 2015). No entanto, até à data, poucos estudos foram realizados sobre a aplicação desta abordagem agronómica para a gestão sustentável do P à escala de uma parcela agrícola no Canadá. Além disso, as informações espaciais utilizadas para delimitar as ZAs devem ser quantitativas, densamente medidas, temporalmente estáveis e estreitamente relacionadas com o rendimento das culturas ou com os factores de produção a gerir (Doerge, 2011). Por conseguinte, é necessário delinear eficazmente ZAs específicas da parcela (Yao et al., 2014).

1.5.2. Métodos de delimitação de ZAs

1.5.2.1 Critérios de delimitação das ZAs

Antes da delimitação das ZAs, é importante caraterizar o SV do bem em estudo à escala do terreno, utilizando uma grelha de amostragem intensiva (Arvalis, 2015). A estratégia de amostragem utilizada nesta abordagem inicial é a amostragem sistemática em grelha. A amostragem em grelha tem como objetivo identificar o SV do parâmetro em estudo através de amostras compostas, georreferenciadas e aleatórias.
A escolha da grelha de amostragem continua a ser adequada. Alguns autores (Cambardella et al., 1994; Cambardella e Karlen (1999); Robinson e Mettermicht, 2006; Bogunovic et al., 2014) recomendam grelhas de amostragem mais pequenas (15 m x 15 m), particularmente em solos agrícolas intensivamente cultivados em pequenas áreas (Mallarino et al., 2014), enquanto outros (Saglam et al., 2011; Behera e Shukla, 2015; Vasu et al., 2017) propõem grelhas de amostragem maiores. Chang et al. (1999) referiram que o impacto da distância da grelha na reprodutibilidade das medições de VS diminuía acentuadamente com tamanhos de grelha superiores a 30 x 30 m. McBratney e Pringle (1999) sugerem, em vez disso, que um espaçamento de grelha de 20-30 m é geralmente necessário quando se aplica uma gestão específica do sítio em alta resolução.) A amostragem em grelha baseia-se na densidade relativa de amostragem para revelar padrões de fertilidade numa parcela.
No entanto, a amostragem em grelha tem as suas limitações. É dispendiosa, intensiva e trabalhosa em diferentes práticas de cultivo. Além disso, este método tradicional não é viável para obter ZAs, uma vez que requer um grande número de amostras de solo para obter uma boa representação espacial das propriedades do solo e dos níveis de nutrientes. Mallarino (1996) mencionou que as estratégias de amostragem em grelha deturpam o P e K disponíveis no solo sob sementeira direta. Existem outros métodos geofísicos, como a indução eletromagnética e a resistividade elétrica (ou seja, a condutividade elétrica aparente do solo), que medem com precisão e eficiência o SV das propriedades do solo para fins de delimitação de PAAs (Peralta e Costa, 2013; Adamchuk et al., 2015).

1.5.2.2 Condutividade eléctrica aparente do solo: uma ferramenta para delimitar ZAs

A condutividade eléctrica aparente (CEA) é uma das melhores tecnologias modernas para delinear ZAs intraparcelares (Cambouris et al., 2006). Este método caracteriza-se pela sua elevada densidade de medição, exatidão e rapidez. O ECa também pode ser medido de forma simples e económica. Além disso, a CEa está relacionada com várias propriedades físicas e químicas numa vasta gama de solos (Sudduth et al., 2005), porque depende 1) da composição química da solução do solo e dos iões permutáveis do solo, 2) do teor de argila e 3) da interação entre iões não permutáveis e permutáveis (Nadler e Frenkel, 1980; Shainberg et al., 1980; Rhoades et al., 1989, Heiniger et al., 2003).
A importância da CEa do solo baseia-se no princípio de que as areias, os siltes e as argilas têm condutividades baixas, médias e altas, respetivamente (Lund et al., 1999). Os mapas de CEa são, portanto, ferramentas importantes para a atribuição de zonas homogéneas devido à sua forte correlação com várias propriedades físico-químicas do solo, como a textura (Williams e Hoey, 1987), o teor de água (Kitchen et al., 2005), a salinidade (Heiling et al., 2011), a capacidade de troca catiónica (Saifuzzaman et al., 2021) e o teor de matéria orgânica (Becker et al., 2022).
Os sensores proximais do solo (CPS) são ferramentas para medir a CEa do solo em AP para complementar e substituir métodos convencionais, como a amostragem intensiva do solo, com o objetivo de mapear a variabilidade do campo e delinear ZAs. Os CPSs que medem continuamente a CEa são cada vez mais utilizados para obter dados pormenorizados, densos e rápidos sobre o solo (Corwin e Lesch, 2003, Mertens et al., 2008; Becker et al., 2022). Os CPSs são acoplados a um sistema de posicionamento global (GPS) para adquirir dados

georreferenciados e aumentar a eficiência da delimitação de ZAs (Corwin e Plant, 2005; Perron et al., 2018).
O sensor proximal Veris®, modelo 3100 (Veris Technologies, Inc. Salina, KS) é um dos sistemas mais utilizados para medir a CEa do solo com base na resistividade eléctrica. Utiliza quatro eléctrodos que estão em contacto físico com o solo e injectam uma corrente eléctrica para medir a tensão resultante (Lund et al., 1999). Estes eléctrodos estão distribuídos sob a forma de discos montados com uma estrutura metálica de duas rodas, o que permite que seja rebocado por um veículo utilitário desportivo (Figura 1.5). Quanto mais afastados estiverem os discos, maior será a profundidade de penetração da corrente eléctrica. O sistema foi concebido para registar a CEa simultaneamente a duas profundidades do solo, 0-0,3 m e 0-1,0 m, denominadas ECa30 e ECa100, respetivamente. $^{-1}$A ECa é medida em milisiemens por metro (mS m). O modelo Veris® 3100 é combinado com um recetor GPS para garantir a localização exacta de cada medição registada (Konstantinos et al., 2007). Por conseguinte, pode ser utilizado para medir a variabilidade do solo através da deteção direta da condutividade eléctrica (Lund et al., 1999).

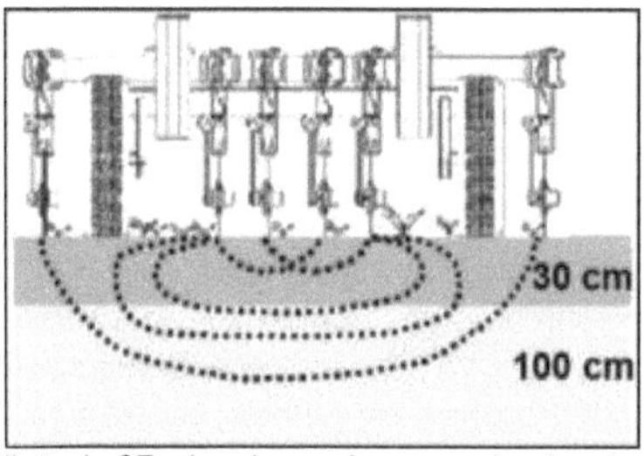

Figura 1-5. Dispositivo de medição da CEa do solo nas duas camadas do solo (0-30 cm e 0-100 cm) (Lund et al., 1999).

A utilização do Veris®, modelo 3100, apresenta várias vantagens, como a programação inicial e a não necessidade de calibração para cada aplicação. As medições de ECa não são afectadas por campos magnéticos naturais, objectos metálicos ou motores próximos (Adamchuk et al., 2015). No entanto, o Veris 3100 é pesado e requer um trator para o puxar no campo. A sua utilização é também limitada pelas condições de humidade do solo (Quenum et al., 2012) e pelas culturas (Sudduth et al., 2003; Adamchuk et al., 2015). A utilização de sinais eléctricos à superfície (0-30 cm) ou em profundidade (0100 cm) difere de um estudo para outro de acordo com vários pontos de vista científicos e operacionais em relação à diversidade dos solos estudados (Johnnson et al., 2003; Peralta e Costa, 2013, Peralta et al., 2015)
Novos tipos de SPCs foram introduzidos na América do Norte com o objetivo de caraterizar o SV das propriedades do solo em AP, incluindo ECa (Adamchuk e Tremblay 2017, Huang et al., 2018). Saifuzzaman et al. (2021) avaliaram dois tipos de sensores (RTK GNESS e DUALEM 21S) com o objetivo de prever o SV de ECa e topografia em relação a seis propriedades do solo (pH, pH tampão, matéria orgânica (OM), P, potássio e CEC) de 12 campos em Ontário (Canadá). Foram obtidas correlações elevadas ($r \geq 0,60$) entre a CEa (medida com os sensores) e a topografia em relação às propriedades do solo (OM, P e CEC). Dos 12 campos estudados, dois apresentaram modelos muito fiáveis para prever a futura distribuição espacial da CEa em relação à OM e CEC do solo.

1.5.2.3 Métodos estatísticos para delimitar ZAs

Existem vários métodos não supervisionados que não requerem informações prévias para delimitar ZAs, incluindo k-means fuzzy e ISODATA. O método k-means fuzzy é o método convencional mais utilizado para delimitar campos em ZAs (Schenatto et al., 2017; Servadio et al., 2017). Técnica introduzida por Ruspini (1969) e desenvolvida por Dunn (1973), o método fuzzy-k de média ótima é definido como uma minimização da medida ponderada da distância ao quadrado entre os pontos de dados e os centroides de classe (Cordoba et al., 2013). A classificação fuzzy-k determina a semelhança de um objeto com uma classe através da sua pertença a uma classe.
Vários autores (Uribeetxebarria et al., 2018; Perron et al., 2018) usaram o método k-fuzzy para delinear ZAs usando a CEa do solo, ou em combinação com várias propriedades edáficas, como textura (Moral et al., 2010),

conteúdo de OM (Kweon et al., 2012), profundidade, rendimento da cultura e medições de elevação (Peralta et al., 2015). Os pacotes de software que utilizam o algoritmo fuzzy k-means são o FuzME e o MZA. Foram desenvolvidos por Minasny et al. (2002) e Fridgen et al. (2004), respetivamente.

O método ISODATA, também conhecido como técnica de análise iterativa de dados auto-organizados, é uma extensão do método k-means. Este método baseia-se na utilização de um algoritmo de classificação rápida (Tou e Gonzalez, 1974) que não requer a introdução de caraterísticas de classe antes da classificação (classificador não supervisionado) (Guastaferro et al., 2010). No entanto, esta técnica requer que as variáveis sejam normalmente distribuídas, com variâncias iguais, a fim de agrupar caraterísticas semelhantes através de vectores médios e de uma matriz de covariância (Fraisse et al., 2001). Vários autores adoptaram a técnica ISODATA para delinear as ZM (Guastaferro et al., 2010, Haghverdi et al., 2015; Abbas et al., 2016; Uribeetxebarria et al., 2018).

1.5.2.4 Determinação e validação do número ótimo de ZAs

O número ótimo de ZAs é determinado utilizando o método de decaimento da variância (Haghverdi et al., 2015; Lajili et al., 2021). Com base nesta abordagem, a variância total dentro da área é expressa como uma percentagem da variância para todo o campo (ou seja, 1 ZA) (Cambouris et al., 2006). Assim, o número ótimo de ZAs é avaliado utilizando o ponto de inflexão da curva de decaimento da variância (ver Figura 1.6).

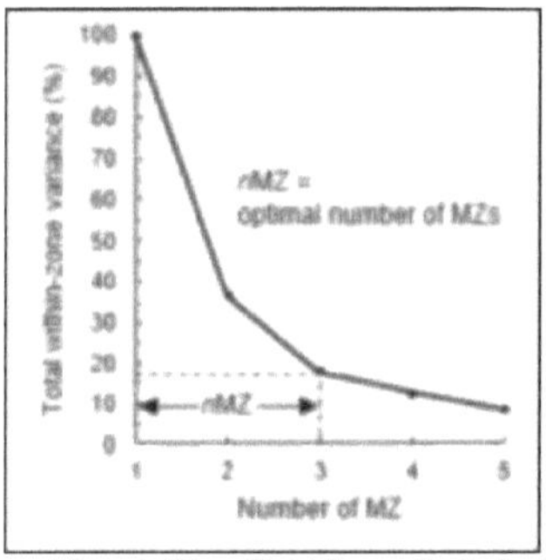

Figura 1-6. Determinação do número ótimo de ZAs utilizando o método de decaimento da variância (Adaptado de Lajili et al., 2021).

Após determinar o número ótimo de ZAs, é realizado um teste de normalidade para as propriedades do solo utilizando o procedimento PROC UNIVARIATE do SAS (SAS Institute, 2010). Para as propriedades do solo normalmente distribuídas, foi efectuada uma ANOVA combinada com um teste de comparação múltipla LSD (valor de $p < 0,05$) para determinar se as propriedades variavam significativamente de uma ZA para outra. As propriedades do solo com distribuição não normal foram analisadas através de testes não paramétricos (Wilcoxon e Kruskal-Wallis) do procedimento NPAR1WAY (SAS Institute, 2010). Desta forma, diferenças significativas nas propriedades do solo dentro das ZAs delimitadas permitirão: 1) determinar (confirmar) até que ponto o principal parâmetro medido (ou seja, a CEa) captou a variabilidade espacial intra-campo nas propriedades do solo (Peralta et al., 2013) e 2) avaliar a eficácia da delimitação das ZAs.

Assim, é possível utilizar a delimitação de ZAs para controlar a variabilidade espacial do P do solo em AP, a fim de aumentar a produtividade e os rendimentos agrícolas, reduzindo simultaneamente as perdas de P para o ambiente. Existem poucos exemplos da aplicação desta abordagem agronómica utilizando medições de P para otimizar a gestão do P em solos de culturas arvenses no leste do Canadá.

1.6. Pressupostos e objectivos

1.6.1. Pressupostos

A revisão da literatura apresentada acima mostrou que o conhecimento do P SV (P disponível, $[P/Al]_{M3}$) em solos cultivados de acordo com os sistemas de cultivo (prados jovens vs. prados antigos) e lavoura (sementeira direta vs. lavoura convencional) é ainda muito limitado, particularmente em solos aráveis. Além disso, até à data, foram efectuados poucos estudos sobre a estratégia agroambiental de delimitação de ZAs com base em medições de

P para uma gestão sustentável do P em solos de culturas arvenses no leste do Canadá. Assim, foram formuladas as seguintes hipóteses e objectivos para este estudo, que se divide em três experiências:

Experiência 1

1) Os solos sob pastagens antigas têm um teor de P disponível mais elevado do que os solos sob pastagens jovens, particularmente na camada de 0-5 cm;

2) Os dois indicadores de disponibilidade de P (P_{M3}, $[P/Al]_{M3}$) são fortemente influenciados pelos teores de Al_{M3}, Fe_{M3}, Ca_{M3} e C total nos solos de pastagens antigas em comparação com os solos de pastagens jovens;

3) Os solos de pastagens antigas têm uma menor dependência espacial do P disponível do que os solos de pastagens jovens, particularmente na camada de 0-5 cm.

Experiência 2

1) O plantio direto aumenta o teor de P disponível na camada de 0-5 cm, em comparação com o solo cultivado convencionalmente;

2) Os dois indicadores de disponibilidade de P (P_{M3}, $[P/Al]_{M3}$) são fortemente influenciados pelo teor de Al_{M3}, Fe_{M3}, Ca_{M3} e C total em solos de plantio direto em comparação com solos cultivados convencionalmente na camada de 0-5 cm;

3) Os solos de plantio direto têm uma maior dependência espacial do P disponível do que os solos cultivados convencionalmente, particularmente na camada de 0-5 cm.

Experiência 3

1) A variabilidade espacial do P disponível é elevada num solo estratificado em P;

2) Ambos os indicadores de disponibilidade de P (P_{M3}, $[P/Al]_{M3}$) são influenciados pela CEa num solo estratificado com P;

3) A delimitação de ZAs a partir de medições de P representa uma estratégia eficaz para reduzir a variabilidade espacial de P para efeitos de recomendação exacta de P2O5 num solo estratificado em P.

3.2.2. Objectivos

O objetivo geral do projeto de tese é comparar a variabilidade espacial e vertical do P disponível (P_{M3}, $[P/A1]_{M3}$) em solos cultivados sob o efeito de sistemas de cultivo (pastagem velha vs. pastagem jovem) e lavoura (convencional vs. plantio direto) nas duas profundidades estudadas (0-5 cm) e (5-20 cm) para fins de recomendações agroambientais para fertilização de fosfato (P_2O_5) em PA.

Os objectivos específicos do projeto de tese são os seguintes

1) Avaliar a variabilidade espacial dos indicadores de disponibilidade de P (P_{M3}, $[P/A1]_{M3}$) e outras propriedades físico-químicas selecionadas (pH, teor de carbono total, $A1_{M3}$, Ca_{M3}, Fe_{M3}) do solo sob pastagem jovem em comparação com o solo sob pastagem velha de acordo com as duas profundidades (0-5 cm) e (5-20 cm) usando ferramentas estatísticas descritivas e geoestatísticas;

2) Estudar as relações entre os dois indicadores de disponibilidade de P (P_{M3}, $[P/A1]_{M3}$) e os teores totais de C, A | M3, Ca_{M3} e Fe_{M3} de um solo sob pastagem jovem em comparação com um solo sob pastagem velha de acordo com as duas profundidades (0-5 cm) e (5-20 cm);

3) Determinar a dependência espacial ($C/(C+C_0)$) do P disponível (P_{M3}, $[P/A1]_{M3}$) e de outros elementos (C total, A | M3, Fe_{M3}, e Ca_{M3}) de um solo sob pastagem jovem em comparação com o solo sob pastagem velha nas duas profundidades estudadas (0-5 cm) e (5-20 cm).

4) Avaliar a variabilidade espacial dos indicadores de disponibilidade de P (P_{M3}, $[P/A1]_{M3}$) e outras propriedades físico-químicas selecionadas (pH, teor de carbono total, A | M3, Ca_{M3}, Fe_{M3}) de um solo sob cultivo convencional em comparação com um solo sob semeadura direta de acordo com as duas profundidades (0-5 cm) e (5-20 cm) usando ferramentas estatísticas descritivas e geoestatísticas;

5) Estudar as relações entre os dois indicadores de disponibilidade de P (P_{M3}, $[P/Al]_{M3}$) e os teores de C total, A | M3, Ca_{M3}, e Fe_{M3} de um solo sob lavoura convencional em comparação com um solo sob semeadura direta de acordo com as duas profundidades (0-5 cm) e (5-20 cm);

6) Determinar a dependência espacial ($C/(C+C_0)$) do P disponível (P_{M3}, $[P/Al]_{M3}$) e de outros elementos (C total, A | M3, Fe_{M3}, e Ca_{M3}) de um solo sob preparo convencional em comparação com um solo sob semeadura direta

de acordo com as duas profundidades estudadas (0-5 cm) e (5-20 cm);

7) Avaliar as recomendações actuais de fertilização fosfatada utilizando mapas de prescrição de valores krigados de $(P/A1)_{M3}$ de um solo sob lavoura convencional em comparação com um solo sob sementeira direta de acordo com as duas profundidades estudadas (0-5 cm) e (5-20 cm).

8) Estudar a variabilidade e a estrutura espacial de indicadores de disponibilidade de P (P_{M3}, $[P/A1]_{M3}$) e propriedades auxiliares (CEa_{30}, CEa_{100}, elevação, rendimentos) de um solo sob plantio direto de acordo com a profundidade estudada (0-5 cm) utilizando ferramentas estatísticas descritivas e geoestatísticas;

9) $_{M3M3M3}$Estudar as relações entre os dois indicadores de disponibilidade de P (P , [P/Al]), C total, A l , Ca_{M3} e Fe_{M3} no solo e as propriedades auxiliares (CEa_{30}, CEa_{100}, elevação, rendimentos) de um solo sob plantio direto em função da profundidade estudada (0-5 cm);

10) Determinar o número ótimo de ZAs para um solo de plantio direto utilizando o método de redução de variância baseado na relação CEa-P do solo na profundidade estudada (0-5 cm);

11) Validar os ZAs obtidos para otimizar as recomendações precisas de fertilizantes P em função da profundidade estudada (0-5 cm).

1.7 Referências

Abbas, A., Minalla, N., Ahmad, N., Abid, S., Khan, M. (2016). "Algoritmos de agrupamento K-Means e ISODATA para classificação de cobertura do solo usando sensoriamento remoto". Jornal de Investigação da Universidade de Sindh-SURJ (Série Científica) **48**(2):315-318.

Abdi, D., Cade-Menun, B., Ziadi, N., Parent, L. É. (2014). "Impacto a longo prazo das práticas de cultivo e fertilização com fósforo nas formas de fósforo do solo, conforme determinado pela espetroscopia de ressonância magnética nuclear 31 P". Jornal de Qualidade Ambiental **43**(4):1431-1441.

Abdi, D., Cade-Menun, B., Ziadi, N., Tremblay, G. F., Parent, L. É. (2016). "Espectroscopia de reflectância no infravermelho próximo visível para prever pools de fósforo do solo em chernozems de Saskatchewan, Canadá". Geoderma Regional **7**(2): 93-101.

Adamchuk, V., Allred, B., Doolittle, J., Grote, K., Rossel, R., Ditzler, C., West, L. (2015). Ferramentas para deteção de solo proximal. Equipe de levantamento do solo, Ditzler, C., West, L. (Eds.), Manual de levantamento do solo. Serviço de Conservação de Recursos Naturais. Manual do Departamento de Agricultura dos EUA, **18**.

Adamchuk, V., Tremblay, N. (2017). Novos desenvolvimentos na deteção de solo proximal. Em Proceedings of The International Tri-Conference for Precision Agriculture, Hamilton.

Allaire, S. E., Van Bochove, E., Denault, J.-T., Dadfar, H., Thériault, G., Charles, A., De Jong, R. (2011). "Caminhos preferenciais do movimento do fósforo dos terrenos agrícolas para as massas de água na bacia canadiana dos Grandes Lagos: uma ferramenta de previsão". Jornal Canadiano de Ciência do Solo **91**(3):361-374.

Armstrong, R., Fitzpatrick, J., Rab, M., Abuzar, M., Fisher, P., O'Leary, G. (2009). "Avanços na agricultura de precisão no sudeste da Austrália. III. As interações entre as propriedades do solo e a utilização da água ajudam a explicar a variabilidade espacial da produção vegetal no Mallee vitoriano". Crop and Pasture Science **60**(9): 870-884.

Arrouays, D., Vion, I., Jolivet, C., Guyon, D., Couturier, A. e Wilbert, J. (1997). "Variabilidade intraparcelar de algumas propriedades do solo arenoso nas Landes de Gascogne (França): Conséquences sur la stratégie d'echantillonnage agronomique". Étude et gestion des sols **4**:5-16.

Arvalis (2015). Agricultura de precisão, posicionamento GPS, gestão intraparcelar, avaliação de desempenho. Edição Arvalis. 104 pp.

Barrow, N., Shaw, T. (1980). "Efeito da secagem do solo na medição da adsorção de fosfato". Communications in Soil Science and Plant Analysis **11**(4): 347-353.

Beauchemin, S., Hesterberg, D., Chou, J., Beauchemin, M., Simard, R., Sayers, D. (2003). "Especiação de fósforo em solos agrícolas enriquecidos com fósforo utilizando espetroscopia de absorção de raios X de estrutura próxima da borda e fracionamento químico". Journal of Environmental Quality **32**(5): 1809-1819.

Bechmann, M., Kleinman, P., Sharpley, A., Saporito, L. (2005). "Efeitos do congelamento e do descongelamento na perda de fósforo no escoamento de solos com adubo e com culturas secundárias". Journal of

Environmental Quality **34**(6): 2301-2309.
Becker, S., Franz, T., Abimbola, O., Steele, D., Flores, J., Jia, X., Scherer, T., Rudnick, D. R., Neale, C. (2022). "Avaliação da viabilidade do uso de sensores geofísicos proximais para apoiar a gestão de precisão". Jornal da Zona Vadosa: e20228.
Beegle, D. (2005). Avaliação do fósforo do solo para a produção de culturas através de testes de solo. Phosphorus: Agriculture and the environment, 46, 123-143.
Behera, S., Shukla, A. (2015). "Distribuição espacial da condutividade eléctrica da acidez do solo à superfície, teor de carbono orgânico do solo e potássio, cálcio e magnésio permutáveis em alguns solos ácidos cultivados da Índia". Land Degradation and Development **26**: 71-79.
Bennett, E., Carpenter, S., Clayton, M. (2005). "Variabilidade do fósforo no solo: dependência de escala numa paisagem agrícola em urbanização". Landscape Ecology **20**(4):389-400.
Bogrekci, I., Lee, W. (2005). "Mapeamento espetral do fósforo utilizando a reflectância difusa de solos e relva". Biosystems Engineering **91**(3): 305-312.
Bogunovic, I., Mesic, M., Zgorelee, Z., Jurisic, A., Bilandzija, D. (2014). "Variação espacial dos nutrientes do solo em solo argiloso-arenoso". Pesquisa de solo e lavoura **144**: 174-183.
Bowmen, R., Cole, C. (1978). "Um método exploratório para o fracionamento do fósforo orgânico das pastagens". Soil Science **125**(2): 95-101.
Breeuwsma, A., Silva, S. (1992). Phosphorus fertilisation and environmental effects in the Netherlands and the Po region (Italy). Wageningen, Países Baixos: DLO The Winand Staring Centre.
Cade-Menun, B., Carter, M., James, D., Liu, C. (2010). "Formas e química do fósforo no perfil do solo sob lavoura de conservação de longo prazo: um estudo de ressonância magnética nuclear de fósforo 31". Journal of Environmental Quality **39**(5): 1647-1656.
Cambardella, C., Karlen, D. (1999). "Análise espacial dos parâmetros de fertilidade do solo". Agricultura de precisão **1**: 5-14.
Cambardella, C., Moorman, T., Parkin, T., Karlen, D., Novak, J., Turco, R., Konopka, A. (1994). "Variabilidade à escala do campo das propriedades do solo nos solos do centro do Iowa". Soil Science Society of America Journal **58**(5):1501- 1511.
Cambouris, A., Messiga, A., Ziadi, N., Perron, I., Morel, C. (2017). "Distribuição bidimensional em escala decimétrica do fósforo do solo após 20 anos de manejo do solo e fertilização com fósforo de manutenção". Jornal da Sociedade de Ciência do Solo da América **81** (6): 1606-1614.
Cambouris, A., Nolin, M., Zebarth, B., Laverdière, M. (2006). "Zonas de gestão do solo delineadas pela condutividade eléctrica para caraterizar as variações espaciais e temporais no rendimento da batata e nas propriedades do solo". American Journal of Potato Research **83**(5):381-395.
Cambouris A., Zebarth B., Ziadi, N., Perron I. (2014). "Agricultura de precisão na produção de batata". Potato Research **57**(3-4):249-262.
Cameron, D., Nyborg, M., Toogood, J., Laverty, D. (1971). "Precisão da amostragem de campo para testes de solo". Canadian Journal of Soil Science **51**(2):165-175.
Cathcart, J. B. (1980). Reservas e recursos mundiais de fosfato. O papel do fósforo na agricultura. Em Khasawneh et al (ed.). Sociedade Americana de Agronomia. Madison, Wisconsin, EUA. p. 1-18.
Chang, C., Laird, D., Mausbach, M., Hurburgh, C. (2001). "Near-infrared reflectance spectroscopy-principal components regression analyses of soil properties". Soil Science Society of America Journal **65**(2): 480-490.
Chang, J., Clay, D., Carlson, C., Malo, D., Clay, S., Lee, J., Ellsbury, M. (1999). "Protocolos de agricultura de precisão: Parte 1. Distância da grelha e impacto dos nutrientes do solo na reprodutibilidade das medições da variabilidade espacial". Agricultura de precisão **1**(3):277-289.
Chang, S., Jackson, M. (1957). "Fracionamento do fósforo do solo". Ciência do Solo **84**, p.133-144.
Condron, L., Turner, B., Cade-Menun, B. (2005). Química e dinâmica do fósforo orgânico do solo. Fósforo: agricultura e ambiente. In: J.T. Sims e A.N. Sharpley Editores. ASA, CSSA, e SSSA, Madison, WI. 46, 87-121.
Cooperband, L., Logan, T. (1994). "Measuring in situ changes in labile soil phosphorus with anion-exchange membranes". Soil Science Society of America Journal **58**(1): 105-114.
Corbridge, D.E.C. (2000). Phosphorus: Chemistry, biogeochemistry and technology (Fósforo: Química,

biogeoquímica e tecnologia). Elsevier, Nova Iorque.
Córdoba M., Bruno C., Costa J., Balzarini, M. (2013). "Delineamento de classes de manejo de subcampo usando análise de cluster a partir de componentes principais espaciais de variáveis do solo". Computadores e Eletrónica na Agricultura **97**:6-14.
Corwin, D., Lesch, S. (2003). "Aplicação da condutividade eléctrica do solo à agricultura de precisão: teoria, princípios e orientações". Agronomy Journal **95**(3):455-471.
Corwin, D., Plant R. (2005). "Aplicações da condutividade eléctrica aparente do solo na agricultura de precisão". Computadores e eletrónica na agricultura **46**(1):1-10.
CRAAQ (2010). Guia de referência em fertilização. 2 èmeedição. Centre de référence en agriculture et agroalimentaire du Québec, Québec. 473 pp.
Dang, Y., Moody, P., Bell, M., Seymour, N., Dalal, R., Freebairn, D., Walker, S. (2015). "Lavoura estratégica em sistemas de cultivo de plantio direto nas regiões de cultivo de grãos do norte da Austrália: II. Implicações para agronomia, solo e meio ambiente". Soil and Tillage Research **152**: 115-123.
Dick, R. (1992). "A review: long-term effects of agricultural systems on soil biochemical and microbial parameters". Agriculture, Ecosystems and Environment **40**(1-4): 25-36.
Djodjic, F., Börling, K., Bergström, L. (2004). "Lixiviação de fósforo em relação ao tipo de solo e ao teor de fósforo no solo". Journal of Environmental Quality **33**(2):678-684.
Doerge, T. (2011). Conceitos de zona de gestão. Orientações de gestão específicas do sítio. SSMG-2. Instituto Potash & Phosphate. Instituto Internacional de Nutrição Vegetal, Norcross, GA. 4 p.
Duiker, S., Beegle, D. (2006). "Soil fertility distributions in long-term no-till, chisel/disk and moldboard plow/disk systems". Soil and Tillage Research **88**(1-2): 30-41.
Dunn, J. (1973). "Um parente difuso do processo ISODATA e seu uso na deteção de clusters compactos bem separados". Journal of Cybernetics **3**:3, 32-57.
Fageria, N., He, Z., Baligar, V. (2017). Gestão de fósforo na produção de culturas. Grupo Taylor e Francis, CRC Press. 360 pp.
Ferguson, R., Hergert, G. (2009). Amostragem do solo para a agricultura de precisão. Universidade de Nebraska Lincoln, Extensão EC-154.
Ferguson, R., Hergert, G., Schepers, J., Gotway, C., Cahoon, J., Peterson, T. (2002). "Gestão do azoto específica do local para o milho irrigado: efeitos da produção e do nitrato residual do solo". Soil Science Society of America Journal **66**: 544-553.
Fife, C. (1963). "Uma avaliação do fluoreto de amónio como um extrator seletivo para o fosfato do solo ligado ao alumínio: estudo detalhado dos solos". Ciência do Solo **96**(2): 112-120.
Fraisse, C., Sudduth K., Kitchen, N. (2001). "Delineação de zonas de gestão específicas do local por classificação não supervisionada de atributos topográficos e condutividade eléctrica do solo". Transacções da ASAE **44**(1):155-166.
Franzen, D. (2018). Variabilidade do solo e gestão da fertilidade. No livro Precision agriculture basics, publicado pela American Society of Agronomy, Crop Science Society of America e Soil Science Society of America. Páginas 79-92.
Freppaz, M., Williams, B., Edwards, A., Scalenghe, R., Zanini, E. (2007). "Simulação dos ciclos de congelação/descongelação do solo típicos das condições alpinas de inverno: implicações para a disponibilidade de N e P". Applied Soil Ecology **35**(1): 247-255.
Fridgen J., Kitchen, N., Sudduth, K. (2000). Variabilidade dos atributos do solo e da paisagem em zonas de gestão de subcampos. thIn Proceedings of the 5 International Conference on Precision Agriculture, Bloomington, Minnesota, USA, 16-19 July, 2000. Sociedade Americana de Agronomia, p 1-16.
Fridgen J., Kitchen N., Sudduth K., Drummond S., Wiebold W., Fraisse C. (2004). "Software de análise de zonas de gestão (MZA) para a delimitação de zonas de gestão de subcampos". Agronomy Journal **96**(1):100-108.
Friedrich, T., Derpsch, R., Kassam, A. (2012). Visão geral da disseminação global da agricultura de conservação. Relatórios científicos das acções de campo. O jornal das acções de campo, (Edição Especial 6).
Frossard, E., Julien, P., Neyroud, J., Sinaj, S. (2004). Fósforo nos solos: a situação na Suíça: fósforo nos solos, fertilizantes, culturas e ambiente. Agência Suíça para o Ambiente, Florestas e Paisagem SAEFL.

Fu, W., Zhao, K., Jiang, P., Ye, Z., Tunney, H., Zhang, C. (2013). "Variabilidade em escala de campo do fósforo do teste de solo e outros nutrientes em pastagens sob manejos agrícolas de longo prazo". Soil Research **51**(6):503-512.

Gagnon, B., Ziadi, N., Côté, C., Foisy, M. (2010). "Impacto ambiental de aplicações repetidas de biossólidos combinados de fábricas de papel na produção de milho para silagem". Canadian Journal of Soil Science **90**(1):215-227.

Gassner, A. (2003). Factores que controlam a especificação espacial do fósforo em solos agrícolas. Edição especial 244, Centro Federal de Investigação Agrícola, Braunschweig, Alemanha.

Gburek, W., Sharpley, A., Heathwaite, L., Folmar, G. (2000) "Phosphorus management at the watershed scale: a modification of the phosphorus index". Journal of Environmental Quality **29**(1):130-144.

Gilbert, N. (2009). "Ambiente: o nutriente que está a desaparecer. Natureza **461**:716-718.

Giroux, M., Cantin, J., Rivest, R. e Tremblay, G. (2002). Alterações dos níveis de fósforo nos solos em função da fertilidade, da riqueza em fósforo e do tipo de solo. Proc. Colloque sur le phosphore OAQ-APAQ-Une gestion éclairée.

Giroux, M., Duchemin, M., Michaud, A., Beaudin, I., Landry, C., Enright, P., Madramootoo, C. e Laverdière, M. (2008). "Relação entre as concentrações de fósforo particulado e dissolvido na água de escoamento e os níveis de fósforo total e assimilável nos solos para diferentes culturas". Agrosolutions **19**:4-14.

Giroux, M. e Tran, T. (1985). "Avaliação do fósforo assimilável em solos ácidos com diferentes métodos de extração em relação ao rendimento da aveia e às propriedades do solo". Canadian Journal of Soil Science **65**(1): 47-60.

Giroux, M. e Tran, T. (1996). "Critérios agronómicos e ambientais relacionados com a disponibilidade, solubilidade e saturação do fósforo nos solos agrícolas do Quebeque. Agrosol **9**(2): 51-57.

Grant, C., Bittman, S., Montreal, M., Plenchette, C., Morel, C. (2005). "Fósforo do solo e do fertilizante: Efeitos no fornecimento de P à planta e no desenvolvimento micorrízico". Canadian Journal of Plant Science **85**(1): 3-14.

Grant, R., Laubel, A., Kronvang, B., Andersen, H., Svendsen, L., Fuglsang, A. (1996). "Perda de fósforo dissolvido e particulado de bacias hidrográficas aráveis por drenagem subsuperficial". Water Research **30**(11):2633-2642.

Guastaferro, F., Castrignanò, A., De Benedetto, D., Sollitto, D., Troccoli, A., Cafarelli, B. (2010). "Uma comparação de diferentes algoritmos para a delineação de zonas de gestão". Agricultura de Precisão **11**(6):600-620.

Haghverdi, A., Leib, B., Washington-Allen, R., Ayers, P., Buschermohle, M. (2015). "Perspectivas sobre a delineação de zonas de gestão para irrigação de taxa variável". Computadores e Eletrónica na Agricultura **117**:154-167.

Haneklaus, S., Schnug, E. (2006). Site Specific Nutrient Management: Objectives, Current Status, and Future Research Needs. In Handbook of Precision Agriculture: Principles and Applications, 91. CRC Press.

Hébert, M., Busset, G., Groeneveld, E. (2008). Bilan 2007 de la valorisation des matières résiduelles fertilisantes. Ministère du Développement durable, de l'Environnement et des Parcs. Québec,14 páginas.

Hedley, M., Stewart, J., Chauhan, B. (1982). "Alterações nas fracções de fósforo inorgânico e orgânico do solo induzidas por práticas de cultivo e por incubações laboratoriais". Soil Science Society of America Journal **46**(5): 970-976.

Heilig, J., Kempenich, J., Doolittle, J., Brevik, E., Ulmer, M. (2011). "Avaliação da indução eletromagnética para caraterizar e mapear solos afetados por sódio nas Grandes Planícies do Norte". Soil Survey Horizons **52**(3):77-88.

Heiniger, R., McBride, R., Clay, D. E. (2003). "Utilização da condutividade eléctrica do solo para melhorar a gestão dos nutrientes". Agronomy Journal **95**(3): 508-519.

Hinsinger, P. (1998). "Como é que as raízes das plantas adquirem nutrientes minerais? Processos químicos envolvidos na rizosfera". Avanços em Agronomia **64**: 225-265.

Hinsinger, P. (2001). "Biodisponibilidade do P inorgânico do solo na rizosfera afetada por alterações químicas induzidas pelas raízes: uma revisão". Plant and Soil **237**(2): 173-195.

Hinsinger, P., Gobran, G., Gregory, P., Wenzel, W. (2005). "Geometria e heterogeneidade da rizosfera decorrentes de processos físicos e químicos mediados pelas raízes". New Phytologist **168**(2): 293-303.

Hinsinger, P., Jaillard, B., Le Cadre, E. e Plassard, C. (2007). "Especiação e biodisponibilidade do fósforo na rizosfera". Océanis **33-1/2**: 37-50.

Holm, F., Zentner, R., Thomas, A., Sapsford, K., Légère, A., Gossen, B., ..., Leeson, J. (2006). "Respostas agronómicas e económicas a sistemas integrados de gestão de ervas daninhas e fungicida numa rotação trigo-canola-barley-ervilha". Canadian Journal of Plant Science **86**(4): 1281-1295.

Huang, H., Adamchuk, V., Biswas, A., Ji, W., Lauzon, S. (2018). Análise da previsibilidade das propriedades do solo usando diferentes sistemas de mapeamento de solo em movimento. [th]Nos Anais da 14ª Conferência Internacional sobre Agricultura de Precisão. Montreal, Quebec, Canadá. p. 24-27.

Ige, D., Akinremi, O., Flaten, D. (2005). "Índice ambiental para estimar o risco de perda de fósforo em solos calcários de Manitoba". Journal of Environmental Quality **34**(6): 1944-1951.

Jamieson, A., Madramootoo, C., Enright, P. (2003). "Perdas de fósforo no escoamento superficial e subsuperficial de um evento de degelo num campo agrícola no Quebeque". Canadian Biosystems Engineering **45**:1-1.

Jia, S.; Zhou, D., Xu, D. (2011). "A variabilidade temporal e espacial das propriedades do solo num sistema agrícola afetado pelas práticas agrícolas nos últimos 25 anos". Journal of Food, Agriculture and Environment **9**: 669-676.

Johnson, C., Mortensen, D., Wienhold, B., Shanahan, J., Doran, J. (2003). "Zonas de gestão específicas do local com base na condutividade elétrica do solo em um sistema de cultivo no semiárido". Agronomy Journal **95**(2):303-315.

Jordan, C., McGuckin, S., Smith, R. (2000) "Increased predicted losses of phosphorus to surface waters from soils with high Olsen-P concentrations". Soil Use and Management **16**(1):27-35.

Khiari, L., Parent, L. É., Pellerin, A., Alimi, A., Tremblay, C., Simard, R., Fortin, J. (2000) "An agri-environmental phosphorus saturation index for acid coarse-textured soils". American Society of Agronomy, Crop Science Society of America, and Soil Science Society of America **29** (5):1561-1567.

Khosla, R., Alley, M. (1999). "Soil-specific nitrogen management on mid-Atlantic coastal plain soils". Better Crops **83**(3): 6-7.

Khosla, R., Fleming, K., Delgado, J., Shaver, T., Westfall, D. (2002). "Utilização de zonas de gestão específicas do local para melhorar a gestão do azoto na agricultura de precisão". Journal of Soil and Water Conservation **57**(6): 513-518.

Kitchen, N., Clay, S. (2018). Compreender e identificar a variabilidade. No livro Precision agriculture basics, publicado pela American Society of Agronomy, Crop Science Society of America e Soil Science Society of America. Páginas 13-24.

Kitchen, N., Sudduth, K., Myers, D., Drummond, S., Hong, S. (2005). "Delineação de zonas de produtividade em campos de solos argilosos utilizando a condutividade eléctrica aparente do solo". Computadores e Eletrónica na Agricultura **46**(1):285-308.

Klatt, J., Mallarino, A., Downing, J., Kopaska, J., Wittry, D. (2003). "Fósforo do solo, práticas de gestão e a sua relação com o fornecimento de fósforo na bacia hidrográfica agrícola de Iowa Clear Lake". Journal of Environmental Quality **32**(6):2140-2149.

Konstantinos, K., Apostolos, X., Panagiotis, K., George, S. (2007). Otimização da topologia em redes de sensores sem fios para aplicações de agricultura de precisão. Na Conferência Internacional sobre Tecnologias e Aplicações de Sensores (SensorComm 2007). IEEE, p 526-530.

Kovar, J., Barber, S. (1988). "Caraterísticas de fornecimento de fósforo de 33 solos influenciadas por sete taxas de adição de fósforo". Soil Science Society of America Journal **52**(1): 160-165.

Kuo, S. (1996). Phosphorus. Em Methods of soil analysis. Parte 3, Métodos Químicos. Sparks, D.L. (eds). SSSA book series: 5. pp: 869-919.

Kweon, G. (2012). "Delineação de zonas de produtividade específicas do local usando propriedades do solo e atributos topográficos com um sistema de lógica difusa". Biosystems Engineering **112**(4):261-277.

Lafond, G., Walley, F., May, W., Holzapfel, C. (2011). "Impacto a longo prazo do plantio direto nas propriedades do solo e na produtividade das culturas nas pradarias canadenses". Soil and Tillage Research **117**: 110-123.

Lajili, A., Cambouris, A. N., Chokmani, K., Duchemin, M., Perron, I., Zebarth, B., Biswas, A., Adamchuk, V. (2021). "Análise de quatro métodos de delineamento para identificar zonas de manejo potenciais em um campo comercial de batata no leste do Canadá". Agronomia **11**(3): 432.

Li, H. (2017). Impacto a longo prazo da lavoura no ciclo biogeoquímico do fósforo: análise do ensaio L'Acadie (Quebec, Canadá) e modelação. Tese de doutoramento conjunta em Solos e Ambiente, Quebeque, Université Laval e França, Université de Bordeaux. 197 páginas.

Li, Y., Shi, Z., Li, F., Li, H. (2007). "Delineação de zonas de gestão específicas do local utilizando a análise de agrupamento difuso numa terra salina costeira". Computadores e eletrónica na agricultura **56**(2): 174-186.

Lund, E., Colin, P., Christy, D., Drummond, P. (1999). Aplicação da tecnologia da condutividade eléctrica do solo à agricultura de precisão. In Actas da quarta conferência internacional sobre agricultura de precisão. Sociedade Americana de Agronomia, Sociedade Americana de Ciência das Culturas, Sociedade Americana de Ciência do Solo. Madison, WI, EUA. Páginas 1089-1100.

Mallarino, A. (1996). "Padrões de variabilidade espacial de fósforo e potássio em solos não arados para duas escalas de amostragem". Soil Science Society of America Journal **60**(5): 1473-1481.

Mallarino, A., Beegle, D., Joern, B. (2007). Métodos de amostragem do solo para o fósforo. Minimização das perdas de fósforo na agricultura.

Mallarino, A., Beegle D., Joern, B. (2014). Métodos de amostragem de solo para fósforo - preocupações espaciais. Um documento de posição SERA-17.

Malley, D., Martin, P., Ben-Dor, E. (2004). Aplicação na análise de solos. Em C. A. Roberts, J. Workman Jr, e J. B. Reeves III, eds. Agronomia 44. ASA, CSSA, SSSA, Madison, WI. Near-Infrared Spectroscopy in Agriculture **44**: 729-784.

Mason, S., McLaughlin, M., Johnston, C., McNeill, A. (2013). "Medidas de teste de solo do P disponível (Colwell, resina e DGT) em comparação com a absorção de P da planta usando diluição de isótopos". Planta e Solo **373**(1): 711-722.

McBratney, A., Pringle, M. (1999). "Estimating average and proportional variograms of soil properties and their potential use in precision agriculture". Precision Agricuture **1**(2):125-152.

McGechan, M. (2002). "Sorção de fósforo pelo solo, parte 2: métodos de medição, resultados e valores dos parâmetros do modelo". Biosystems Engineering **82**(2): 115-130.

McGechan, M., Lewis, D. (2002). "Sorção de fósforo pelo solo, parte 1: princípios, equações e modelos". Biosystems Engineering **82**(1): 1-24.

MDDELCC. (2017). Guide de Référence du Règlement sur les Exploitations Agricoles. [1]Ministère du Développement durable, de l Environnement et de la Lutte contre les changements climatiques: Québec, QC, Canada; p. 185.

Mertens, F., Pätzold, S., Welp, G. (2008). "Heterogeneidade espacial das propriedades do solo e seu mapeamento com condutividade elétrica aparente". Journal of Plant Nutrition and Soil Science **171**(2):146-154.

Messiga, A. (2010). Transferências de fósforo em solos de culturas arvenses. Tese de doutoramento em Solos e Ambiente, Québec, Université Laval. 217 páginas.

Messiga, A., Ziadi, N., Morel, C., Parent, L. É. (2010). "Disponibilidade de fósforo no solo em plantio direto versus plantio convencional após ciclos de congelamento e descongelamento". Canadian Journal of Soil Science **90**(3): 419-428.

Messiga, A., Ziadi, N., Morel, C., Grant, C., Tremblay, G., Lamarre, G., Parent, L. É. (2012). "Impacto a longo prazo das práticas de cultivo e fertilização bienal de P e N na produção de milho e soja e no estado do P do solo". Pesquisa de Culturas de Campo **133**: 10-22.

Minasny, B, McBratney, A. (2002). FuzME versão 3.0. Centro Australiano de Agricultura de Precisão. Universidade de Sydney, Austrália.

Mondal, B., Sekhon, S., Sadhukhan, R., Singh, R. (2020). "Avaliação da variabilidade espacial do fósforo disponível no solo usando abordagem geoestatística". Jornal Indiano de Ciências Agrícolas **90** (6): 1170-1175.

Moral, F., Terrón, J., Da Silva, J. (2010). "Delineação de zonas de gestão utilizando medições móveis da condutividade eléctrica aparente do solo e técnicas geoestatísticas multivariadas". Soil and Tillage Research **106**(2):335-343.

Morel, C. (2002). Caracterização da fitodisponibilidade do fósforo do solo através da modelização da transferência de iões fosfato entre o solo e a solução. Habilitação à direção de investigação. INPL-ENSA-IA Nancy. 80 pp.
Morel, C. (2007). "Mobilidade e biodisponibilidade do fósforo em solos cultivados: mecanismos, modelação e diagnóstico". Oceanis **33**(1-2):51-74.
Mulla, D. (1989). Variabilidade espacial do solo e métodos de análise. In: Soil, crop, and water management systems for rainfed agriculture in the Sudano-Sahelian Zone: Proceedings of an International Workshop, 11-16 Jan. 1987. ICRISAT Sahelian Center, Niamey, Níger. pp. 241-252.
Nadler, A., Frenkel, H. (1980). "Determinação da condutividade eléctrica da solução do solo a partir de medições da condutividade eléctrica do solo em massa pelo método dos quatro eléctrodos". Soil Science Society of America Journal **44**(6):1216-1221.
Nduwamungu, C., Ziadi, N., Parent, L. É., Tremblay, G. (2009a). "Nutrientes extraíveis Mehlich 3 determinados por espetroscopia de reflectância no infravermelho próximo". Canadian Journal of Soil Science **89**(5): 579-587.
Nduwamungu, C., Ziadi, N., Parent, L. É., Tremblay, G. F., Thuriès, L. (2009b). "Opportunities for, and limitations of, near infrared reflectance spectroscopy applications in soil analysis: A review" [Oportunidades e limitações das aplicações da espetroscopia de reflectância no infravermelho próximo na análise do solo: uma revisão]. Canadian Journal of Soil Science **89**(5): 531-541.
Nolan, S., Little, J., Casson, J., Hecker, F., Olson, B. (2007). "Variação à escala do campo do fósforo do solo em pequenas bacias hidrográficas de Alberta". Journal of Soil and Water Conservation **62**(6):414-422.
Nolin, M. e Caillier, M. (1992a). "Variabilidade do solo. I-Componentes e causas". Agrosol **5**(1):15-20.
Nolin, M. e Caillier, M. (1992b). "La variabilité des sols. II-Quantificação e amplitude". Agrosol **5**(1):21-32.
Nyiraneza, J., Nolin, M., Ziadi, N., Cambouris, A. (2011). "Variabilidade de curto alcance de nitrato e fosfato dessorvido de membranas de troca aniónica". Soil Science Society of America Journal **75**(6): 22422250.
O'Halloran, I. (1993). "Efeito da lavoura e da fertilização no fósforo inorgânico e orgânico do solo". Canadian Journal of Soil Science **73**(3): 359-369.
O'Halloran, I., Cade-Menun, B. (2007). Fósforo total e orgânico. Em Soil Sampling and Methods of analysis. Carter, M.R., e Gregorich, E.G., (2nd eds). p. 265-291.
Olsen, S. (1954). Estimation of available phosphorus in soils by extraction with sodium bicarbonate (No. 939). Departamento de Agricultura dos EUA.
Olson, K., Ebelhar, S. (2009). "Impactos dos sistemas de lavoura de conservação no rendimento das culturas a longo prazo". Journal of Agronomy **8**(1): 14-20.
Page, T., Haygarth, P., Beven, K., Joynes, A., Butler, T., Keeler, C., Freer, J., Owens, P. N., Wood, G. (2005). "Spatial variability of soil phosphorus in relation to the topographic index and critical source areas: sampling for assessing risk to water quality" [Variabilidade espacial do fósforo do solo em relação ao índice topográfico e às áreas críticas de origem: amostragem para avaliar o risco para a qualidade da água]. Journal of Environmental Quality **34**(6):2263-2277.
Pellerin, A., Parent, L. É., Tremblay, C., Fortin, J., Tremblay, G., Landry, C., Khiari, L. (2006). "Modelos agro-ambientais usando o índice de saturação de fósforo do solo Mehlich-III para milho no Quebec". Canadian Journal of Soil Science **86**(5): 897-910.
Peralta, N., Costa, J. (2013). "Delineação de zonas de manejo com condutividade elétrica aparente do solo para melhorar o manejo de nutrientes". Computadores e Eletrónica na Agricultura **99**:218-226.
Peralta, N., Costa, J., Balzarini, M., Franco, M., Córdoba, M., Bullock, D. (2015). "Delineação de zonas de manejo para melhorar o manejo do nitrogênio do trigo". Computadores e Eletrónica na Agricultura **110**:103113.
Perron, I., Cambouris, A. N., Chokmani, K., Vargas Gutierrez, M., Zebarth, B., Moreau, G., Biswas, A., Adamchuk, V. (2018). "Delineando zonas de manejo do solo usando um sistema de deteção de solo proximal em dois campos comerciais de batata em New Brunswick, Canadá". Jornal Canadense de Ciência do Solo **98**(4): 724737.
Petersen, G., Corey, R. (1966). "A modified Chang and Jackson procedure for routine fractionation of inorganic soil phosphates" [Um procedimento modificado de Chang e Jackson para o fracionamento de rotina de fosfatos inorgânicos do solo]. Soil Science Society of America Journal **30**(5): 563-565.

Piegholdt, C., Geisseler, D., Koch, H., Ludwig, B. (2013). "Efeitos da lavoura de longo prazo na distribuição das frações de fósforo dos solos de loess na Alemanha". Jornal de Nutrição de Plantas e Ciência do Solo **176**(2): 217-226.
Pierzynski, G., McDowell, R., Thomas Sims, J. (2005). Química, ciclo e movimento potencial do fósforo inorgânico nos solos. Phosphorus: Agriculture and the environment. In Agronomy monograph No. 46. Sims, J.T., e Sharpley A.N. (Eds). p 51-86.
Pittelkow, C., Liang, X., Linquist, B., Van Groenigen, K., Lee, J., Lundy, M., ..., Van Kessel, C. (2015). "Limites de produtividade e potencialidades dos princípios da agricultura de conservação". Nature **517**(7534): 365368.
Puustinen, M., Koskiaho, J., Peltonen, K. (2005). "Influência dos métodos de cultivo nos sólidos suspensos e nas concentrações de fósforo no escoamento superficial em campos argilosos inclinados em clima boreal". Agriculture, Ecosystems and Environment **105**(4): 565-579.
Qian, P., Schoenau, J., Huang, W. (1992). "Utilização de membranas de permuta iónica em testes de rotina do solo". Comunicações em Ciência do Solo e Análise de Plantas **23**(15-16): 1791-1804.
Quenum, M., Nolin, M., Bernier, M. (2012). "Mapeamento digital da capacidade máxima de sorção de fósforo dos solos à escala da parcela agrícola utilizando variáveis auxiliares". Jornal Canadiano de Ciência do Solo **92**(5): 733-750.
Rab, M., Fisher, P., Armstrong, R., Abuzar, M., Robinson, N., Chandra, S. (2009). "Avanços na agricultura de precisão no sudeste da Austrália. IV. Variabilidade espacial da capacidade hídrica do solo disponível para as plantas e sua relação com o rendimento em zonas de gestão específicas do local". Crop and Pasture Science **60**(9): 885900.
Redding, M., Shatte, T., Bell, K. (2006). "Sorção-dessorção no solo de fósforo de efluentes de suinicultura em comparação com fontes inorgânicas". Jornal Europeu de Ciência do Solo **57**(2): 134-146.
Rhoades, J., Manteghi, N., Shouse, P., Alves, W. (1989). "Condutividade eléctrica do solo e salinidade do solo: novas formulações e calibrações". Soil Science Society of America Journal **53**(2): 433-439.
Rivero, E., Cruzate, G., Beltrán, M., Russo, S., Mallarino, A. (2012). "Variabilidade espacial do fósforo e sua relação com algumas propriedades dos solos da República Argentina". Jornal de Ciência e Engenharia Ambiental **A1**: 797-801.
Robinson, T., Mettermicht, G. (2006). "Testing the performance of spatial interpolation techniques for mapping soil properties" [Teste do desempenho de técnicas de interpolação espacial para cartografia das propriedades do solo]. Computer and Electronics in Agriculture **50**(2): 97-108.
Rodrigués, M., Pavinato, P., Withers, P., Teles, A., Herrera, W. (2016). "Fósforo legado e agricultura sem preparo do solo em oxissolos tropicais do cerrado brasileiro". Science of the Total Environment **542**: 10501061.
Roger, A., Libohova, Z., Rossier, N., Joost, S., Maltas, A., Frossard, E., Sinaj, S. (2014). "Variabilidade espacial do fósforo do solo no cantão de Friburgo, Suíça". Geoderma **217**:26-36.
Ruspini, E. (1969). "A new approach to clustering". Informação e Controlo **15**(1):22-32.
Saglam, M., Ozturk, H., Ersahin, S., Ozkan, A. (2011). "Variação espacial das propriedades físicas do solo em solos aluviais e coluviais adjacentes sob regime de humidade ústica". Hydrology and Earth System Sciences Discussions **8** (2): 4261-4280.
Saifuzzaman, M., Adamchuk, V., Biswas, A., Rabe, N. (2021). "Dados de deteção de solo proximal de alta densidade e derivados topográficos para caraterizar a variabilidade do campo". Engenharia de Biossistemas **211**: 19-34.
Instituto SAS. (2010). Guia do utilizador do SAS. Statistics. Versão 9.3. SAS Inst., Cary, NC. EUA. SAS Institute.
Sato, S., Comerford, N. (2006). "Avaliação de métodos para desenvolver isotérmicas de dessorção de fósforo de solos que utilizam membranas de permuta aniónica". Plant and Soil **279**(1): 107-117.
Schenatto, K., De Souza, E., Bazzi, C., Gavioli, A., Betzek, N., Beneduzzi, H. (2017). "Normalização de dados para delineamento de zonas de manejo". Computadores e Eletrónica na Agricultura **143**:238-248.
Selles, F., McConkey, B., Campbell, C. (1999). "Distribuição e formas de P sob cultivador e plantio direto para sistemas de cultivo de trigo contínuo e em pousio nas pradarias semi-áridas canadenses". Soil and Tillage Research **51**(1-2): 47-59.
Servadio, P., Bergonzoli, S., Verotti, M. (2017). "Delineamento de zonas de manejo com base nas propriedades

mecânicas e químicas do solo para aplicar taxas variáveis de insumos em um campo (VRA)". Engenharia na Agricultura, Ambiente e Alimentação **10**(1):20-30.

Shainberg, I., Rhoades, J., Prather, R. (1980). "Efeito da percentagem de sódio permutável, da capacidade de troca catiónica e da concentração da solução do solo na condutividade eléctrica do solo". Soil Science Society of America Journal **44**(3):469-473.

Shi, Y., Ziadi, N., Messiga, A., Lalande, R., Hu, Z. (2013). "Mudanças nas frações de fósforo do solo para uma rotação milho-soja de longo prazo com lavoura e fertilização com fósforo". Jornal da Sociedade de Ciência do Solo da América **77** (4): 1402-1412.

Shober, A., Hesterberg, D., Sims, J., Gardner, S. (2006). "Caracterização de espécies de fósforo em biossólidos e estrumes utilizando espetroscopia XANES". Journal of Environmental Quality **35**(6): 1983-1993.

Si, B., Kachanoski, R., Reynolds, W. (2007). Análise da variabilidade do solo. Em Soil Sampling and Methods of Analysis. Segunda edição. Publicado pela Sociedade Canadiana de Ciência do Solo. Taylor & Francis, Boca Raton, FL. Páginas 1163-1191.

Simard, R., Beauchemin, S., Haygarth, P. (2000) "Potential for preferential pathways of phosphorus transport". Journal of Environmental Quality **29**(1):97-105.

Sims, J., Maguire, R., Leytem, A., Gartley, K., Pautler, M. (2002). "Avaliação de Mehlich-3 como um teste de fósforo do solo agroambiental para o Meio-Atlântico dos Estados Unidos da América". Soil Science Society of America Journal **66**(6): 2016-2032.

Smillie, G., Syers, J. (1972). "Formação de fluoreto de cálcio durante a extração de solos calcários com fluoreto: II. Implicações para o teste Bray P-1". Soil Science Society of America Journal **36**(1): 25-30.

Smith, S.E., Read, D.J. (1997). ndMycorrhizal symbiosis. 2 ed. Academic Press, San Diego, C.A, USA.

Statistics Canada (2016). Dados de 2011 sobre explorações agrícolas e operadores agrícolas. http://www.statcan.gc.ca/pub/95-640- x/2011001/p1/p1-05-eng.htm#XV

Steen, I. (1998). st"Disponibilidade de fósforo no século 21: gestão de um recurso não renovável". Phosphorus and Potassium (**217**): 25-31.

Stevenson, F. (1994). Humus chemistry: genesis, composition, reactions. John Wiley & Sons.

Sudduth, K., Kitchen, N., Bollero, G., Bullock, D., Wiebold, W. (2003). "Comparação da indução electromagnética e da deteção direta da condutividade eléctrica do solo". Agronomy Journal **95**(3):472-482.

Sudduth, K., Kitchen, N., Wiebold, W., Batchelor, W., Bollero, G., Bullock, D., Clay, D., Palm, H., Pierce, F., Schuler, R., Thelen, K. (2005). "Relacionando a condutividade eléctrica aparente com as propriedades do solo no centro-norte dos EUA". Computadores e Eletrónica na Agricultura **46**(1-3):263-283.

Sun, W., Huang, B., Qu, M., Tian, K., Yao, L., Fu, M., Yin, L. (2015). "Efeito das práticas agrícolas na variabilidade do estado do fósforo em solos geridos de forma intensiva". Pedosphere **25**: 438-449.

Tiessen, H., Moir, J. (1993). Caracterização do P disponível por extração sequencial. Em Soil Sampling and Methods of analysis. Ed Carter, MR. 7, p. 5-229.

Tiessen, H., Moir, J. (2007). Caracterização do P disponível por extração sequencial. Em Soil Sampling and Methods of analysis. Carter, M.R., e Gregorich, E.G., (2nd eds). p. 293-306.

Tiessen, H., Stewart, J., Bettany, J. (1982). "Cultivation effects on the amounts and concentration of carbon, nitrogen, and phosphorus in grassland soils". Agronomy Journal **74**(5): 831-835.

Tou, J., González, R. (1974). Princípios de reconhecimento de padrões. Matemática Aplicada e Computação. Reading (MA): Addison-Wesley.

Tran, T. e Giroux, M. (1985). "Comparação de diferentes métodos de extração de fósforo assimilável em relação às propriedades químicas e físicas dos solos do Quebeque". Canadian Journal of Soil Science **65**(1): 35-46.

Tran, T. e Giroux, M. (1990). "Relação entre as propriedades do solo e a disponibilidade de fósforo para a planta". Agrosol **3**(1): 1.

Tran, T., Giroux, M., Fardeau, J. (1988). "Efeitos das propriedades do solo no fósforo disponível para as plantas determinado pelo método de diluição isotópica do fósforo-32". Soil Science Society of America Journal **52**(5):1383- 1390.

Tran, T., Giroux, M., Guilbeault, J. e Audesse, P. (1990). "Avaliação do extrato Mehlich-III para estimar o P disponível nos solos do Quebeque". Communications in Soil Science and Plant Analysis **21**(1-2): 1-28.

Tunney, H. (1990). "A note on a balance sheet approach to estimating the phosphorus fertiliser needs of agriculture". Irish Journal of Agricultural Research **29**(2):149-154.

Turner, B., Haygarth, P. (2001). "Solubilização de fósforo em solos re-humedecidos". Nature **411**(6835): 258-258.

Turner, B., Cade-Menun, B., Condron, L., Newman, S. (2005). "Extração de fósforo orgânico do solo". Talanta **66**(2): 294-306.

Uribeetxebarria, A., Arnó, J., Martínez-Casasnovas, J. (2018). "Condutividade elétrica aparente e análise multivariada das propriedades do solo para avaliar as restrições do solo em pomares afetados por parcelamentos anteriores". Geoderma **319**: 185-193.

Serviço Geológico dos EUA (2011). Mineral Commodity Summaries 2011. Serviço Geológico dos EUA. 198 páginas.

Serviço Geológico dos EUA (2022). Mineral Commodity Summaries 2022. Serviço Geológico dos EUA. 202 páginas. https://pubs.usgs.gov/periodicals/mcs2022/mcs2022.pdf .

Van Groenigen, J., Mutters, C., Horwath, W., Van Kessel, C. (2003). "Espectrometria NIR e DRIFT-MIR de solos para prever os parâmetros do solo e das culturas num campo inundado". Plant and Soil **250**(1): 155-165.

Vasu, D., Singh, S., Sahu, N., Tiwary, P., Chandran, P., Duraisami, V., Ramamurthy, V., Lalitha, M., Kalaiselvi, B. (2017). "Avaliação da variabilidade espacial das propriedades do solo utilizando técnicas geoespaciais para a gestão de nutrientes ao nível da exploração agrícola". Investigação sobre o solo e a mobilização do solo **169**:25-34.

Vrindts, E., Mouazen, A., Reyniers, M., Maertens, K., Maleki, M. R., Ramon, H., De Baerdemaeker, J. (2005). "Zonas de gestão baseadas na correlação entre compactação do solo, rendimento e dados da cultura". Biosystems Engineering **92**(4): 419-428.

Wagenet, R. J. (1985). Medição e interpretação de processos de lixiviação espacialmente variáveis. Em Soil Spatial Variability. Centro de Publicações e Documentação Agrícola (PUDOC). Editores D R Nielsen e J Bouma.Wageningen, Países Baixos. pp 209-230.

Webb, J., Mallarino, A., Blackmer, A. (1992). "Efeitos do fósforo residual e do fósforo aplicado anualmente nos valores dos testes do solo e nos rendimentos do milho e da soja". Journal of Production Agriculture **5**(1):148-152.

Whelan, B., McBratney, A. (2000) "The "null hypothesis" of precision agriculture management". Precision Agriculture **2**(3):265-279.

Williams, B., Hoey, D. (1987). "A utilização da indução electromagnética para detetar a variabilidade espacial dos teores de sal e argila dos solos". Soil Research **25**(1):21-27.

Williams, J., Syers, J., Walker, T. (1967). "Fracionamento do fosfato inorgânico do solo através de uma modificação do procedimento de Chang e Jackson". Soil Science Society of America Journal **31**(6): 736-739.

Wilson, H., Satchithanantham, S., Moulin, A., Glenn, A. (2016). "Variabilidade espacial do fósforo do solo devido ao relevo, lavoura e gerenciamento de insumos: um estudo de caso de pequenas bacias hidrográficas no sudoeste de Manitoba". Geoderma **280**:14-21.

Y ang, J., Skogley, E., Georgitis, S., Schaff, B., Ferguson, A. (1991). "Phytoavailability soil test: development and verification of theory". Soil Science Society of America Journal **55**(5): 1358-1365.

Y ao, R., Yang, J., Zhang, T., Gao, P., Wang, X., Hong, L., Wang, M. (2014). "Determinação de zonas de gestão específicas do local usando propriedades físico-químicas do solo e rendimentos de culturas em terras agrícolas recuperadas costeiras". Geoderma **232**: 381-393.

Y uan, Y., Locke, M., Gaston, L. A. (2009). "Efeitos da lavoura nas propriedades do solo e variabilidade espacial em duas bacias hidrográficas do Delta do Mississippi". Ciência do Solo **174**(7):385-394.

Zebarth, B., Drury, C., Tremblay, N., Cambouris, A. (2009). "Oportunidades para melhorar a gestão do azoto dos fertilizantes na produção de culturas arvenses no leste do Canadá: uma revisão". Canadian Journal of Soil Science **89** (2):113-132.

Zehetner, F., Wuenscher, R., Peticzka, R., Unterfrauner, H. (2018). "Correlação do fósforo extraível do solo (P) com a absorção de P pela planta: 14 métodos de extração aplicados a 50 solos agrícolas da Europa Central". Planta, Solo e Meio Ambiente **64**(4): 192-201.

Zhang, P., Wang, Y., Zhang, X. (2021). "Efeitos do espaçamento de amostragem na variabilidade espacial do carbono orgânico do solo, nitrogênio total e fósforo total em uma bacia hidrográfica do semiárido". Arquivos de

Agronomia e Ciência do Solo **67**(10): 1359-1374.
Zheng, Z., Zhang, T. (2011). Testes de fósforo no solo e análise de transformação para quantificar a disponibilidade de plantas: uma revisão. Melhoria da fertilidade do solo e gestão integrada de nutrientes: uma perspetiva global 1, 19-36.
Zheng, Z., Simard, R., Parent, L. É. (2003). "Troca aniónica e fósforo Mehlich-III em Humaquepts variando em teor de argila". Soil Science Society of America Journal **67**(4): 1287-1295.
Ziadi, N., Simard, R., Allard, G., Parent, G. (2000) "Yield response of forage grasses to N fertilizer as related to spring soil nitrate sorbed on anionic exchange membranes". Canadian Journal of Soil Science **80**(1): 203-212.
Ziadi, N., Whalen, J., Messiga, A., Morel, C. (2013). "Avaliação e modelagem do fósforo disponível no solo em sistemas de cultivo sustentáveis". Avanços em Agronomia **122**: 85-126.

Capítulo 2

Variabilidade espacial dos índices de fósforo do solo em dois campos de pastagem contrastantes no Canadá Oriental

[1,21,*12]Jeff D. Nze Memiaghe , Athyna N. Cambouris , Noura Ziadi , Antoine Karam e Isabelle Perron[1]

[1]Agriculture and Agri-Food Canada, Quebec Research and Development Centre, 2560 Hochelaga Boulevard, Québec City, QC G1V 2J3, Canadá;

[2]Departamento de Solos e Engenharia Agroalimentar, Université Laval, 2425 rue de l'Agriculture, Québec City, QC G1V 0A6,

Publicado em Agronomy MDPI2021, 11, 24. **https://doi.org/10.3390/agronomy11010024**

2.1. Ideias centrais

- *A* acumulação de P no solo aumentou o risco agroambiental potencial de poluição por P nas pastagens permanentes.
- As aplicações repetidas de fertilizantes orgânicos aumentaram a acumulação de P no solo em prados permanentes, ao mesmo tempo que diminuíram a variabilidade e a dependência espacial do P no solo.
- Uma estratégia de amostragem do solo centrada na camada de 0-5 cm deve ser mantida nas pastagens permanentes para recomendações sustentáveis de P, comparativamente à atual estratégia de amostragem do solo (0-17,5 cm) utilizada no Canadá Oriental.

Palavras-chave: P extraído Mehlich-3; índice $(P/Al)_{M3}$; adubo orgânico; geoestatística; mapas de distribuição espacial; pastagens permanentes; agricultura de precisão.

2.2. Resumo

O fósforo (P) é um nutriente essencial para o crescimento dos prados. No entanto, as aplicações contínuas de fertilizantes P levam à acumulação de P no solo, aumentando o risco de perda deste elemento através do escoamento superficial e da erosão. O objetivo geral deste estudo foi investigar a variabilidade espacial dos indicadores de P em dois campos comerciais com sistemas de pastagem contrastantes, utilizando estatísticas descritivas e ferramentas geoestatísticas, a fim de desenvolver recomendações precisas sobre a estratégia de amostragem do solo e abordagens agronómicas relacionadas com a gestão sustentável do P num contexto de agricultura de precisão. Dois solos, um com pastagens jovens (JP; 2,4 ha; 2 anos) e outro com pastagens velhas (AP; 2,5 ha; 10 anos de pastagem permanente), classificados como Podzóis Humo-Férricos, receberam aditivos orgânicos (estrume, chorume de gado). Foi utilizada uma grelha triangular de 16 m por 16 m para amostrar os solos a duas profundidades (0-5 e 5-20 cm). O P disponível e outros elementos do solo foram analisados utilizando o método Mehlich-3 (M3). Foi calculado o indicador agroambiental de saturação de P $(P/Al)_{M3}$. Foi observada uma acumulação de P na camada AP (0-5 cm) após aplicações de estrume a longo prazo. As aplicações repetidas de aditivos orgânicos podem ter um impacto a longo prazo na acumulação de P no solo, reduzindo a variabilidade e a dependência espacial de P em pastagens permanentes. Uma estratégia de amostragem do solo centrada na camada de 0-5 cm deve ser mantida em pastagens permanentes para recomendações de fertilizantes fosfatados para solos do leste do Canadá.

2.3. Resumo

O fósforo (P) é um nutriente essencial para os sistemas de produção de pastagens. No entanto, as aplicações contínuas de fertilizantes P resultam na acumulação de P no solo, aumentando o risco de perdas de P por escoamento superficial e erosão. Este estudo tem por objetivo investigar a variabilidade à escala do campo do P do solo (STP) em dois campos de pastagem contrastantes, utilizando estatísticas descritivas e geoestatísticas para recomendações precisas sobre a estratégia de amostragem do solo e abordagens sustentáveis à gestão do P. Um prado jovem (YG; 2 anos) e um prado velho (OG; 10 anos sob pastagem permanente) foram classificados como podzol humo-ferrico e receberam fertilizantes orgânicos. As amostras de solo foram recolhidas em grelhas triangulares de 16 m por 16 m a duas profundidades (0-5 e 5-20 cm). Foram analisadas quanto ao P disponível e outros elementos do solo extraídos pelo método Mehlich-3 (M3). Foi calculado o índice de saturação agroambiental de P $(P/A1)_{M3}$. A acumulação de fósforo foi observada em OG (0-5 cm) como resultado de aplicações de estrume a longo prazo. As aplicações repetidas de fertilizantes orgânicos podem ter impacto na acumulação a longo prazo de P no solo, diminuindo assim a variabilidade do P no solo e a dependência espacial em pastagens permanentes. Uma estratégia de amostragem do solo centrada na camada de 0-5 cm deve ser mantida nas pastagens permanentes para recomendações sustentáveis de P no Canadá Oriental.

2.4. Introdução

O fósforo (P) é um nutriente essencial para a maioria das culturas, incluindo as plantas associadas das comunidades de pastagens. Quando é aplicado em excesso em relação às necessidades das culturas, o P pode acumular-se à superfície do solo, levando ao escoamento do P através da erosão do solo e à contaminação do ambiente por P, incluindo a eutrofização de águas superficiais como os lagos (Stroia et al., 2007; Jordan et al., 2000; Sun et al., 2015). Para evitar esta contaminação por P no ambiente, o grau de saturação de P dos solos (%) foi calculado a partir da relação entre o fósforo extraído com oxalato de amónio (Pox) e a capacidade máxima de retenção de P (CRP) (Maguire et al., 2002). O valor crítico de saturação de P de 25% foi definido como uma referência internacional destinada a evitar o risco de perda de P e o aumento da contaminação da água (Breeuwsma e Silva, 1992). Os prados são definidos como ecossistemas terrestres dominados por vegetação herbácea e arbustiva (Obermeier et al., 2017, Zhou et al., 2017) e estão distribuídos de acordo com as caraterísticas da paisagem e do local (solo, clima, disponibilidade de água) e estruturas agrícolas. Os prados permanentes incluem pastagens e prados colhidos para feno e silagem, ou uma combinação dos dois, e estão localizados principalmente na Europa Ocidental, incluindo o Reino Unido e a Irlanda (Higgins et al., 2017). Os prados canadianos cobriam uma área de 1,96 milhões de hectares em 2016 (Statistics Canada, 2016). No contexto do leste canadiano, o cultivo de prados representa uma importante oportunidade económica para os agricultores locais aumentarem os seus rendimentos. Por exemplo, 50% das terras agrícolas estavam sob cultivo intensivo de prados permanentes na província do Quebeque, produzindo 6,3 milhões de toneladas de feno e gerando um lucro económico total de 19 milhões de dólares em 2016 (MAPAQ, 2018). Os prados permanentes e as culturas anuais com lavoura reduzida representam sistemas de culturas com menor risco de escoamento e erosão do solo, em relação às culturas anuais contínuas em sistemas tradicionais com lavoura convencional (CRAAQ, 2010). Estes dois sistemas de culturas comuns eram tradicionalmente cultivados pelos criadores de pastagens, devido ao seu elevado rendimento económico.

Além disso, os insumos agrícolas de P foram fornecidos principalmente a partir de fertilizantes orgânicos (estrume e chorume), fertilizantes minerais e outros fertilizantes residuais no Canadá Oriental (CRAAQ, 2010). Devido aos seus baixos custos económicos, os fertilizantes orgânicos representam 63% do total de fontes de P, representando dois terços do total de P aplicado pelos agricultores locais em terras agrícolas (Hébert et al., 2007), incluindo campos de pastagem. Durante um longo período, as explorações agrícolas produziram mais de 31 milhões de toneladas de adubos orgânicos, que foram aplicados em campos agrícolas (CRAAQ, 2010) e representaram mais de 95 000 toneladas de P2O5 (MDDELC, 2017). Assim, os campos de pastagem foram intensamente fertilizados com adubos orgânicos com altas concentrações de P (CRAAQ, 2010), aumentando o risco ambiental. Além disso, no leste do Canadá, a estratégia de amostragem do solo para a aplicação de fertilizantes P está atualmente em 0-17,5 cm de profundidade em campos agrícolas (CRAAQ, 2010). Em 2012, as cargas totais de P nos rios do Canadá Oriental foram estimadas em aproximadamente 3800 toneladas de P total por ano (Patoine et al., 2017). Assim, a gestão agroambiental do P do solo em campos de pastagem deve ser baseada no conhecimento científico e na compreensão do P disponível no solo para desenvolver melhores estratégias de fertilização de P.

A disponibilidade de P no solo é definida como a quantidade total de P do solo suscetível de acabar na solução do solo como iões ortofosfato durante um ciclo de crescimento da cultura (Frossard et al., 2004). Na América do Norte, o P disponível no solo pode ser avaliado para solos ácidos utilizando a extração M3 como método oficial no Canadá Oriental (Mehlich, 1984). A partir deste método, foram desenvolvidos dois índices principais de P, especificamente (1) P-Mehlich-3 ($_{PM3}$), um indicador agronómico para solos minerais ácidos no Canadá Oriental e nos EUA, e (2) $(P/Al)_{M3}$, um importante indicador agroambiental de P, que estima a saturação de P do solo para permitir recomendações precisas de fertilizantes P e que integra aspectos agronómicos e riscos ambientais. Na província do Quebeque, o limiar ambiental crítico para o solo grosseiro corresponde ao valor de 15% (CRAAQ, 2010). Estes índices críticos de saturação foram incorporados nos regulamentos ambientais do governo relacionados com as terras agrícolas (CRAAQ, 2010; MDDELC, 2017). Em 2002, o regulamento nacional sobre as operações agrícolas (REA) foi adotado pela província do Quebeque, estabelecendo que o limiar de saturação de P $(P/Al)_3$ corresponde a 13,1% nas explorações agrícolas, incluindo os campos de pastagem (MDDELC, 2017). Estes índices críticos de saturação foram incorporados nos regulamentos ambientais do governo da província do Quebeque relativos às terras agrícolas (CRAAQ, 2010; MDDELC, 2017).

Além disso, o conceito de fertilização equilibrada está subjacente à utilização e gestão sustentáveis do P do solo em sistemas de culturas intensivas. Para atingir este objetivo, é importante compreender melhor a variabilidade espacial do P do solo nos campos de pastagem, uma vez que isso pode ajudar a melhorar a rentabilidade e a sustentabilidade das empresas agrícolas através da utilização económica e racional dos fertilizantes P, reduzindo as perdas de P por escoamento superficial e protegendo o ambiente. A compreensão da variabilidade espacial do P do solo nos campos de pastagem pode basear-se principalmente em duas estratégias: (1) aplicações de taxa variável (VRA) e (2) utilização de zonas de gestão (MZs) no contexto da agricultura de precisão. A abordagem VRA gere a variabilidade de um fator com base num mapa de prescrição obtido com dados georreferenciados e análise geoestatística, enquanto a abordagem MZs delineia unidades homogéneas mais pequenas, nas quais pode ser aplicada uma gestão uniforme utilizando uma gestão variável entre as diferentes unidades (Cambouris et al., 2014). Estas duas abordagens podem ajudar a reduzir as perdas de P no ambiente, aplicando o P no sítio certo.

Foram realizados muitos estudos sobre a variabilidade espacial do P do solo a uma escala regional ou territorial (Jia et al., 2011; Roger et al., 2014; Sun et al., 2015; Vasu et al., 2017) e à escala da bacia hidrográfica (Nolan et al., 2007; Yuan et al., 2009; Wilson et al., 2016). A maioria destes estudos centrou-se no planeamento e mapeamento do P disponível no solo, com vista a prevenir e avaliar o risco de poluição ambiental relacionada com o P. No entanto, não há estudos realizados para investigar a variabilidade espacial do P disponível no solo em campos de pastagem sob produção intensiva no leste do Canadá. Assim, este estudo é, tanto quanto sabemos, o primeiro sobre a variabilidade espacial do P disponível no solo em campos de pastagem no Leste do Canadá. O principal objetivo deste estudo foi avaliar a variabilidade espacial do P disponível no solo em campos de pastagem geridos em sistemas agrícolas intensivos. Mais especificamente, os objectivos eram: (1) investigar a variabilidade à escala do campo dos índices de P do solo e outras propriedades químicas selecionadas do solo ($_{pH}$ do solo, carbono total, $_{AlM3}$, $_{CaM3}$, $_{FeM3}$), e (2) estudar as relações entre os índices de P do solo (referidos como $_{PM3}$ e $(P/Al)_{M3}$) e propriedades químicas selecionadas do solo para duas pastagens contrastantes.

2.5. Materiais e métodos

2.5.1. Local de estudo e amostragem do solo

O estudo foi efectuado na bacia hidrográfica de Bras d'Henri (região de Chaudière-Appalaches), situada a 30 km da cidade do Quebeque, QC, Canadá. [0000]Foram selecionados dois campos comerciais para representar diferentes opções de gestão dos prados: um campo de prados jovens (46 48'N; 71 22'W, 2,35 ha), designado por campo YG, e um campo de prados velhos (46 48'N; 71 21'W, 2,47 ha), designado por campo OG (Figura 2-1). O campo YG foi gerido para rotação de milho (*Zea mays* L.; 2006; 2010) e soja (*Glycine max*; 2007; 2011) com 2 anos de pastagem (i.e., 2004-2005, 2008-2009 e 2012-2013) durante 10 anos. O campo YG foi plantado no início de maio de 2012. O campo OG foi utilizado como pastagem permanente durante 10 anos (2004-2013). O campo YG foi fertilizado com estrume de gado e foi colhido três vezes por ano (meados de junho, meados de agosto e finais de setembro). O campo OG foi fertilizado com estrume orgânico (por exemplo, chorume de vitela, estrume de porco e excrementos de gado) e foi colhido duas vezes por ano (meados de junho e meados de agosto). As práticas de gestão das culturas e de fertilização das pastagens basearam-se nas recomendações locais para a província do Quebeque (CRAAQ, 2010).

Ambos os solos foram classificados como podzols humo-ferricos (Lamontagne et al., 2010) e atribuídos à série de solos Beaurivage (Lamontagne et al., 2010). A textura da superfície do solo dos campos YG e OG variou de franco-arenosa a franco-arenosa. Foram classificados no mesmo grupo de textura do solo G3 (ou seja, textura com argila ≤ 20%) utilizado nas recomendações da província do Quebeque (CRAAQ, 2010). Ambos os campos eram moderadamente bem drenados. °°A temperatura média anual de inverno é de -9,4 C e a temperatura média da estação de crescimento é de 16,6 C (Environment Canada, 2016). A precipitação média anual é de 1120 mm, dos quais 320 mm são neve (Lamontagne et al., 2010).

As principais espécies de gramíneas consistiam em trevo branco *ladino* (*Trifolium repens*) cultivado em associação com rabo-de-gato (*Phleum pratense* L.) no campo de GJ e festuca alta (*Festuca arundinacea* Schreb.) no campo de GO. -1-1-1Em 2004-2005, 2008-2009 e 2012-2013, o estrume de gado foi aplicado e incorporado duas vezes por ano nos primeiros 5 cm, utilizando um sistema de espalhamento de rampas baixas no campo YG, à taxa de 18 700 L ha, equivalente aproximadamente a 20 kg P ha ano. O estrume de gado foi aplicado na primavera e mais tarde após o primeiro corte (meados de junho).

11No campo OG, os estrumes de vitela e de porco foram aplicados à razão de 30 Mg ha^ e 20 Mg ha^ , respetivamente, dando aproximadamente 67 kg P ha "1 ano^1 durante 10 anos, com base nos valores de referência de P publicados em CRAAQ (2003). No início de maio e após o primeiro corte (meados de junho), os adubos orgânicos foram aplicados à superfície no campo de OG utilizando um sistema de espalhamento de rampas baixas.

Na primavera de 2013, foi efectuada uma amostragem intensiva do solo utilizando uma grelha de 16 m por 16 m, incluindo três desenhos em forma de cruz com vários pontos de interseção a cerca de 4 m de distância, fornecendo 151 e 149 pontos de amostragem georreferenciados para os campos YG e OG, respetivamente (Figura 2-1). Foi recolhida uma amostra composta de solo de quatro núcleos num raio de 1 m em redor de cada ponto de amostragem nas duas profundidades do solo (0-5 cm e 5-20 cm) utilizando um trado holandês de 0,05 m de diâmetro (empresa Eijkelkamp, Giesbeek, Países Baixos). Assim, foi recolhido um total de 302 e 298 amostras de solo nos campos YG e OG, respetivamente.

As amostras de solo foram secas ao ar, moídas e peneiradas numa peneira de 2 mm para caraterização. O pH do solo (água 1:1) foi medido, de acordo com Hendershot et al. (2008). $^{-1}{}_{M3M3}$Os solos foram extraídos com um rácio de solução do solo de 1:10 utilizando a solução Mehlich-3 (Ziadi e Tran., 2008), e as concentrações (mg kg) de P , ferro (Fe), cálcio (Ca_{M3}) e alumínio (Al_{M3}) no extrato foram determinadas por espetroscopia de emissão ótica com plasma indutivamente acoplado (ICP-OES; Modelo, 4300DV, PerkinElmer, Shelton, CT, EUA). O indicador agroambiental de P do solo $(P/Al)_{M3}$foi então calculado. $^{-1}$O teor de carbono total (CT, g kg) foi medido com um analisador Elementar Vario MAX CN (Elementar Analysensysteme GmbH, Hanau, Alemanha).

2.5.2. Análises estatísticas e geoestatísticas

A estatística descritiva foi efectuada utilizando o software SAS versão 9.4 (SAS Institute, 2010) para investigar o pH do solo, P_{M3}, Al_{M3}, $(P/Al)_{M3}$, Fe_{M3}, Ca_{M3} e TC e a sua variabilidade espacial. O mínimo, o máximo, a média, o coeficiente de variação (CV) e o desvio padrão da média (SDM) foram determinados para cada uma das camadas de solo de cada campo. O CV das diferentes propriedades químicas do solo foi classificado com base na abordagem de Nolin e Caillier (1992) usando cinco classes: (1) baixo (CV < 15%); (2) moderado (15% < CV < 35%); (3) alto (35% < CV < 50%); (4) muito alto (50% < CV < 100%); e (5) extremamente alto (CV > 100%).

Os coeficientes de correlação de Pearson (r) entre os índices de P do solo (P_{M3}, $(P/A1)_{M3}$) e outras propriedades químicas do solo (Al_{M3}, Ca_{M3}, Fe_{M3}, TC e $pH_{água}$) também foram calculados para cada camada de solo usando o SAS. Os dados foram analisados usando os procedimentos CORR e univariados. Foram geradas equações de regressão múltipla para os índices de P do solo para cada profundidade do solo.

Foram efectuadas análises geoestatísticas para todos os parâmetros do solo. Os dados foram obtidos para cada uma das camadas do solo utilizando o software GS+ versão 9 (Webster e Oliver, 2007) para cálculos geoestatísticos e validações de modelos. A estrutura espacial das diferentes propriedades químicas do solo foi avaliada através de semivariogramas isotrópicos e anisotrópicos. Os semivariogramas experimentais, o principal componente da krigagem, são uma ferramenta eficaz para avaliar a variabilidade espacial (Wu et al., 2009). Foram gerados parâmetros de semivariograma para cada modelo teórico (esférico, exponencial e gaussiano). Foram calculados os valores correspondentes da pepita (C_0), da soleira parcial (C), da soleira (C0 + C) e da amplitude do modelo teórico que melhor se ajustava. A razão da soleira parcial (C/(C0 + C)), expressa como a percentagem da semivariância total, foi utilizada para definir a dependência espacial ou a estrutura das variáveis do solo para os dois campos. Os semivariogramas com uma razão de soleira parcial < 25%, 25% a 40%, 40% a 60%, 60% a 75%, ou > 75% foram considerados como tendo uma dependência espacial baixa, baixa-moderada, moderada, forte-moderada ou forte, respetivamente (Whelan e Mc Bratney, 2000). Depois de selecionado o modelo teórico adequado para cada conjunto de dados e os parâmetros correspondentes do semivariograma, foram gerados mapas de variabilidade espacial utilizando interpolação por krigagem em blocos de 1 m × 1 m. ^{2}A fiabilidade dos mapas de krigagem foi avaliada utilizando a análise de validação cruzada (R_{CV}) (Kravchenko et al., 2002).

2.6. Resultados

2.6.1. Estatísticas descritivas dos índices de fósforo do solo e de outras propriedades químicas

No campo YG, os valores médios dos índices de P do solo e de outras propriedades químicas do solo foram semelhantes em ambas as camadas do solo (0-5 cm e 5-20 cm), com exceção do Ca_{M3} (Quadro 2-1). No geral, os CVs variaram de 5% a 81%, com o mais alto obtido para o $(P/Al)_{M3}$, e foram classificados da seguinte forma: baixo para o $pH_{da\ água}$ do solo e Al_{M3}, moderado para Fe_{M3}, alto para Ca_{M3} e TC, e muito alto para os dois índices de P do solo.

Para o campo de OG, os índices de P do solo e outras propriedades químicas do solo foram maiores na camada de 0-5 cm do que na camada de 5-20 cm, com exceção do $A1_{M3}$, para o qual as concentrações médias foram semelhantes (Tabela 2-1). Em média, os CVs variaram de 6% a 64% em ambas as camadas do solo, com o maior valor obtido para o $(P/Al)_{M3}$, e foram classificados da seguinte forma: baixo para o $pH_{da\ água}$ do solo e Al_{M3}, moderado para Fe_{M3} e TC, e alto para Ca_{M3}. Os CVs dos índices de P do solo variaram de alto a muito alto em ambas as camadas do solo. A intensidade da variabilidade dos índices de P do solo foi maior no YG em comparação com o OG para ambas as camadas de solo.

2.6.2. Parâmetros geoestatísticos dos índices de fósforo do solo e de outras propriedades químicas

No campo YG, os índices de P do solo e as outras propriedades químicas do solo (exceto o Ca_{M3}) foram ajustados com modelos geoestatísticos esféricos, e foram utilizados modelos puros de pepitas (PNs) para o Ca_{M3} em ambas as camadas do solo. Os intervalos espaciais variaram de 28 a 81 m. As gamas espaciais das propriedades químicas do solo estenderam-se para além da grelha de amostragem de 16 m × 16 m, indicando que a grelha de amostragem utilizada é adequada. Os rácios de dependência espacial dos índices de P do solo e de outras propriedades químicas do solo variaram entre 58% e 100% para as duas camadas de solo e foram classificados de acordo com Whelan e McBratney (2000) da seguinte forma: Fe_{lM3} variou de moderada a forte-moderada, $pH_{água}$ e índices de P do solo foram classificados como forte-moderada, e TC e A1M | 3 foram classificados como forte (Tabela 2-2).

No campo OG, os índices de P do solo e as outras propriedades químicas do solo (exceto Al_{M3} e Ca_{M3}) foram ajustados com modelos geoestatísticos esféricos, e foram utilizados PNs para Ca_{lM3} e para Al_{lM3} na camada de 0-5 cm do solo (Quadro 2-2). Os intervalos espaciais variaram de 27 a 76 m e estenderam-se para além da grelha de amostragem de 16 m × 16 m, indicando que a grelha de amostragem utilizada é adequada. Os rácios de dependência espacial dos índices de P do solo e das outras propriedades químicas do solo variaram entre 26% e 69% em ambas as camadas do solo. De acordo com Whelan e McBratney (2000), a dependência espacial do Al_{lM3} foi baixa-moderada na camada de 5-20 cm. Os valores de dependência espacial foram moderados para o pH da água do solo e Ca | M3, forte-moderado a moderado para Fe | M3, baixo-moderado a moderado para os índices de P do solo, e forte-moderado para TC do solo em ambas as camadas do solo (Tabela 2-2). A dependência espacial do P do solo foi menor sob OG em comparação com YG para ambas as camadas do solo. 2No campo YG, os coeficientes de validação cruzada (CVR) variaram de 0,31 a 0,54 para as propriedades químicas do solo e de 0,31 a 0,40 para os índices de P do solo. 2No campo OG, os CVR foram geralmente inferiores. 2Os valores do CVR variaram entre 0,20 e 0,36 para os índices de P do solo. 22Valores altos de R CV (R CV > 0,6, Perron et al., 2018) indicam um bom ajuste para a confiabilidade do mapa krigado. 2Consequentemente, os valores de CV R obtidos para o campo YG podem indicar ajustes médios relativos para a confiabilidade do mapa para a maioria das propriedades químicas do solo, incluindo os índices de P do solo, enquanto os ajustes foram mais fracos para a confiabilidade do mapa das propriedades químicas do solo no campo OG.

2.6.3. Distribuição espacial dos índices de fósforo do solo e de outras propriedades químicas

Os mapas de distribuição espacial de PM3 e (P/Al)M3 apresentaram semelhanças visuais para cada camada de solo estudada (Figura 2-2 a,b,g,h e Figura 2-3 a,b,g,h). No campo YG, os valores da distribuição espacial dos índices de P do solo, TC e FeM3 foram relativamente semelhantes em ambas as camadas do solo (Figura 2-2a,b,d,g,i,j). Os valores de distribuição espacial de AlM3 foram mais baixos na camada de solo de 0-5 cm em comparação com a camada de solo de 5-20 cm (Figura 2-2c,i).

No entanto, no campo de OG, os valores de distribuição espacial do solo PM3, (P/Al)M3, TC e FeM3 foram mais elevados na camada de solo de 0-5 cm do que na camada de solo de 5-20 cm (Figura 2-3a,b,d,e,g,h,j,k). -1-1-1-1-1-1Por exemplo, os valores de distribuição espacial destas propriedades químicas do solo variaram de 46 a 232 mg kg , 2,8% a 13%, de 20 a 55 g kg e de 135 a 324 mg kg contra 15-139 mg kg , 1,1% a 8%, 20-40 g kg , 135-297 mg kg nas camadas de solo OG de 0-5 cm e 5-20 cm, respetivamente. No campo OG, não foram observadas semelhanças visuais entre A1M3 0-5 cm e 5-20 cm ou entre CaM3 0-5 cm e 5-20 cm. Este facto não foi surpreendente, uma vez que os modelos PN foram obtidos com a análise do semivariograma.

Em geral, os mapas de distribuição espacial também revelaram associações visuais entre os índices de P do solo e outros elementos do solo, indicando a influência destas diferentes propriedades químicas do solo no P disponível no solo. Por exemplo, no campo YG, as concentrações de AlM3 e TC das camadas do solo estavam inversamente relacionadas com os índices de P do solo (Figura 2-2a-d,g-j).

No campo OG, as concentrações de A1M3 na camada de solo OG (5-20 cm) foram inversamente relacionadas com os índices de P do solo em OG (5-20 cm) (Figura 2-3g-i). 3As altas concentrações de CaM correspondem a regiões de acúmulo de P no solo na camada de solo OG (5-20 cm), confirmando o acúmulo de PM3-CaM3 (Figura 2-3g,h,l). Estes resultados mostraram que o teor de AlM3 e TC pode influenciar a capacidade de retenção de P do solo em ambas as camadas do solo YG, enquanto AlM3, FeM3 e CaM3 pode afetar o P do solo em ambas as camadas do solo OG.

2.6.4. Relações entre os índices de fósforo do solo e outras propriedades químicas

No campo YG, os coeficientes de correlação de Pearson (r) com maior significância foram observados entre PM3 e AlM3, seguidos por TC em ambas as camadas do solo (Tabela 2-3). Para (P/Al)M3, os maiores valores de r foram obtidos com TC em ambas as camadas de solo. No campo de OG, foram observadas relações significativas entre PM3 e AlM3, CaM3 e pH da água do solo em ambas as camadas do solo. No entanto, o maior valor de r foi observado entre (P/Al)M3 e CaM3 em cada camada de solo (Tabela 2-3). Assim, a PM3 do solo no campo YG pode ser influenciada significativamente pelos óxidos e hidróxidos de Al (Al do solo), pela matéria orgânica do solo (TC) e pela solução do solo (pH do solo e água), enquanto no campo OG, os óxidos/hidróxidos de Al (Al do solo), o carbonato de cálcio (Ca do solo), a solução do solo (pH do solo e água) e os óxidos/hidróxidos de ferro (Fe do solo) podem ter uma influência significativa na acumulação de P do solo.

Foram geradas equações de regressão múltipla para os índices de P do solo nas camadas de solo YG e OG para investigar a influência destas propriedades químicas do solo (Quadro 2-4). 2No campo YG, os coeficientes de regressão (R) foram muito significativos, variando de 0,789 a 0,893, o que significa que 79% a 89% das variações de P disponível no solo podem ser explicadas pelo Al_{M3}, TC e pH da água do solo em ambas as camadas do solo. ^{2} Da mesma forma, no campo OG, o R variou entre 0,532 e 0,659, indicando que 53% a 66% das acumulações de P disponível no solo em ambas as camadas do solo podem ser afectadas significativamente por Al_{M3}, pH do solo, Ca_{M3} e Fe_{M3}. Consequentemente, as pastagens permanentes podem acumular P no solo, afectando significativamente o efeito destas propriedades químicas do solo.

2.7. Discussão

2.7.1. Estratificações de fósforo no solo e suas implicações ambientais

Neste estudo, a acumulação de P no solo foi observada na camada 0-5 cm do solo OG, principalmente devido a múltiplas aplicações de fertilizantes orgânicos (chorume de vitela, estrume de porco e excrementos de gado) durante um longo período de tempo. De facto, a acumulação de P no solo na camada superior de 0-5 cm OG pode também dever-se à eliminação da perturbação do solo (sem lavoura, em comparação com a lavoura convencional) em pastagens permanentes.

Muitos estudos (Fu et al., 2000; Darilek et al., 2010; Roger et al., 2014) mostraram que a acumulação de P no solo na camada superficial de terras intensamente cultivadas está ligada ao aumento das aplicações de fertilizantes P, insumos orgânicos, conversão e gestão do uso do solo. Por exemplo, Sun et al. (2015) relataram que aumentos significativos no P disponível no solo (P Olsen) foram atribuídos a aplicações locais intensivas de dejectos de suínos durante um período de 15 anos (1982-1997) na região de Rugao (China). Outros estudos (Bennett et al., 2005; Roger et al., 2014) concluíram que os índices de P do solo (P-Bray I, P-amónio-acetato-EDTA (P_{AAE}): referido como o método de referência suíço) variavam significativamente em diferentes utilizações do solo e sistemas de culturas, incluindo campos de pastagem permanentes.

Este estudo revelou que a aplicação repetida de fertilizantes orgânicos aumentou a acumulação de P no solo nos primeiros cinco centímetros do solo, aumentando o risco agroambiental potencial de poluição por P em pastagens permanentes. O indicador médio $(P/A1)_{M3}$ aumentou até duas vezes (7%) na camada de solo 0-5 cm OG, em relação à camada de solo 0-5 cm YG (3%). Estes resultados têm várias implicações ambientais para a gestão sustentável do P do solo em campos de pastagem. De facto, os valores médios de $(P/Al)_{M3}$ obtidos no local OG estavam próximos do limiar crítico nacional de saturação de P (15%) elaborado pela Província do Quebeque para solos de textura grosseira, o que significa que valores DE $(P/Al)_{M3}$ superiores a 15% aumentavam a poluição da água ou a contaminação das águas subterrâneas nesta região do Canadá Oriental.

Além disso, estes resultados revelaram também potenciais impactos agro-ambientais para a gestão de pastagens permanentes na região oriental do Canadá. De acordo com o regulamento nacional relativo às operações agrícolas (REA) adotado pela província do Quebeque em 2002, os resultados obtidos estavam próximos do nível limite (13%) de saturação de P $(P/Al)_{M3}$ para terras agrícolas, incluindo campos de pastagem. A estratificação ou acumulação de P no solo é uma preocupação agroambiental importante porque o excesso de P à superfície pode perder-se no escoamento superficial (Sharpley e Smith, 1994). Ao mesmo tempo, porém, concentrações mais baixas em profundidade na zona de enraizamento podem reduzir o rendimento das culturas (Lupwayi et al., 2006).

2.7.2. Variabilidade dos índices de fósforo do solo e de outras propriedades químicas

Os CVs mais elevados foram obtidos para os índices de P do solo e os CVs mais baixos para as medições do pH do solo. Estes resultados foram semelhantes a outros estudos (Arrouays et al., 1997; Cambouris et al., 2006; Di Virgilio et al., 2007; Belanger et al., 2016;Vasu et al., 2017). Um CV baixo para o pH da água do solo pode ser devido à escala logarítmica de medição do pH (Farooque et al., 2012) ou pode ser atribuído a práticas de gestão, incluindo actividades regulares de calagem do solo na agricultura intensiva (Nolin et al., 1991). West et al. (1989) referiram que um CV elevado (47%) para o P disponível no solo poderia ser explicado por formas químicas do P medido que são altamente lábeis.

Muitos estudos (McCormick et al., 2009; Fu et al., 2013; Fu et al., 2013; Vasu et al., 2017) também relataram CVs muito altos para o P disponível no solo (CV > 50%), particularmente em solos irlandeses sob cultivo intensivo de pastagens. McCormick et al. (2009) registaram um CV de 57% (n = 334) para uma parcela de terreno de 50 ha que englobava 15 pequenos campos de pastagem com dimensões entre 0,94 ha e 5,65 ha na

Irlanda do Norte. Fu et al. (2013) obtiveram um CV de 68% (n = 537) para um campo de pastagem de 52 ha localizado no sudeste da Irlanda.

Este estudo mostra que foi observada uma redução no CV do P do solo em prados permanentes. Por exemplo, Jia et al. (2011) relataram uma grande diminuição no CV do P do solo de 151% para 55% após 25 anos de práticas agrícolas intensivas na China. No entanto, alguns autores (Nolin et Caillier., 1992; Jia et al., 2011; Fu et al., 2013; Roger et al., 2014) descobriram que práticas de fertilização de longo prazo ou mudanças intensivas no uso da terra, incluindo pastagens permanentes, podem influenciar os valores de CV dos índices de P do solo. Roger et al. (2014) relataram valores de CV extremamente altos para o P disponível no solo (PAAE) em locais de pastagens permanentes (CV = 107%) em comparação com locais de pastagens de montanha (CV = 87%) e locais de terras agrícolas (CV = 70%). No seu estudo, os CV da saturação de P do solo [(Pox/(Al+ Fe)ox) × 100] variaram entre 35% e 38%. Em geral, os valores de CV são bons indicadores da intensidade da variabilidade do solo, mas não da natureza dessa variabilidade (variabilidade estruturada ou aleatória), nem fornecem um modelo exato da variabilidade do solo (Cambouris et al., 2006).

2.7.3. Dependência espacial dos índices de fósforo do solo e de outras propriedades químicas

A dependência espacial (R = (C/C0 + C)) descreve a estrutura espacial de uma propriedade do solo (Quenum et al., 2012). Alguns autores (Cambardella et al., 1994; Goovaerts, 1998; Vasu et al, 2017) indicaram que as propriedades químicas do solo com forte dependência espacial (R > 75%) são influenciadas principalmente por fatores intrínsecos do solo (fatores de formação do solo, material parental, tipos ou séries de solo), aqueles com baixa dependência espacial (R < 25%) são fortemente influenciados por factores extrínsecos (práticas agronómicas/culturais ou de fertilização, utilização intensiva de fertilizantes orgânicos ou de corretivos minerais), e os que apresentam uma dependência espacial moderada (25% < R < 75%) resultam da interação entre factores intrínsecos e extrínsecos do solo, que codeterminam a propriedade do solo analisada. Os modelos PNs caracterizam-se por uma estrutura espacial mais pequena do que a grelha de amostragem devido a uma escala de amostragem inadequada (Arrouays et al., 1997).

A dependência espacial dos índices de P do solo nas camadas de solo YG e OG foi moderada (31% a 71%) como resultado da interação entre factores intrínsecos e extrínsecos do solo, como a fertilização intensiva ou as práticas agrícolas. Muitos autores (Chien et al., 1997; Chang et al., 1999; Shi et al., 2000; Whelan e Mc Bratney., 2000; Guo-Shun et al., 2008; Jia et al., 2011; Vasu et al., 2017; Cambouris et al., 2017) encontraram uma dependência espacial moderada para o P do solo, enquanto outros (Cambouris et al, 2006; Mc Cormick et al., 2009; Roger et al., 2014; Sun et al., 2015) relataram uma forte dependência espacial para o P do solo (R > 75%) nos respetivos estudos realizados em diferentes escalas. A forte dependência espacial do P disponível no solo observada nestes estudos pode ser atribuída à forte influência de factores intrínsecos, como diferentes tipos de solo ou séries de solos, na distribuição espacial do P disponível no solo a diferentes escalas agrícolas, locais ou regionais.

Os valores de dependência espacial para o pH da água do solo e FeM3 nas camadas de solo YG e OG foram moderados (41% a 74%), devido à interação entre os factores intrínsecos e extrínsecos do solo. Arrouays et al (1997), Cambouris et al (2006) e Di Virgilio et al (2007) obtiveram resultados semelhantes para o pH da água do solo. Os valores de dependência espacial para AlM3 e TC do solo variaram de forte a moderado nas camadas YG e OG do solo, respetivamente. Os valores de dependência espacial obtidos para o AlM3 nas camadas de solo YG foram inferiores aos registados por Cambouris et al. (2006). Para o TC do solo, Kokulan et al. (2018) e Arrouays et al. (1997) relataram resultados semelhantes para as camadas de solo YG e OG (0-5 cm e 5-20 cm). Consequentemente, A1M3 e TC em ambas as camadas de solo YG podem resultar da forte influência de fatores intrínsecos do solo, enquanto AlM3 e TC em ambas as camadas de solo OG resultam da interação entre fatores intrínsecos e extrínsecos do solo.

Este estudo também revelou que uma combinação de práticas de fertilização intensiva durante um período mais longo reduziu a dependência espacial do P do solo em ambas as camadas do solo OG. Isto pode ser explicado pela influência crescente de factores extrínsecos do solo, como a fertilização rica em P, que modificou a estrutura espacial a longo prazo do P do solo no campo OG. Outros autores (Jia et al., 2011; Fu et al., 2013; Sun et al., 2015) relataram uma redução da dependência espacial do P do solo em solos chineses e irlandeses em diferentes escalas regionais e agrícolas. Esses estudos demonstraram que uma fraca dependência espacial da distribuição de P poderia ser explicada por várias práticas agrícolas intensivas (ou seja, aumento da fertilização, fertilização mista rica em P a longo prazo e forte intensificação das atividades de pastagem de ovelhas).

Do ponto de vista agronómico, a reduzida estrutura espacial do P do solo pode afetar a utilização de ZM delineadas para a gestão sustentável do P do solo em campos de pastagem. Uma estrutura espacial forte pode ter um efeito positivo em termos de delimitação das ZM, enquanto uma estrutura espacial fraca dificulta a utilização das ZM, devido à falta de dependência espacial.

A utilização de ZM é uma abordagem agrícola baseada na existência de variabilidade espacialmente estruturada do solo e das culturas dentro do campo (Cambouris et al., 2006; Farooque et al., 2012). A subdivisão de um campo em MZs é uma forma eficaz de compreender ou controlar a variabilidade espacial das propriedades do solo e das culturas, a fim de otimizar os nutrientes do solo e a gestão das culturas (Perron et al., 2018). A delimitação de MZs foi testada com sucesso para várias propriedades químicas do solo (Zebarth et al., 2009; Cambouris et al., 2014) e campos de cultivo (Cambouris et al., 2006; Farooque et al., 2012), incluindo campos de pastagem antigos (Belanger et al., 2016), bem como diferentes tamanhos de campo (Farooque et al., 2012; Perron et al., 2018). No entanto, existem poucos exemplos da utilização desta abordagem com o objetivo de otimizar a gestão da variabilidade do P nos campos de pastagem.

O presente estudo sobre a variabilidade do P do solo foi efectuado em campos de 2,5 ha. Consequentemente, a delimitação de ZM nestes campos seria atenuada devido (1) à reduzida estrutura espacial do P do solo, que é causada por um aumento dos factores extrínsecos do solo, e (2) à dimensão dos campos em relação à cultura estudada. É necessária mais investigação em campos maiores para definir melhor a estrutura espacial do P nos prados.

2.7.4. Distribuição espacial dos índices de fósforo do solo e de outras propriedades químicas

[2]Os valores do $_{CV\text{-}R}$ fornecem uma indicação da fiabilidade dos mapas de distribuição espacial. [2]Foram obtidos valores fracos de CVR para os índices de P do solo e outras propriedades químicas no campo OG em comparação com o campo YG. [2]A utilização dos valores $_{de\ CV}$R nos campos de pastagem visa avaliar a fiabilidade dos mapas de distribuição espacial krigados dos índices de P do solo para desenvolver melhores estratégias agro-ambientais para uma gestão sustentável do P no contexto da agricultura de precisão. [2]Assim, $_{o\ CVR}$ também deve ser considerado como um fator de fiabilidade importante para a cartografia dos indicadores de P do solo nos campos de pastagem, a fim de evitar a poluição por P. [222]Alguns autores (Cambouris et al., 2017) relataram valores mais baixos de R_{CV} (0,0-0,20), enquanto outros (Vasu et al., 2017; Perron et al., 2018) encontraram valores mais altos DE R_{CV} (0,59- 0,62) para P disponível no solo. Neste estudo, os valores mais baixos de R_{CV} obtidos podem ser explicados pela fraca estrutura espacial do P do solo obtido, conforme sugerido por Kravchenko (2003).

[2]Apesar da sua baixa fiabilidade (R_{CV} < 0,4), os mapas de distribuição espacial dos índices de P no solo (Figura 2-3a,b) confirmaram que a acumulação de P no solo observada na camada de solo OG (0-5 cm) é atribuível à aplicação repetida de fertilizantes orgânicos. [-1-1]Além disso, neste estudo, foram encontradas áreas de alta concentração de P nos campos YG (81-129 mg kg ; 5% a 8%) e OG (139-232 mg kg ,8% a 13%), provavelmente devido a aplicações uniformes de fertilizantes orgânicos ricos em P. O campo YG foi fertilizado com estrume de gado sob rotação de milho e soja e incluiu 2 anos de pastagem durante um período de 10 anos, enquanto o campo OG foi fertilizado durante 10 anos com múltiplas aplicações de fertilizantes orgânicos (por exemplo, chorume de vitela, estrume de porco e excrementos de gado).

Os mapas de distribuição espacial do $_{AlM3}$ do solo em ambos os locais também confirmaram a forte influência do elevado teor de Al disponível na capacidade de adsorção de P do solo em solos de prados no Canadá Oriental. Num estudo anterior, Tran et al (1990) salientaram esta possibilidade em relação aos solos agrícolas do Quebeque. [-1-1-1-1]Tendo em conta as concentrações de $_{AlM3}$ no solo, estes autores classificaram os solos do Quebeque em três grupos de acordo com a sua capacidade de adsorção de P no solo: (1) baixa capacidade: $[A1]_{M3}$ < 1100 mg kg ; (2) capacidade média: 1100 mg kg < $[A1]_{M3}$ < 1600 mg kg ; e (3) alta capacidade $[Al]_{M3}$ > 1600 mg kg . Além disso, este estudo revelou que os campos de pastagem no leste do Canadá têm uma capacidade média-alta de adsorção de P no solo. A partir destes resultados, a distribuição espacial do solo $_{AlM3}$

poderia ser avaliada como um indicador potencial para a adsorção de P do solo em campos de pastagem. Esta abordagem teria como objetivo implementar uma gestão sustentável do P como fertilizante mineral ou orgânico, com base na VRA do fertilizante P para prevenir a poluição. Por exemplo, outros estudos (Quenum et al., 2012) descobriram que $A1_{M3}$ poderia ser considerado como um indicador importante da capacidade máxima de adsorção de P para um VRA de fertilizante P nos campos agrícolas do leste do Canadá.

Os mapas de distribuição espacial dos índices de P do solo e de outros elementos do solo ($A1_{M3}$, TC, Fe_{M3} e Ca_{M3}) nas camadas de solo YG e OG desenvolvidos neste estudo confirmam a correlação observada, particularmente entre os índices de P do solo e Ca_{M3} e Fe_{M3} do solo na camada de solo OG de 5-20 cm. A zona sul do campo OG (5-20 cm) pode refletir a acumulação de P no solo associada a óxidos ou hidróxidos de Fe e a neoformação de fosfatos de Ca em resultado de fertilização a longo prazo (Figura 2-3k,l).

2.7.5. Relações entre os índices de fósforo do solo e outras propriedades químicas

Os resultados mostraram diferenças entre YG e OG. O P do solo pode acumular-se ou aumentar em OG, e pode haver alterações significativas de diferentes parâmetros do solo (A | M3, TC, Ca_{M3}, Fe_{M3}) nos índices de P do solo, que são provavelmente devidos a uma diminuição do pH do solo. A diminuição do pH do solo é comum em solos cultivados intensivamente devido a aplicações pesadas de fertilizantes N inorgânicos (Wang et al., 2008; Darilek et al., 2009; Darilek et al., 2010). Sabe-se que o pH do solo desempenha um papel importante na solubilidade do P e nos processos de adsorção, tais como a adsorção de P nos óxidos do solo, nos minerais e na matéria orgânica do solo (Havelin et al., 2005; Devau et al., 2010). Por exemplo, Fu et al. (2013) mencionaram uma relação significativa entre o P disponível no solo e o pH do solo ($r = 0,69$, $n = 396$, $p < 0,01$) num campo de pastagem utilizado para pastoreio durante 16 anos. Neste estudo, encontramos relações significativas entre os índices de P do solo e o pH do solo ($r = 0,43$ para P_{M3}, $p < 0,001$; $r = 0,46$ para $(P/A1)_{M3}$, $p < 0,001$) na camada de solo OG de 0-5 cm.

Os resultados também mostram que a acumulação de P nas camadas de solo OG (0-5 cm e 5-20 cm) pode estar relacionada com as concentrações de Al, Ca e Fe disponíveis no solo, resultantes de uma diminuição do pH do solo. Muitos estudos (Sharpley e Smith, 1985; Guo et al., 2000; Motavalli e Milles, 2002; Darilek et al., 2010; Sun et al., 2015) indicaram que várias práticas agrícolas e de cultivo afectam a acumulação de P no solo. Outros estudos (Kuo et al., 2005; Devau et al., 2011) observaram relações entre a acumulação de P no solo e Fe/Al/-P, atribuídas ao uso intensivo de fertilizantes orgânicos e inorgânicos de P em solos ácidos cultivados.

As relações positivas observadas entre o acúmulo de P_{M3} no solo e o Ca_{M3} no campo de OG podem ser indicativas do acúmulo de P no solo como P ligado ao Ca ou neoformação de fosfatos de Ca após a fertilização de P a longo prazo. Esta possibilidade já foi avançada por vários autores (Darilek et al., 2010; Eriksson et al., 2016). Estes estudos anteriores mostraram que a relação P-Ca também depende da relação entre o pH do solo e o Ca. No presente estudo, relatamos uma relação significativa entre o pH do solo e o Ca_{M3} do solo nas camadas de solo OG de 0-5 cm ($r = 0,65$; $p < 0,001$) e 5-20 cm ($r = 0,57$; $p < 0,001$).

2.7.6. Implicações agronómicas e ambientais

As aplicações repetidas de fertilizantes orgânicos e outras práticas agronómicas, como o plantio direto do solo, podem aumentar a acumulação de P nos primeiros 5 cm do solo em campos agrícolas (Cade-Menum et al., 2010; Abdi et al., 2014; Cambouris et al., 2017), incluindo pastagens (Belanger et al., 2016). Isto aponta para a importância de desenvolver uma estratégia eficaz de otimização da amostragem do solo para fornecer uma melhor orientação para a gestão prática das pastagens. A gestão da fertilidade nas pastagens está relacionada com a profundidade da amostragem. Embora alguns estudos (Haygarth et al., 1998; Watson et al., 2007; Watson e Matthews, 2008) tenham demonstrado que a camada de 0-5 cm pode fornecer a maior parte do N e do P nos campos de pastagem, um perfil de solo mais profundo pode ser importante para manter as pastagens saudáveis. A estratégia de amostragem do solo nos campos de pastagem representa um ato de equilíbrio entre a gestão da fertilidade e a minimização dos impactos ambientais (ou seja, poluição por P, qualidade da água). A atual estratégia de amostragem de 0-17,5 cm pode ser mais adequada para a otimização do rendimento, enquanto a estratégia de amostragem de 0-5 cm seria melhor para recomendações de P mais sustentáveis em campos de pastagem para reduzir a poluição de P no ambiente. De acordo com os resultados deste estudo, recomendamos a utilização de uma estratégia de amostragem do solo centrada na camada de 0-5 cm em campos de pastagens permanentes, dado o elevado risco de estratificação do P do solo associado à fertilização rica em P, em vez da estratégia de amostragem do solo (0-17,5 cm) atualmente utilizada no Canadá Oriental, a fim de obter recomendações de P mais sustentáveis para as pastagens. Além disso, outros estudos (Stroia et al., 2007; Watson e Matthews, 2008; McCormick et al., 2009; Stroia et al., 2011) recomendaram estratégias de amostragem do solo em campos de pastagem, concentrando-se nas camadas de 0-5 cm, 07,5 cm ou 0-10 cm noutros países.

Neste estudo, foi observada uma redução da variabilidade do P do solo em pastagens permanentes, inversamente a outros estudos anteriores realizados em campos de pastagem (West et al., 1989; Higgins et al., 2017). Portanto, a gestão sustentável do P do solo em campos de pastagem deve ter como objetivo um melhor controlo da variabilidade do P do solo no campo. Os mapas de distribuição espacial dos índices de P do solo devem ser usados para orientar as aplicações de fertilizantes de P de taxa variável, a fim de evitar a sub e super fertilização com P em campos de pastagem.

Além disso, os novos avanços tecnológicos (reflectância e avaliação do P) e a democratização dos preços da VRA tornarão possível a utilização potencial desta técnica nas pastagens num futuro próximo. De facto, a implementação de políticas locais ou ambientais sobre a gestão agroambiental e sustentável do P encorajará os criadores de pastagens a recorrer a estas novas tecnologias no contexto da AP. Assim, embora seja verdade que os custos económicos adicionais podem ser elevados, a abordagem VRA seria uma vantagem ou um benefício para os agricultores das pastagens do Leste do Canadá na redução das perdas de P no ambiente.

A delimitação das ZM nos campos de pastagem representa outra opção que pode ser utilizada no futuro para otimizar a gestão da variabilidade do P do solo nos campos de pastagem. No entanto, esta prática agronómica tem algumas limitações na adoção desta abordagem. Estas limitações são (1) uma estrutura espacial mais reduzida do P do solo, causada por uma forte influência de factores extrínsecos comparativamente aos factores intrínsecos, e (2) a dimensão do campo em relação à cultura estudada, que pode influenciar a distribuição espacial dos MZ e a sua fiabilidade. Para ultrapassar estas limitações, os MZ devem basear-se em estruturas espaciais de P do solo mais fortes, obtidas a partir de semivariogramas fiáveis, que são necessários para calcular os intervalos de amostragem e desenvolver um esquema preciso de aplicação específica do P do solo nas pastagens. Neste contexto, a dimensão do campo é um fator importante relacionado com o solo que deve ser tido em consideração. É necessária mais investigação em campos maiores para definir melhor a estrutura espacial do P nos prados.

2.8. Conclusões

Este estudo representa, tanto quanto sabemos, o primeiro sobre a variabilidade espacial do P do solo em campos de pastagem no Canadá Oriental. O principal objetivo deste estudo foi avaliar a variabilidade espacial do P disponível no solo em campos de pastagem geridos em sistemas de agricultura intensiva, utilizando estatísticas descritivas e ferramentas geoestatísticas para recomendações precisas sobre a estratégia de amostragem do solo e desenvolver potenciais abordagens futuras e sustentáveis de gestão do P em campos de pastagem.

Neste estudo, aplicações repetidas de fertilizantes orgânicos sob produção de pastagens com perturbação mínima do solo aumentaram o acúmulo de P disponível no solo [P_{M3}, $(P / A1)_{M3}$] na camada de solo OG de 0-5 cm. Esta acumulação de P no solo aumentou o risco agroambiental potencial de poluição por P nas pastagens permanentes. Em pastagens permanentes, observou-se uma redução da variabilidade e dependência espacial dos índices de P do solo em ambas as camadas do solo (0-5 cm e 5-20 cm), como resultado da crescente influência de factores extrínsecos do solo, tais como aplicações repetidas de fertilizantes orgânicos durante um longo período de tempo. De um ponto de vista agronómico, a reduzida estrutura espacial do P do solo pode afetar a utilização de ZM delineadas para a gestão sustentável do P do solo em campos de pastagem. Apesar da sua baixa fiabilidade, os mapas de distribuição espacial dos índices de P do solo devem ser utilizados para orientar as aplicações de fertilizantes de P de taxa variável, a fim de evitar a sub e a sobre fertilização com P nos campos de pastagem.

De acordo com os resultados deste estudo, recomendamos uma estratégia de amostragem do solo centrada na camada de 0-5 cm em campos de pastagens permanentes, dado o elevado risco de estratificação do P do solo causado pela fertilização rica em P, em oposição à estratégia de amostragem do solo (0-17,5 cm) atualmente utilizada no Canadá Oriental, a fim de gerar recomendações de P mais sustentáveis para as pastagens. Além disso, este ensaio primário sobre a variabilidade espacial do P do solo limitou-se apenas a dois campos de pastagem selecionados. São necessários mais estudos noutros campos de pastagem de maiores dimensões para uma melhor compreensão da variabilidade espacial do P, a fim de melhorar a fertilização agroambiental do P nos campos de pastagem.

2.9. Agradecimentos

O financiamento para este estudo foi fornecido pela Agriculture and Agri-Food Canada. Agradecemos a Claude Lévesque, Sylvie Michaud e Marc Duchemin pela sua assistência no terreno e apoio técnico.

2.10. Referências

Abdi, D., Cade-Menun, B.J., Ziadi, N., e Parent, L.E. (2014). Impacto a longo prazo das práticas de lavoura e fertilização com fósforo nas formas de fósforo do solo, conforme determinado pela espetroscopia de ressonância magnética nuclear 31 P. *Jornal de Qualidade Ambiental* 43, 1431-1441.

Arrouays, D.; Vion, I.; Jolivet, C.; Guyon, D.; Couturier, A.; Wilbert, J. (1997). Variabilidade intraparcelar de algumas propriedades do solo arenoso nas Landes de Gascogne (França): Consequências para a estratégia de amostragem agronómica. *Étude et Gestion des Sols* 4, 5-16.

Bélanger, G.; Cambouris, A.N.; Parent, G.; Mongrain, D.; Ziadi, N.; Perron, I. (2016). Rendimento de biomassa de um antigo campo de grama afetado por fontes de fertilização com nitrogênio e zonas de manejo nas áreas do norte. *Canadian Journal of Plant Science* 97, 53-64.

Bennett, E.M.; Carpenter, S.R.; Clayton, M.K. (2005). Variabilidade do fósforo no solo: Dependência de escala numa paisagem agrícola em urbanização. *Landscape Ecology* 20, 389-400.

Breeuwsma, A.; Silva, S. (1992). Phosphorus Fertilisation and Environmental Effects in The Netherlands and the Po Region (Italy); *DLO The Winand Staring Centre: Wageningen,* Países Baixos.

Cade-Menun, B.J.; Carter, M.R.; James, D.C.; Liu, C.W. (2010). Formas e química do fósforo no perfil do solo sob lavoura de conservação a longo prazo: um estudo de ressonância magnética nuclear de fósforo 31. *Jornal de Qualidade Ambiental* 39, 1647-1656.

Cambardella, C.; Moorman, T.; Parkin, T.; Karlen, D.; Novak, J.; Turco, R.; Konopka, A. (1994). Variabilidade à escala do campo das propriedades do solo nos solos do centro do Iowa. *Soil Science Society of America Journal* 58, 15011511.

Cambouris, A.; Nolin, M.; Zebarth, B.; Laverdière, M. (2006). Zonas de manejo do solo delineadas pela condutividade elétrica para caraterizar variações espaciais e temporais no rendimento da batata e nas propriedades do solo. *American Journal of Potato Research* 83, 381-395.

Cambouris, A.N.; Zebarth, B.J.; Ziadi, N.; Perron, I. (2014). Agricultura de precisão na produção de batata. *Potato Research* 57, 249-262.

Cambouris, A.; Messiga, A.; Ziadi, N.; Perron, I.; Morel, C. (2017). Distribuição bidimensional em escala decimétrica de fósforo no solo após 20 anos de manejo de lavoura e fertilização com fósforo de manutenção. *Jornal da Sociedade de Ciência do Solo da América* 81, 1606-1614.

Chang, J.; Clay, D.E.; Carlson, C.G.; Malo, D.; Clay, S.A.; Lee, J.; Ellsbury, M. (1999) Precision farming protocols: Part 1. Grid distance and soil nutrient impact on the reproducibility of spatial variability measurements. *Agricultura de precisão 1,* 277-289.

Chien, Y.-J.; Lee, D.-Y.; Guo, H.-Y.; Houng, K.-H. (1997). Análise geoestatística das propriedades dos solos do centro-oeste de Taiwan. *Ciência do Solo 62,* 291-298.

CRAAQ. (2003). Guide de Référence en Fertilisation, 1st ed; *Centre de référence en agriculture et agroalimentaire du Québec: Québec, QC, Canada*; p. 294.

CRAAQ. (2010). Guide de Référence en Fertilisation, 2nd ed; *Centre de Référence en Agriculture et Agroalimentaire du Québec: Québec, QC, Canada*; p. 473.

Darilek, J.; Huang, B.; De-Cheng, L.; Zhi-Gang, W.; Yong-Cun, Z.; Wei-Xia, S.; Xue-Zheng, S.J.P. (2010). Efeito da conversão do uso do solo de arrozais para campos de vegetais nas fracções de fósforo do solo. *Pedosphere*

20, 137-145.
Darilek, J.L.; Huang, B.; Wang, Z.; Qi, Y.; Zhao, Y.; Sun, W.; Gu, Z.; Shi, X.J.A. (2009). Alterações nos parâmetros de fertilidade do solo e os efeitos ambientais numa região da China em rápido desenvolvimento. *Agriculture, Ecosystems and Environment* 129, 286-292.
Devau, N.; Hinsinger, P.; Le Cadre, E.; Gérard, F. (2011). Processos induzidos pela raiz que controlam a disponibilidade de fosfato em solos com tratamentos contrastados com P-fertilizado. *Planta e Solo* 348, 203-218.
Devau, N.; Le Cadre, E.; Hinsinger, P.; Gérard, F. (2010). Um modelo mecanicista para compreender as alterações químicas induzidas pelas raízes que controlam a disponibilidade de fósforo. *Anais de Botânica* 105, 1183-1197.
Di Virgilio, N.; Monti, A.; Venturi, G. (2007). Variabilidade espacial do rendimento do switchgrass (Panicum virgatum L.) em relação aos parâmetros do solo num pequeno campo. *Field Crops Research* 101, 232-239.
Ambiente Canadá (2013). *Normais ou médias climáticas canadianas 1971-2000*. Disponível em linha: http://www.climat.meteo.ec.gc.ca/climate normals/index e.html (acedido em 27 de novembro de 2016).
Eriksson, A.K.; Hesterberg, D.; Klysubun, W.; Gustafsson, J.P. (2016). Dinâmica do fósforo em solos agrícolas suecos influenciada pela fertilização e propriedades mineralógicas: percepções obtidas a partir de experimentos em lote e espetroscopia XANES. *Ciência do Ambiente Total* 566, 1410-1419.
Farooque, A.A.; Zaman, Q.U.; Schumann, A.W.; Madani, A.; Percival, D.C. (2012). Delineando zonas de manejo para fertilização específica do local em campos de mirtilo selvagem. *Engenharia Aplicada na Agricultura 28, 57-70.*
Frossard, E.; Julien, P.; Neyroud, J.-A.; Sinaj, S. (2004). Le Phosphore Dans les sols: État de la Situation en Suisse: Le Phosphore Dans les Sols, les Fertilrais, les Cultures et L'environnement; *Office fédéral de l'environnement, des forêts et du paysage OFEFP:* Berne, Switzerland; p. 180.
Fu, B.; Chen, L.; Ma, K.; Zhou, H.; Wang, J. (2000). As relações entre o uso da terra e as condições do solo na área montanhosa do planalto de loess no norte de Shaanxi, China. *Catena* 39, 69-78.
Fu, W.; Zhao, K.; Jiang, P.; Ye, Z.; Tunney, H.; Zhang, C. (2013). Variabilidade em escala de campo do fósforo do teste do solo e outros nutrientes em pastagens sob manejos agrícolas de longo prazo. *Pesquisa do Solo* 51, 503512.
Fu, W.; Zhao, K.; Tunney, H.; Zhang, C. (2013). Usando GIS e geoestatística para otimizar a amostragem de fósforo e magnésio do solo em pastagens temperadas. *Ciência do Solo* 178, 240-247.
Goovaerts, P. (1998). Ferramentas geoestatísticas para caraterizar a variabilidade espacial das propriedades microbiológicas e físico-químicas do solo. *Biology and Fertility of Soils* 27, 315-334.
Guo, F.; Yost, R.; Hue, N.; Evensen, C.; Silva, J. (2000). Alterações nas fracções de fósforo em solos sob crescimento intensivo de plantas. *Soil Science Society of America Journal* 64, 1681-1689.
Guo-Shun, L.; Xin-Zhong, W.; Zheng-Yang, Z.; Chun-Hua, Z. (2008). Variabilidade espacial das propriedades do solo num campo de tabaco da China central. *Ciência do Solo* 173, 659-667.
Havlin, J.L.; Beaton, J.D.; Tisdale, S.L.; Nelson, W. (2005). Soil Fertility and Fertilizers: An Introduction to Nutrient Management; *Pearson Prentice Hall: Upper Saddle River,* NJ, EUA.
Haygarth, P.; Hepworth, L.; Jarvis, S. (1998). Formas de transferência de fósforo nas vias hidrológicas do solo sob pastagem. *European Journal of Soil Science* 49, 65-72.
Hébert, M.; Busset, G.; Groeneveld, E. (2008). Bilan 2007 de la Valorisation des Matières Résiduelles Fertilisantes; *Ministère du Développement durable, de ! Environnement et des Parcs: Québec, QC,* Canada; p. 14.
Hendershot, W.H.; Lalande, H.; Duquette, M. (2008). Reação do solo e acidez permutável. *Em Soil Sampling and Methods of Analysis; ed. B.R. Taylor & Francis, Fl. Taylor & Francis, Boca Raton, FL,* 173-178.
Higgins, S.; Schellberg, J.; Bailey, J. (2017). Uma revisão da Agricultura de Precisão como auxílio à Gestão de Nutrientes em Áreas de Pastagem Intensiva no Noroeste da Europa. *Avanços em Biociências Animais* 8, 782-786.
Jia, S.; Zhou, D.; Xu, D. (2011). A variabilidade temporal e espacial das propriedades do solo num sistema agrícola afetado pelas práticas agrícolas nos últimos 25 anos. *Journal of Food, Agriculture, and Environment* 9, 669-676.

Jordan, C.; McGuckin, S.; Smith, R. (2000) Aumento das perdas previstas de fósforo para as águas superficiais a partir de solos com concentrações elevadas de Olsen-P. *Soil Use and Management* 16, 27-35.

Kokulan, V.; Akinremi, O.; Moulin, A.P.; Kumaragamage, D. (2018). Importância dos atributos do terreno em relação à distribuição espacial das propriedades do solo na microescala: um estudo de caso. *Jornal Canadense de Ciência do Solo* 98, 292-305.

Kravchenko, A. (2003). Influência da estrutura espacial na exatidão dos métodos de interpolação. *Soil Science Society of America Journal* 67, 1564-1571.

Kravchenko, A.; Bollero, G.A.; Omonode, R.; Bullock, D. (2002). Cartografia quantitativa das classes de drenagem do solo utilizando dados topográficos e a condutividade eléctrica do solo. *Soil Science Society of America Journal* 66, 235-243.

Lamontagne, L.; Martin, A.; Nolin, M.C. (2010). Étude Pédologique du Bassin Versant du Bras d'Henri (Québec); Laboratoires de pédologie et d'agriculture de précision, Centre de recherche et de développement sur les sols et les grandes cultures, Service national d'information sur les terres et les eaux. *Secção de Investigação, Agriculture and Agri-Food Canada: Québec, QC*, Canadá; p. 188.

Kuo, S.; Huang, B.; Bembenek, R. (2005). Efeitos da fertilização com fósforo a longo prazo e da cultura de cobertura de inverno nas transformações do fósforo do solo em solos menos degradados. *Biology and Fertility of Soils* 41, 116-123.

Lupwayi, N.; Clayton, G.; O'Donovan, J.; Harker, K.; Turkington, T.; Soon, Y. (2006). Estratificação e absorção de nutrientes do solo pelo trigo após sete anos de lavoura convencional e zero no cinturão de grãos do norte do Canadá. *Canadian Journal of Soil Science* 86, 767-778.

Maguire, R.O.; Sims, J.T. (2002). Medição da saturação agronómica e ambiental de fósforo no solo e previsão da lixiviação de fósforo com Mehlich 3. *Soil Science Society of America Journal* 66, 20332039.

MAPAQ. (2018). Portrait-Diagnostic Sectoriel de L'industrie des Plantes Fourragères du Québec; *Ministère de l'Agriculture de l'Alimentation et des Pêcheries du Québec:* Québec, QC, Canada; p. 27.

McCormick, S.; Jordan, C.; Bailey, J. (2009). Variação espacial dentro e entre campos do fósforo do solo em pastagens permanentes. *Agricultura de Precisão* 10, 262-276.

MDDELCC. (2017). Guide de Référence du Règlement sur les Exploitations Agricoles; *Ministère du Développement durable, de l'Environnement et de la Lutte contre les changements climatiques: Québec*, QC, Canada; p. 185.

Mehlich, A. (1984). Mehlich 3 soil test extractant: A modification of Mehlich 2 extractant. *Comunicações em Ciência do Solo e Análise de Plantas* 15, 1409-1416.

Motavalli, P.; Miles, R. (2002). Frações de fósforo do solo após 111 anos de aplicações de estrume animal e fertilizantes. *Biology and Fertility of Soils* 36, 35-42.

Nolan, S.; Little, J.; Casson, J.; Hecker, F.; Olson, B. (2007). Variação à escala do campo do fósforo do solo em pequenas bacias hidrográficas de Alberta. *Journal of Soil and Water Conservation* 62, 414-422.

Nolin, M.; Caillier, M. (1992). Variabilidade do solo. II-Quantificação e amplitude. *Agrosol* 5, 21-32.

Nolin, M.; Caillier, M.; Wang, C. (1991). Variabilidade do solo e estratégia de amostragem em levantamentos detalhados do solo da planície de Montreal. *Canadian Journal of Soil Science* 71, 439-451.

Obermeier, W.; Lehnert, L.; Kammann, C.; Müller, C.; Grünhage, L.; Luterbacher, J.; Erbs, M.; Moser, G.; Seibert, R.; Yuan, N. (2017). Efeito de fertilização CO_2 reduzido em pastagens temperadas C3 sob condições climáticas mais extremas. *Natureza Mudanças Climáticas* 7, 137-141.

Patoine, M.; Hébert, S.; Simoneau, M.; d'Auteuil-Potvin, F. (2017). Fósforo, azoto e cargas de matéria suspensa na foz dos rios do Quebeque, 2009 a 2012; *Ministério do Desenvolvimento Sustentável, do Ambiente e da Luta contra as Alterações Climáticas, Direção-Geral do Controlo do Estado do Ambiente: Quebeque, QC, Canadá*; p. 25.

Perron, I.; Cambouris, A.N.; Chokmani, K.; Vargas Gutierrez, M.F.; Zebarth, B.J.; Moreau, G.; Biswas, A.; Adamchuk, V. (2018). Delineando zonas de manejo do solo usando um sistema de deteção de solo proximal em dois campos comerciais de batata em New Brunswick, Canadá. *Jornal Canadense de Ciência do Solo* 98, 724-737.

Quenum, M.; Nolin, M.; Bernier, M. (2012). Mapeamento digital da capacidade máxima de sorção de fósforo dos

solos na escala da parcela agrícola usando variáveis auxiliares. *Jornal Canadiano de Ciência do Solo 92,* 733-750.
Roger, A.; Libohova, Z.; Rossier, N.; Joost, S.; Maltas, A.; Frossard, E.; Sinaj, S. (2014). Variabilidade espacial do fósforo do solo no cantão de Friburgo, Suíça. *Geoderma* 217-218, 26-36.
Instituto SAS. (2010). *Guia do utilizador do SAS. Statistics. Versão 9.3; SAS Institute: Cary,* NC, EUA.
Sharpley, A.; Smith, S. (1985). Fractionation of Inorganic and Organic Phosphorus in Virgin and Cultivated Soils. *Soil Science Society of America Journal* 49, 127-130.
Sharpley, A.N.; Smith, S. (1994). Lavoura de trigo e qualidade da água nas planícies do sul. *Soil and Tillage Research* 30, 33-48.
Shi, Z.; Wang, K.; Bailey, J.; Jordan, C.; Higgins, A. (2000). Estratégias de amostragem para mapear as distribuições de fósforo e potássio do solo em pastagens temperadas frias. *Agricultura de Precisão* 2, 347-357.
Statistics Canada (2016). *Farm and Farm Operator Data; Statistics Canada: Ottawa,* ON, Canadá.
Stroia, C.; Morel, C.; Jouany, C. (2007). Dinâmica do fósforo difusivo do solo em duas experiências de pastagem determinadas em condições de campo e de laboratório. *Agricultura, Ecossistemas e Ambiente* 119, 6074.
Stroia, C.; Morel, C.; Jouany, C. (2011). Efeitos da fertilização com azoto na acidificação do solo das pastagens: Consequências nos iões de fósforo difusivos. *Jornal da Sociedade Americana de Ciência do Solo* 75, 112-120
Sun, W.-X.; Huang, B.; Qu, M.-K.; Tian, K.; Yao, L.-P.; Fu, M.-M.; Yin, L.-P. (2015). Efeito das práticas agrícolas na variabilidade do estado do fósforo em solos geridos intensivamente. *Pedosphere* 25, 438-449.
Tran, T.; Giroux, M.; Guilbeault, J.; Audesse, P. (1990). Avaliação do extrator Mehlich-III para estimar o P disponível nos solos do Quebec. *Comunicações em Ciência do Solo e Análise de Plantas* 21, 1-28.
Vasu, D.; Singh, S.; Sahu, N.; Tiwary, P.; Chandran, P.; Duraisami, V.; Ramamurthy, V.; Lalitha, M.; Kalaiselvi, B. (2017). Avaliação da variabilidade espacial das propriedades do solo usando técnicas geoespaciais para gerenciamento de nutrientes no nível da fazenda. *Pesquisa de solo e lavoura* 169, 25-34.
Wang, H.-J.; Huang, B.; Shi, X.-Z.; Darilek, J.L.; Yu, D.-S.; Sun, W.-X.; Zhao, Y.-C.; Chang, Q.; Öborn, I. (2008). Principais balanços de nutrientes em sistemas de cultivo de hortaliças em pequena escala em áreas periurbanas na China. *Nutrient Cycling in Agroecosystems* 81, 203-218.
Watson, C.; Jordan, C.; Kilpatrick, D.; McCarney, B.; Stewart, R. (2007). Impacto da gestão das pastagens na acumulação total de N no solo que recebe diferentes níveis de N. *Soil Use and Management 23,* 121-128.
Watson, C.; Matthews, D. (2008). Um estudo de 10 anos sobre os balanços de fósforo e o impacto da pastagem na redistribuição total de P no perfil do solo. *Jornal Europeu de Ciência do Solo 59,* 1171-1176.
Webster, R.; Oliver, M.A. (2007). *ndGeostatistics for Environmental Scientists, 2 edition; John Wiley & Sons:* Chichester, UK.
West, C.; Mallarino, A.; Wedin, W.; Marx, D. (1989). Variabilidade espacial das propriedades químicas do solo em pastagens pastoreadas. *Soil Science Society of America Journal* 53, 784-789.
Whelan, B.; McBratney, A. (2000). A "hipótese nula" da gestão da agricultura de precisão. *Precision Agricuture* 2, 265-279.
Wilson, H.F.; Satchithanantham, S.; Moulin, A.P.; Glenn, A.J. (2016). Variabilidade espacial do fósforo do solo devido ao relevo, lavoura e gerenciamento de insumos: um estudo de caso de pequenas bacias hidrográficas no sudoeste de Manitoba. *Geoderma* 280, 14-21.
Wu, C.; Wu, J.; Luo, Y.; Zhang, L.; DeGloria, S.D. (2009). Previsão espacial do conteúdo de matéria orgânica do solo usando cokriging com dados de sensoriamento remoto. *Soil Science Society of America Journal* 73, 1202-1208.
Yuan, Y.; Locke, M.A.; Gaston, L.A. (2009). Efeitos da lavoura nas propriedades do solo e variabilidade espacial em duas bacias hidrográficas do Delta do Mississippi. *Soil Science* 174, 385-394.
Zebarth, B.; Drury, C.; Tremblay, N.; Cambouris, A. (2009). Oportunidades para melhorar a gestão do azoto dos fertilizantes na produção de culturas arvenses no leste do Canadá: uma revisão. *Canadian Journal of Soil Science* 89, 113-132.
Zhou, Q.; Daryanto, S.; Xin, Z.; Liu, Z.; Liu, M.; Cui, X.; Wang, L. (2017). Orçamento de fósforo do solo em pastagens globais e implicações para a gestão. *Journal of Arid Environments* 144, 224-235.
Ziadi, N.; Tran, T. (2008). Mehlich 3-Elementos extraíveis. Em *Soil Sampling and Methods of Analysis; Carter, R.,*

Gregorich, E.G., Eds; Taylor & Francis: Boca Raton, FL, EUA; pp. 81-88.

2.11. Quadros e figuras

Quadro 2-1. Estatísticas descritivas das propriedades químicas do solo para duas camadas de solo (0-5 cm e 5-20 cm) nos campos de pastagem jovens e antigos.

		0-5 cm						5-20 cm					CV
	Unidade	**n**	**Média**	**Mínimo**	**Máximo**	**DST**	[1] **CV %**	**n**	**Média**	**Mínimo**	**Máximo**	**DST**	**% (%)**
Prados jovens													
$_{wa}$pH do solo ter		151	6.7	5.8	7.4	0.4	5	151	6.8	5.9	7.5	0.4	6
Carbono total	8 kg [1]	151	14	5	28	5	38	151	14	5	28	6	40
PM3	mg kg~[1]	151	52	10	161	33	63	151	55	10	203	36	65
A1M3	mg kg~[1]	151	1875	1153	2252	196	10	151	1971	1360	2381	215	11
TeM3	mg kg~[1]	151	104	60	196	24	23	151	111	69	226	27	25
CaM3	mg kg~[1]	151	1180	390	3156	497	42	149	1532	483	3395	605	39
(P/A1)M3[2]	<⅛)	151	3.0	0.5	13	0.02	79	151	3.0	0.5		150.02	81
Prados antigos													
$_{wa}$pH do solo ter		149	5.5	4.7	6.4	0.4	6.5	149	5.3	4.7	6.1	0.3	6
Carbono total	8 kg [4]	149	41	11	61	9	23	149	30	10	47	6	20
PM3	mg kg~[1]	149	125	29	327	58	46	149	75	8	226	45	60
A1M3	mg kg~[1]	149	1831	1494	2225	158	9	149	1891	1540	2186	121	6
FCM3	mg kg~[1]	149	187	107	355	32	17	149	169	94	360	36	21
CaM3	mg kg~[1]	149	1101	325	2457	413	37	149	583	155	1472	263	45
(P/A1)M3		149	7.0	1.4	21	0.04	52	149	4.0	0.4		13 0.03	64

[1]CV: Coeficiente de variação;

[2](P/AI)M3 = (PM3/A!M3) ×100. Esta propriedade do solo é um rácio, determinado pelas concentrações de fósforo e alumínio no solo, medidas com a solução Mehlich-3.

Quadro 2-2. Parâmetros geoestatísticos das propriedades químicas do solo para duas camadas de solo (0-5 cm) e (5- 20 cm) dos campos de pastagem jovens e antigos.

	- 0-5 cm				5-20 cm			
Modelo[1]		[23]	[24]**Relação de soleira**		**Gama R cv**	**Relação de soleira Gama**[2]		
(%)	**(m)**	**(%)**	**(m)**					
Prados jovens								
PSolo HÁgua	Sph	65	81	0.54	Sph	74	62	0.54
Carbono total	Sph	100	29	0.43	Sph	98	28	0.34
PM3	Sph	63	64	0.31	Sph	70	67	0.40
A1M3	Sph	76	40	0.32	Sph	86	40	0.38
FeM3	Sph	58	64	0.31	Sph	69	39	0.39
CaM3	PN	-	-	-	PN	-		- -
(P/Al)M3	Sph	69	62	0.32	Sph	71	66	0.35
Prados antigos								
PSolo HÁgua	Sph	41	37	0.15	Sph	42	39	0.22
Carbono total	Sph	68	31	0.07	Sph	62	62	0.23
PM3	Sph	45	51	0.36	Sph	51	67	0.21
A1M3	PN	-	-	-	Sph	26	32	0.10
FeM3	Sph	69	27	0.32	Sph	43	28	0.26
CaM3	PN	-	-	-	Sph	48	20	0.09
(P/A1)M3	Sph	31	47	0.32	Sph	52	76	0.20

[1234]Modelo de semivariograma: Sph: esférico, PN: pepita pura; Rácio de Sill (%) = [C/(co+c)] x100; este rácio mede a dependência ou estrutura espacial de acordo com Whelan e McBratney (2000); Distância a que uma semivariância se torna constante; Coeficiente de determinação da validação cruzada.

Tabela 2-3. Coeficientes de correlação de Pearson (r) dos índices de P disponível no solo (P_{M3}, e $(P/Al)_{M3}$ em relação às propriedades químicas do solo para duas camadas de solo (0-5 cm) e (5-20 cm) dos campos de pastagem jovens e antigos.

	0-5 cm		5--20 cm	
	P_{M3}	$(PZAl)_{M_3}$	P_{M3}	$(PZAl)_{M_3}$
Prados jovens				
^{P}Solo HÁgua	0.38 ***	0.37 ***	0.48 ***	0.44 ***
Carbono total	-0.67 ***	-0.64 ***	-0.67 ***	-0.63 ***
AlM3	-0.86 ***	na	-0.87 ***	na
FeM3	0,04 ns	0,10 ns	-0.01 ns	0,02 ns
CaM3	-0.29 **	-0.28 **	-0.13 ns	-0,13 ns
Prados antigos				
^{P}Solo HÁgua	0.43 ***	0.46 ***	0.26 **	0.28 **
Carbono total	0,02 ns	0,06 ns	-0.08 ns	-0,09 ns
A1M3	-0.68 ***	na	-0.64 ***	na
FeM3	0.26 **	0.23 **	0.39 ***	0.41 ***
CaM3	0.40 ***	0.43 ***	0.44 ***	0.46 ***

Significância da correlação indicada por *, **, *** e ns são equivalentes a um valor de p <0,05, <0.01, <0,001, e não significativo respetivamente; na: não disponível

Quadro 2-4. Equações de regressão múltipla calculadas para os índices de P do solo para duas camadas de solo (0-5 cm e 5-20 cm) para os campos de pastagem jovens e antigos.

θ-5 cm	5-20 cm
prados jovens	
123 water 2 PM3=-0,135 A1M3-0,52 TC + 9,513 pH do solo +248,6 (R =0,818***)	M3water 2 P =-0,123A1M3-1,049 TC +0,773 pH do solo + 307,5 (R =0,789***)
1 3 313water 2 M3(P/Al) \ | =-2,573 * I () AI -O.O()3 TC+ 0,022 soilpH +0,8 (R =0,893***)	(P/A1) =-2. 1 M3water 2 156*IO AI -O.0025 TC+0.011 pH + 0.96 (R =0.868***)
Prados antigos	
M3M3M3 4 M3 5 water 2 P =-0,227 A1 +0,377 Fe -0,015 Ca + 16,792 SoilpH + 391,9 (R =0,532***)	3M3waer 2 PM3-0,235 AIM +0,23 FC + 0,011 CaM3-4,662 pH do solo t +499,97 (R =0,547***)
4 M3 5 3 5 M3 2 (P/A1)M3=-3.2*10- A1 +4.1*IO- FeM - 1.3*10- Ca + 0.012 pH do solo água +0.99 (R =0.659***)	4 3 4 3 5 3 M3water(P/A1)M =-4,3*10- A1M -3,3*10- F6M +2*10- Ca -0,008 pH do solo + 2 1.2 (R =0.629***)

A significância da regressão indicada por *, **, *** e ns é equivalente para valor p <0,05, p <0,01, p <0,001 e não significativo, respetivamente.

1235A1M3: Alumínio extraído com solução de Mehlich-3; TC: Carbono total foi analisado com um analisador Elementar Vario MAX CN; pHw¼r do solo (1:1 água) foi analisado de acordo com o método de Hendershot et al. [27]; TeM3: Ferro extraído com solução de Mehlich-3; CaM3: Cálcio extraído com solução de Mehlich-3.

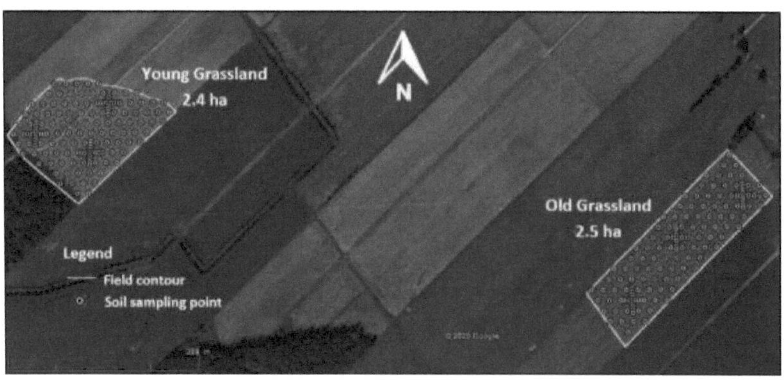

Figura 2-2. Localização e desenho das estratégias de amostragem dos locais de pastagem estudados (Google Maps. Acedido em 15 de junho de 2020).

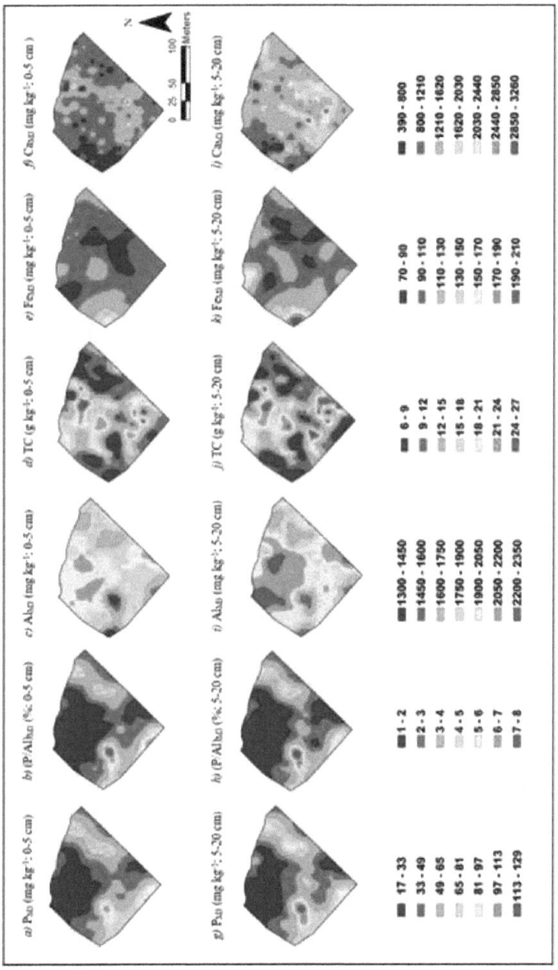

Figura 2-2. Mapas de distribuição espacial de P_{M3} (a, g), $(P/A1)_{M3}$ (b, h), $A1_{M3}$ (c, l),TC (d, j), Pe_{M3} (e, k), e Ca_{M3} (f, l) para as camadas de solo de 0-5 cm e 5-20 cm, respetivamente, do campo de pastagem jovem em 2013.

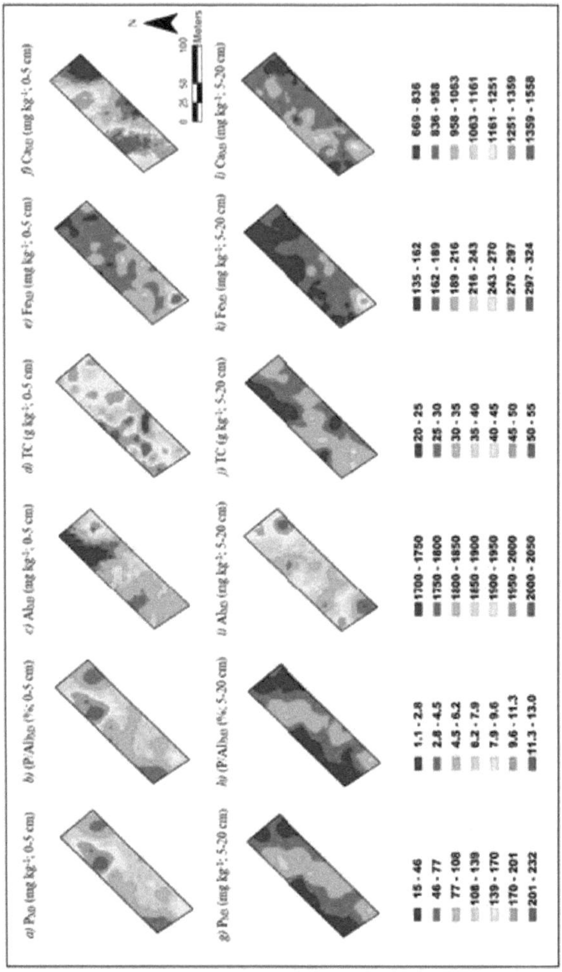

Figura 2-3. MMvMMapas de distribuição espacial de P 3 (a, g), (P/A1)M3 (b, h), A1 3 (c, i),TC (d, j), Fe | | 3 (θ, κ) e Ca 3(f, l) para as camadas de solo de 0-5 cm e 5-20 cm, respetivamente, do antigo campo de pastagem em 2013

Capítulo 3

Impactos da gestão da lavoura na variabilidade do fósforo do solo sob rotação milho-soja no leste do Canadá

*[1,21,*1]Jeff D. Nze Memiaghe , Athyna N. Cambouris , Noura Ziadi e Antoine Karam[2]*

[1]Agriculture and Agri-Food Canada, Quebec Research and Development Centre, 2560 Hochelaga Boulevard, Québec City, QC G1V 2J3, Canadá;

[2]Departamento de Solos e Engenharia Agroalimentar, Université Laval, 2425 rue de l'Agriculture, Québec City, QC G1V 0A6,

Publicado em Soil Systems MDPI2022, 6(2), 45; **https://doi.org/10.3390/soilsystems6020045**

3.1. Ideias centrais

- A acumulação de P no solo foi observada no sistema NT em comparação com o sistema CT, apresentando um maior risco de poluição por P.
- As relações entre os índices de P disponível no solo e outras propriedades químicas diferiram entre as práticas de lavoura contrastantes.
- A variabilidade do P do solo em ambos os campos variou de moderada a muito alta (32-60 %), indicando que as recomendações uniformes de fertilizantes P atualmente utilizadas para rotações milho-soja não são adequadas para campos grandes (10 ha).
- A utilização de mapas krigados demonstrou a importância de aplicar P à taxa correta no local correto para desenvolver recomendações futuras precisas de P.

Palavras-chave: índices de P do solo; variabilidade espacial; plantio direto; geoestatística; recomendações de P; agricultura de precisão.

3.2. Resumo

A lavoura de conservação, incluindo a sementeira direta (S.D.), é cada vez mais utilizada em vez da lavoura convencional (CT) para reduzir a erosão do solo, melhorar a conservação da água e evitar a degradação da terra. Para uma gestão sustentável do fósforo, a fertilização deve ser equilibrada entre as fontes de fósforo e as necessidades efectivas das culturas. Por conseguinte, é importante compreender melhor a variabilidade espacial do fósforo nos campos sob DS, a fim de reduzir as perdas de fósforo para o ambiente. Existe muito pouca informação sobre o impacto da lavoura na variabilidade espacial do P à escala do campo na agricultura de precisão. Este estudo examina os impactos da lavoura na variabilidade espacial do P disponível em dois campos comerciais sob rotação milho-soja, classificados como TC (10,8 ha) e SD (9,5 ha), com o objetivo de melhorar as recomendações de fertilizantes fosfatados no leste do Canadá. Os fertilizantes NPK foram aplicados aos solos (Gleysols húmicos) de acordo com as recomendações locais. As amostras de solo foram recolhidas no outono de 2014 utilizando grelhas regulares de 35 m por 35 m, a profundidades de 05 e 5-20 cm, fornecendo para campos sob TC e SD, 141 e 134 pontos geo-referenciados, respetivamente. O P disponível e outros elementos foram analisados por extração Mehlich-3 (M3) e foi calculado o índice de saturação de P $(P/Al)_{M3}$. A variabilidade do P disponível no solo em ambos os campos variou de moderada a muito elevada (32% a 60%). Uma média de $(P/Al)_{M3}$ de 3% foi medida em ambas as camadas sob CT, em comparação com 8% na camada de 0-5 cm e 6% na camada de 5-20 cm sob SD. As relações entre os índices de P e outros elementos diferem de acordo com as práticas de cultivo. Este estudo destaca a importância de melhorar as recomendações de fertilizantes fosfatados no leste do Canadá.

Palavras-chave: índices de P do solo; variabilidade espacial; plantio direto; geoestatística; recomendações de P; agricultura de precisão

3.3. Resumo

A lavoura de conservação, incluindo o plantio direto (NT), está sendo usada cada vez mais em relação à lavoura convencional (CT) para mitigar a erosão do solo, melhorar a conservação da água e evitar a degradação da terra. No entanto, o NT aumenta a estratificação do fósforo do solo (P), causando o escoamento do P e a eutrofização. Para uma gestão sustentável do P, a fertilização deve ser equilibrada entre as fontes de P e as necessidades efectivas das culturas. Para reduzir as perdas de P para o ambiente, é importante compreender melhor a variabilidade espacial do P nos campos de TN. Pouco se sabe sobre os impactos da lavoura na variabilidade espacial do P à escala do campo na agricultura de precisão. Este estudo examina os impactos da lavoura na variabilidade espacial do P disponível no solo numa rotação milho-soja, em dois campos comerciais, designados CT (10,8 ha) e NT (9,5 ha), com o objetivo de melhorar as recomendações de fertilizantes P no leste do Canadá. Os fertilizantes NPK foram aplicados aos solos (Gleysols húmicos) seguindo as recomendações locais. As amostras de solo foram recolhidas no outono de 2014 em grelhas regulares de 35 m por 35 m, a 0-5 e 5-20 cm de profundidade, fornecendo 141 e 134 pontos georreferenciados para os campos CT e NT, respetivamente. O P disponível e outros elementos foram analisados por extração Mehlich-3 (M3), e o índice de saturação de P $(P/Al)_{M3}$ foi calculado. A variabilidade do P disponível no solo em ambos os campos variou de moderada a muito elevada (32% a 60%). Foi encontrada uma média de $(P/Al)_{M3}$ de 3% em ambas as camadas sob CT, em comparação com 8% na camada de 0-5 cm e 6% na camada de 5-20 cm sob NT. As relações entre os índices de P e outros elementos diferiram entre as práticas de cultivo. Este estudo destaca a necessidade de melhorar as recomendações de fertilizantes P no leste do Canadá.

Palavras-chave: índices de P do solo; variabilidade espacial; plantio direto; geoestatística; recomendações de P; agricultura de precisão

3.4. Introdução

O milho (*Zea mays* L.) e a soja (*Glycine max* L.) são culturas dominantes no leste do Canadá, representando 75% das terras cultivadas e 90% da produção agrícola (MAPAQ, 2020). De 2014 a 2018, foram produzidos 5,5 milhões de toneladas dessas culturas, gerando uma receita total de US$ 2 bilhões para a província de Quebec (MAPAQ, 2020). Devido ao seu elevado valor económico, estas culturas são cultivadas pelos agricultores locais utilizando uma variedade de métodos de lavoura, incluindo a lavoura convencional (CT) e métodos de lavoura de conservação, como a lavoura reduzida e o plantio direto (NT).

O CT, que envolve a preparação do solo com um arado de aiveca ou um arado de disco (Malvezi et al., 2019), melhora a produtividade do milho, aumentando sua biomassa radicular (Guan et al., 2014) e rendimento de grãos (Liu e Wiatrak, 2012). No entanto, este método de lavoura deteriora a estrutura do solo e aumenta o risco de erosão do solo, o que pode levar a maiores perdas de nutrientes do solo nos campos de cultivo (Alvear et al., 2005; Li, 2017). Para resolver estes problemas, foram introduzidas práticas de lavoura de conservação, incluindo a NT, com o objetivo mais amplo de promover sistemas agrícolas economicamente sustentáveis (Kassam et al., 2012; Soane et al., 2012).

Os métodos de lavoura de conservação, caracterizados por uma mistura e perturbação mínimas do solo, têm sido cada vez mais adoptados nos últimos anos, devido aos seus benefícios ambientais, como a redução da erosão hídrica e eólica (Olson e Ebelhar, 2009). O método de TN melhora as propriedades físicas do solo, reduzindo a compactação, a erosão do solo, o escoamento superficial e o risco de drenagem (Dick, 1992; Blevins e Frye, 1993; Andraski et al., 2003; Daverede et al., 2003; Olson e Ebelhar, 2009; Friedrich et al., 2012). Além disso, a TN é reconhecida como a melhor prática agronómica para manter a integridade do solo em campos agrícolas intensivamente cultivados e de grandes dimensões em todo o mundo (Blevins e Frye, 1993; Friedrich et al., 2012; De Santiago et al., 2019). Por exemplo, estima-se que aproximadamente 9% (125 milhões de ha) da terra arável global estava sob gestão de NT em 2011 (Friedrich et al., 2012; Pittelkow et al., 2015). As terras agrícolas canadianas sob gestão de TN cobriam uma área de 19,5 milhões de ha em 2016 (Statistics Canada, 2016). No Quebeque, a área de terras agrícolas sob NT duplicou para mais de 69% (Statistics Canada, 2016), em grande parte devido aos subsídios do governo local pagos aos agricultores pela utilização de práticas NT entre 2009 e 2013. Nos últimos anos, observaram-se novos aumentos na utilização de TN (Statistics Canada, 2016), devido aos benefícios do ponto de vista agronómico (Lafond et al., 2011) e económico (Holm et al., 2006).

As preocupações agro-ambientais têm, no entanto, levantado preocupações gerais sobre as práticas agronómicas de plantio direto, em relação à estratificação de P (Cade-Menum et al., 2010; Messiga et al., 2010; Abdi et al., 2014), transporte e escoamento para as águas superficiais (Puustinen et al., 2005; Allaire et al., 2011), o que pode causar eutrofização de P nos rios (Sun et al., 2015). A gestão sustentável do P envolve o equilíbrio da aplicação de fertilizantes entre o fornecimento de P (fontes) e a procura real de P do solo pelas culturas (Tunney, 1990). Para atingir este objetivo, é importante aumentar o nosso conhecimento sobre a variabilidade espacial do P do solo sob gestão NT para desenvolver programas de fertilização de P mais racionais e rentáveis que irão aumentar os rendimentos e reduzir as perdas de P para o ambiente. A variabilidade espacial do P do solo pode ser controlada através de duas estratégias agronómicas principais: (1) aplicações de taxa variável (VRA) e (2) a utilização de zonas de gestão (MZs) na agricultura de precisão.

Muitos estudos (Mallarino, 1996; Borges e Mallarino, 1998; Fernandez e Schaefer, 2012; Dalchiavon et al., 2017; Malvezi et al., 2019) examinaram a variabilidade espacial do P do solo sob vários sistemas de cultivo em diferentes escalas de amostragem, parcela ou campo. Cambouris et al. (2017) caracterizaram a distribuição das concentrações de Mehlich-3 P (P_{M3}) e a saturação agroambiental de P $(P/Al)_{M3}$ em escala decimétrica em parcelas NT e arado de aiveca (MP) em uma rotação milho-soja de longo prazo (>20 anos). Eles observaram altos CVs associados aos dados de P_{M3} em ambas as parcelas MP (77% e 63% em 0-5 e 5-20 cm, respetivamente) e NT (46% e 66% em 0-5 e 5-20 cm, respetivamente). No entanto, estes autores constataram que o modelo geoespacial 2D relacionado com a lavoura não foi detectado pela grelha de amostragem aninhada utilizada à escala da parcela no seu estudo. Eles sugeriram o uso de uma estratégia de amostragem geoestatística apropriada em escala de campo. Sun et al (2015) relataram que os estudos sobre a variabilidade espacial do P em escalas de parcela ou experimentais permitem uma interpretação limitada numa área de campo maior.

No Canadá Oriental, foram desenvolvidas recomendações locais de P para aplicações agronómicas uniformes de P (CRAAQ, 2010), baseadas principalmente na disponibilidade de P no solo [(P_{M3}) e no índice $(P/Al)_{M3}$], independentemente do tamanho do campo, da variabilidade do P no solo ou do potencial de produtividade das culturas. A variabilidade do solo e as diferenças de rendimento potencial associadas num determinado campo são responsáveis pelo desenvolvimento de uma grande heterogeneidade à escala do campo no padrão de distribuição dos nutrientes do solo, incluindo o P (Nolin et al., 1999; Nze Memiaghe et al., 2021). A fertilização com P baseada em recomendações uniformes pode resultar em excesso de fertilização em grandes áreas de campo e também criar áreas subfertilizadas (Cambouris et al., 1999). No Quebec, o limiar ambiental crítico para o P do solo corresponde a um valor $(P/Al)_{M3}$ de 8% para solos de textura fina (Pellerin et al.,2006; MDDELCC, 2017). Consequentemente, uma melhor compreensão da variabilidade espacial do P do solo em grandes campos ajudará a estabelecer recomendações precisas de P e a garantir que o P seja aplicado na taxa certa nos locais certos.

Até onde sabemos, nenhum estudo investigou os impactos de sistemas contrastantes de preparo do solo (CT vs. NT) na variabilidade espacial do P do solo em campos comerciais no leste do Canadá sob rotação milho-soja, a associação dominante de leguminosas e cereais na América do Norte. O principal objetivo deste estudo foi avaliar a variabilidade espacial do P disponível no solo sob dois sistemas de lavoura contrastados para desenvolver futuras recomendações precisas de fertilizantes P no leste do Canadá. Os objectivos específicos foram (1) investigar a variabilidade espacial em escala de campo dos índices de P do solo - referidos como P_{M3} e $(P/Al)_{M3}$ - e outras propriedades químicas do solo selecionadas (pH_{H2O} do solo, carbono total, Al_{M3}, Ca_{M3}, Fe_{M3}) usando estatísticas descritivas e ferramentas geoestatísticas; para (2) estudar as relações entre os índices de P do solo e estas propriedades químicas do solo com base em correlações de Spearman e equações de regressão múltipla; e para (3) avaliar as recomendações actuais de fertilizantes P utilizando mapas de prescrição de valores krigados de $(P/Al)_{M3}$. O conhecimento adquirido com esta pesquisa sobre os efeitos do manejo da lavoura na variabilidade espacial dos índices de P do solo fornecerá informações significativas para otimizar a fertilização de P em sistemas agrícolas sustentáveis.

3.5. Materiais e métodos

3.5.1. Descrição do local e amostragem do solo

O estudo foi efectuado perto de Montreal, na região de Montérégie, na província do Quebeque, Canadá. A região de Montérégie está situada na região fisiográfica das planícies de São Lourenço, que se caracteriza por formas de relevo muito planas (0-5%) (Wang et al., 1995). Dois campos comerciais foram selecionados para representar duas práticas de mobilização do solo contrastantes. Marc-sur-Richelieu, foi gerido sob CT (45° 42' N; 73°14' W; 10,8 ha, estabelecido em 1994), e o segundo campo, denominado campo NT, localizado em La Presentation, foi gerido sob NT (45° 36' N; 73°02' W; 9,5 ha, estabelecido em 1994). Ambos os campos foram geridos em rotação milho-soja.

No campo CT, a mobilização do solo consistiu numa operação de lavoura (20 cm de profundidade) desde 2009, utilizando um arado de aiveca no outono, após a colheita, seguida de uma gradagem e de uma gradagem (10 cm de profundidade) em cada primavera, antes da sementeira. No campo NT, a sementeira direta plana foi realizada de 1994 a 2014 em diante, com resíduos de culturas (30% dos resíduos) deixados no solo após a colheita. As fontes de fertilizantes NPK foram as seguintes: Fertilizante N fornecido a partir de nitrato de amónio (34-0-0); Fertilizante P fornecido a partir de superfosfato triplo (0-46-0); e Fertilizante K fornecido a partir de muriato de potássio (0-0-60). Para cada cultura, as taxas de aplicação foram aplicadas com base na análise química prévia do solo e seguindo as recomendações da província do Quebeque (CRAAQ, 2010). Ambos os campos foram semeados com milho em maio de 2014 e colhidos no final de outubro de 2014. Na sementeira, os fertilizantes NPK foram aplicados em banda de forma semelhante em ambos os campos sob os dois sistemas de lavoura. Utilizando fertilizantes comerciais, o P e o K foram ambos aplicados na fase de sementeira, enquanto o N foi dividido na fase de sementeira e na fase de 6-8 folhas, de acordo com as recomendações locais de fertilizantes (CRAAQ, 2010). Para o milho, as linhas de sementeira foram espaçadas a 75 cm em ambos os campos. Para a soja, as linhas de sementeira foram espaçadas de 30 cm em ambos os campos. As práticas de gestão das culturas e de fertilização do milho e da soja basearam-se nas recomendações locais para a província do Quebeque (CRAAQ, 2010).

Ambos os solos foram classificados como Gleysols húmicos órticos e apresentaram séries de solos semelhantes (St-Urbain e Kierkoski) (Nolin e Lamontagne, 1990). As texturas dos solos de ambos os campos variaram de argila a argilo-arenosa. Foram classificados no mesmo grupo de textura do solo (ou seja, solos de textura fina com >30% de argila) utilizado nas recomendações da província do Quebeque (CRAAQ, 2010). Ambos os campos eram mal drenados. Os dados meteorológicos da região de estudo foram resumidos (Tabela 3-1). A temperatura média anual é de 6°C e a precipitação total é de 973 mm em St. Marc-sur-Richelieu. A temperatura média anual é de 5,9°C e a precipitação total é de 984 mm em La Presentation.

Foi efectuada uma amostragem intensiva do solo em novembro de 2014, utilizando um desenho de grelha com um intervalo de amostragem de 35 m × 35 m, fornecendo 141 e 134 pontos de amostragem georreferenciados para os campos CT e NT, respetivamente (Figura 3-1). Foi recolhida uma amostra composta de solo, constituída por quatro núcleos, num raio de 1 m de cada ponto de amostragem, a duas profundidades do solo (0-5 cm e 5-20 cm), utilizando um trado holandês de 0,05 m de diâmetro. Foi recolhido um total de 282 e 268 amostras de solo nos campos CT e NT, respetivamente. Em ambos os locais, as amostras de solo foram recolhidas após a colheita do milho.

As amostras de solo foram secas ao ar, moídas e peneiradas numa peneira de 2 mm para caraterização do solo. O pH_{H2O} do solo (1:1 água) foi medido de acordo com Hendershot et al (2008). $^{-1}$Os solos foram extraídos com solução de Mehlich-3 na proporção de 1:10 solo: solução (Ziadi e Tran, 2008), e as concentrações (mg kg) de fósforo disponível (P_{M3}), ferro (Fe_{M3}), cálcio (Ca_{M3}) e alumínio (Al_{M3}) foram determinadas por espetroscopia de emissão ótica com plasma indutivamente acoplado (ICP-OES; Modelo, 4300DV, PerkinElmer, Inc., Shelton, CT, EUA). O indicador agroambiental de P do solo $(P/Al)_{M3}$, que é um rácio (%), foi calculado a partir das concentrações de P_{M3} e Al_{M3} do solo. $^{-1}$O teor de carbono total (CT, g kg) foi determinado com um analisador Elementar Vario MAX CN (Elementar 137 Analysensyteme GmbH, Hanau, Alemanha).

Foram produzidos dois parâmetros topográficos para cada campo, utilizando o modelo digital do terreno derivado de imagens de deteção de luz e alcance (LiDAR) da província do Quebeque. Estes parâmetros são a elevação e o índice topográfico de humidade (TWI, em que TWI = ln(αZtan(β)), tal como descrito por Beven e Kirkby (1979) e Sorensen et al. (2006). O valor de TWI depende de α, que representa a área de declive ascendente por unidade de comprimento de contorno, e β, em que tan(β) é o declive local. A resolução espacial destes rasters foi de 1 m. "" Os campos CT e NT foram extraídos das respectivas folhas LiDAR 31H11 NE e 31H11 SE, utilizando a ferramenta ArcGIS extract by mask (ArcGIS Software versão 10.3 [ESRI, Redlands, CA, EUA]). "" Os valores médios de elevação e TWI foram gerados a partir de cada ponto de amostragem utilizando o método de buffer num raio de 1 m e a ferramenta ArcGIS Zonal Statistic as Table (ArcGIS Software versão 10.3 [ESRI, Redlands, CA, EUA]).

3.5.2. Análises estatísticas e geoestatísticas

As estatísticas descritivas foram analisadas utilizando o software SAS versão 9.4 (SAS Institute Inc., Cary, NC, EUA, (SAS Institute, 2010) para investigar o pH_{H2O} do solo, P_{M3}, Al_{M3}, $(P/Al)_{M3}$, Fe_{M3}, Ca_{M3}, TC, elevação e TWI e a sua intensidade de variabilidade. Os valores mínimos e máximos, a média, o CV e o desvio padrão da média (SDM) foram determinados para as camadas de solo de 0-5 cm e 5-20 cm de cada campo. Os dados foram resumidos utilizando o software SigmaPlot versão 14.5 (Systat Software Inc., Palo Alto, CA, EUA). A intensidade da variabilidade das diferentes propriedades do solo foi classificada com base na abordagem de Nolin e Caillier (1992) usando cinco classes baseadas no CV: (1) baixa (CV < 15%); (2) moderada (15% < CV < 35%); (3) alta (35% < CV < 50%); (4) muito alta (50% < CV <100%); e (5) extremamente alta (CV > 100%). Os coeficientes de correlação de Spearman (r) entre os índices de P do solo [P_{M3}, $(P/Al)_{M3}$ e outras propriedades químicas do solo (Al_{M3}, Ca_{M3}, Fe_{M3}, TC e pH_{H2O} do solo) foram determinados para cada camada de solo usando o software SAS (SAS Institute, 2010). Os coeficientes de Spearman entre os índices de P do solo e as propriedades topográficas (elevação, TWI) foram determinados apenas para cada camada superficial do solo. Os dados foram analisados utilizando os procedimentos CORR e Univariate.

Para determinar a relação entre as variáveis de resposta [$(P/Al)_{M3}$ e P_{M3}] e as variáveis explicativas (Al_{M3}, Ca_{M3}, Fe_{M3}, TC e pH_{H2O} do solo), foi utilizado um modelo de regressão misto com uma estrutura de correlação espacial esférica entre as observações. Uma vez que as medições foram efectuadas em diferentes pontos espaciais (X,Y) ${}_{ii}$(' e a duas profundidades diferentes (0-5 e 5-20 cm) em cada ponto, uma correlação espacial esférica diferente

AA

c‰

para as duas profundidades. ^{n0pd}Se considerarmos que e denotam as estimativas da pepita e do intervalo, respetivamente, a correlação entre quaisquer duas observações a uma distância *d* entre si, (-) é igual a

... i(1 - Cn)*(1 -1,5(d / ⅞) + 0,5(d / ⅜)3) se d < ⅜ p(d) = <

0se d ≥ cc0

Os modelos de regressão foram ajustados a cada campo separadamente. Para cada variável resposta, foi utilizada a metodologia Box-Cox para transformar a variável resposta. As variáveis explicativas foram adicionadas sequencialmente ao modelo, sendo o fator de profundidade da interação avaliado de cada vez através do critério de informação Bayesiano (BIC) até se atingir um valor mínimo. Assim, o modelo final foi constituído pelas variáveis explicativas mais importantes e pela sua interação com o fator profundidade, o que permitiu obter um modelo de equação para cada profundidade. ²Foi calculado um valor pseudo R para avaliar o desempenho do modelo. Todas as análises foram efectuadas utilizando o procedimento MIXED no SAS (SAS Institute Inc., Cary, NC, EUA, versão 9.4) com um nível de significância de 0,05. A suposição de normalidade foi validada usando a estatística de Shapiro-Wilk nos resíduos normalizados do modelo.

A geoestatística fornece a base para interpolar a variabilidade espacial das propriedades do solo (Webster e Oliver, 1990; Pohlmann, 1993; Cambardella et al., 1994). -1-1-1-1-1As análises geoestatísticas dos dados de P_{M3} (mg kg), $(P/Al)_{M3}$ (%), Al_{M3} (mg kg), TC (g kg), Ca_{M3} (mg kg), pH_{H2O} do solo e Fe_{M3} (mg kg) foram efectuadas para cada camada de solo utilizando o software GS+ (versão 9) (Gamma Design Software, LLC., Plainwell, MI, USA) (Robertson, 2008). A dependência espacial ou estrutura destas propriedades do solo foi avaliada utilizando semivariogramas isotrópicos e anisotrópicos. Os parâmetros do semivariograma foram gerados para cada modelo teórico (esférico, exponencial e linear). Foram calculados os valores correspondentes de nugget (C_0), sill parcial (C), sill (C0 + C) e gama do modelo teórico que melhor se ajusta. O rácio da soleira parcial [C/(C0 + C)] foi utilizado para determinar a dependência espacial das propriedades do solo para os campos CT e NT. Os semivariogramas com uma razão de soleira parcial de <25%, 25% a 40%, 40% a 60%, 60% a 75% ou >75% foram considerados como tendo uma dependência espacial baixa, baixa moderada, moderada, forte moderada ou forte, respetivamente (Whelan e Mc Bratney, 2000). O intervalo indica a distância máxima a que os pontos de amostragem estão correlacionados (Vieira et al., 1983). ^{2}Os mapas de variabilidade espacial foram gerados para cada camada de solo usando o método de krigagem em bloco, com um tamanho de bloco de 1 m × 1 m, e foram avaliados usando a análise de validação cruzada (R_{cv}) (Kravchenko et al., 2002).

Mapas de prescrição foram produzidos usando os valores krigados dos índices de P do solo $(P/Al)_{M3}$ para campos de milho e soja usando o software ArcGIS versão 10.3 (ESRI, Redlands, CA, EUA), a fim de identificar diferentes classes agroambientais de P para Quebec e as áreas correspondentes em ambos os campos. Por fim, foram desenvolvidas recomendações precisas de fertilizantes P (kg $_{P2O5}$) para o milho e a soja nesses dois campos comerciais. Esses resultados foram comparados com as recomendações locais uniformes de fertilizantes P [baseadas em valores médios de $(P/Al)_{M3}$] estabelecidas para o leste do Canadá (CRAAQ, 2010).

3.6. Resultados

3.6.1. Estatísticas descritivas das propriedades topográficas

No campo de TC, os valores de elevação variaram entre 19,2 e 19,9 m, com um valor médio de 19,4 m. Os valores de TWI variaram entre 6 e 13, com um valor médio de 9. Os valores do TWI variaram de 6 a 13, com um valor médio de 9. Os CVs para a elevação (0,8%) e TWI (13%) foram baixos. No campo NT, os valores de elevação variaram de 34,2 a 35,0 m com um valor médio de 34,8 m. Os valores do TWI variaram de 7 a 14, com um valor médio de 10. Os CVs para a elevação (0,3%) e TWI (11%) foram baixos. Foram obtidos valores semelhantes de TWI e os CVs para as propriedades topográficas foram baixos.

3.6.2. Estatísticas descritivas dos índices de fósforo do solo e de outras propriedades químicas do solo

No campo CT, valores médios semelhantes para os índices de P do solo [$_{PM3}$, e $(P/Al)_{M3}$] e outras propriedades químicas do solo foram obtidos para ambas as camadas do solo (0-5 cm e 5-20 cm), com exceção de $_{FeM3}$ e $_{A1M3}$ (Figura 3-2). $_{33}$Os valores médios de $_{FeM}$ e $_{AlM}$ foram, respetivamente, 8% e 12% maiores na camada de solo de 5-20 cm em relação à camada de 0-5 cm. Os CVs variaram de 3% a 59% para ambas as camadas de solo (Figura 3-2). Os maiores CVs foram obtidos para os índices de P do solo. Os CVs foram classificados da seguinte forma: baixo para $_{pHH2O}$, TC, $_{AlM3}$, $_{FeM3}$ e $_{CaM3}$ do solo, e alto a muito alto para ambos os índices de P do solo.

No campo NT, os valores médios dos índices de P do solo, TC e $_{CaM3}$ foram mais elevados na camada de 0-5 cm do que na camada de 5-20 cm. $_{H233}$Por outro lado, os valores médios do pH do solo, $_{AlM}$ e $_{FeM}$ (Figura 3-2) foram mais elevados na camada de 5-20 cm do que na camada de 0-5 cm. Os CVs variaram entre 7% e 43% para ambas as camadas de solo (Figura 3-2). Os valores mais elevados de

Foram obtidos CVs para os índices de P do solo. Os CVs foram classificados da seguinte forma: baixo para $_{pHH2O}$ do solo; moderado para CT, $_{FeM3}$ e $_{CaM3}$; baixo a moderado para $_{AlM3}$; e moderado a alto para os dois índices de P do solo (Figura 3-2). A intensidade de variação dos índices de P do solo foi maior no CT do que no NT para ambas as camadas de solo.

3.6.3. Parâmetros geoestatísticos dos índices de fósforo do solo e de outras propriedades químicas do solo

No campo CT, os índices de P do solo e as outras propriedades químicas do solo (exceto o CT e o $_{CaM3}$) foram ajustados com modelos esféricos e lineares (Quadro 3-2). Foram utilizados modelos puros de pepitas (PNs) para TC e $_{CaM3}$ em ambas as camadas do solo. Os rácios de dependência espacial dos índices de P do solo e das outras propriedades químicas variaram entre 23% e 85% para ambas as camadas do solo. Os rácios de dependência espacial foram classificados da seguinte forma: baixo moderado para $_{pHH2O}$ do solo; moderado a forte para $_{AlM3}$; baixo moderado para $_{FeM3}$; e baixo a baixo moderado para os índices de P do solo (Quadro 3-2). Os intervalos espaciais variaram entre 46 e 183 m, estendendo-se para além da grelha de amostragem de 35 m × 35 m. ^{2}Os coeficientes de validação cruzada (R_{cv}) variaram de 0,01 a 0,69 para as propriedades químicas do solo e de 0,15 a 0,17 para os índices de P do solo.

No campo NT, os índices de P do solo e as outras propriedades químicas do solo foram ajustados com modelos esféricos e exponenciais (Quadro 3-2). Os rácios de dependência espacial dos índices de P do solo e das outras propriedades químicas do solo variaram entre 33% e 99%. Foram classificadas da seguinte forma: forte para pH_{H2O} do solo; moderada para Al_{M3}; moderada a forte para TC e Ca_{M3}; e baixa moderada a moderada para os índices de P do solo (Quadro 2). Os intervalos espaciais variaram de 55 a 77 m, estendendo-se para além da grelha de amostragem de 35 m × 35 m. 2O $_{CV-R}$ variou de 0,07 a 0,36 para as propriedades químicas do solo e de 0,06 a 0,17 para os índices de P do solo. A dependência espacial do P do solo foi maior para ambas as camadas de solo NT em comparação com as camadas de solo CT. 2Por outro lado, os valores de $_{CV}$ R foram geralmente mais baixos para o campo NT em relação ao campo CT. 22Valores mais elevados de CVR ($_{CVR}$ > 0,6) indicam um bom ajuste para a fiabilidade do mapa krigado. 2Consequentemente, os valores de CVR para o campo CT indicam um ajuste relativo para a fiabilidade do mapa para a maioria das propriedades químicas do solo, incluindo os índices de P do solo, enquanto que um ajuste mais fraco foi encontrado para a fiabilidade do mapa das propriedades químicas do solo no campo NT.

3.6.4. Distribuição espacial dos índices de fósforo do solo e de outras propriedades químicas do solo

No campo CT, foram observadas semelhanças visuais entre os mapas de distribuição espacial P_{M3} e $(P/Al)_{M3}$. Os valores de distribuição espacial dos índices de P do solo foram semelhantes em ambas as camadas do solo (Figura 3-3a,b,g,h). Os valores de distribuição espacial do CT foram mais elevados na camada de solo de 0-5 cm em comparação com a camada de solo de 5-20 cm (Figura 3-3d,j). Os valores de distribuição espacial de $A1_{M3}$ e Fe_{M3} foram menores na camada de solo de 0-5 cm em comparação com a camada de solo de 5-20 cm (Figura 3-3c,e,i,k). No campo NT, também foram observadas semelhanças visuais entre os mapas de distribuição espacial de P_{M3} e $(P/Al)_{M3}$ (Figura 3-4a,b,g,h). No entanto, os valores de distribuição espacial dos índices de P do solo, TC e Ca_{M3} foram mais elevados na camada de solo de 0-5 cm do que na camada de solo de 5-20 cm (Figura 3-4a,b,d,f-h,j,l). -1-1-1-1-1-1Os valores da distribuição espacial destas propriedades químicas do solo variaram de 35 a 19 mg kg , 5,0% a 12,5%, 19 a 27 g kg e 1600 a 4540 mg kg em comparação com 35 a 95 mg kg , 2,0% a 9,5%, 13 a 25 g kg , 1600 a 2860 mg kg nas camadas de solo NT de 0-5 cm e 5-20 cm, respetivamente. O valor da distribuição espacial de $A1_{M3}$ foi semelhante em ambas as camadas do solo (Figura 3-4c,i). O valor da distribuição espacial de Fe_{M3} foi menor na camada de solo de 0-5 cm do que na camada de solo de 5-20 cm (Figura 4e,k).

Os mapas de distribuição espacial também revelaram associações visuais entre os índices de P do solo e outros elementos do solo. No campo CT, os altos valores dos índices de P do solo correspondem às altas concentrações de TC e Ca_{M3} em ambas as camadas do solo (Figura 3-3a,b vs. Figura 3-3d,f; e Figura 3-3g,h vs. Figura 3-3j,l). No campo NT, as regiões de acumulação de P do solo na camada do solo (0-5 cm) correspondem a concentrações elevadas de Ca_{M3}, evidenciando a acumulação de P_{M3}-Ca_{M3} (Figura 3-4a,b,f). As regiões de maior acumulação de P na camada do solo (0-5 cm) correspondem às concentrações mais baixas de Fe_{M3}.

3.6.5. Relações entre os índices de fósforo do solo e outras propriedades químicas do solo

No campo CT, os coeficientes de correlação de Spearman com as relações mais significativas foram observados entre os índices de P do solo e o CT do solo, Fe_{M3} e Ca_{M3} em ambas as camadas do solo (Tabela 3-3). No campo NT, os coeficientes de correlação de Spearman com as relações mais significativas foram observados entre os índices de P do solo e o CT do solo, pH_{water} e Ca_{M3}. Além disso, foi observada uma relação significativa entre os índices de P do solo e Fe_{M3} na camada de solo de 5-20 cm no campo NT (Tabela 3-3).

Foram geradas equações de regressão múltipla espacial para os índices de P do solo, a fim de investigar a influência de propriedades químicas do solo selecionadas na variabilidade dos índices de P do solo (Quadro 3-4). No campo CT, 45% a 72% da variabilidade dos índices de P do solo foi explicada significativamente, principalmente por TC, Fe_{M3}, Al_{M3} e Ca_{M3}. No campo NT, 28% a 39% da variabilidade dos índices de P do solo só foi explicada significativamente por Ca_{M3} e Fe_{M3}.

3.6.6. Recomendações de fertilizantes fosfatados com base em mapas de prescrição

No campo CT, os valores espaciais krigados para o solo $(P/Al)_{M3}$ variando de 1% a 4,5% correspondem a duas classes agronómicas de Quebec (0% a 2,5%, e 2,6% a 5%) para milho e soja. $_2$-1$_2$-1 De acordo com estes valores krigados para (PZAl)Ms, as recomendações de fertilizante P devem ser 60 ou 80 kg P O5 ha para o milho e 20 ou 60 kg P O5 ha para a soja (Figura 3-5a,e). As áreas aplicadas (A1 e A2) a partir desses valores krigados foram 6,1 e 4,7 ha. Assim, no campo CT, as recomendações precisas de P total foram 770 e 460 kg P2O5 para milho e soja, respetivamente (Tabela 3-5). $^{-1}$Com base no valor médio de $(P/Al)_{M3}$ no campo CT (2,7%), as recomendações agronômicas uniformes de P devem ser 60 kg P2O5 ha 1, para um total de 648 kg P2O5 para o milho, e 20 kg P2O5 ha , para um total de 216 kg P2O5 para a soja (Tabela 3-5).

No campo NT, os valores espaciais krigados para o solo $(P/Al)_3$, que variaram de 2% a 12,5%, correspondem a três classes agronómicas de Quebec, ou seja, 2,6% a 5%, 5,1% a 10,0% e 10,1% a 15% para o milho, e 2,6% a 5%, 5% a 7,5% e 7,6% a 15% para a soja. $^{-1}$As recomendações de fertilizantes P devem ser de 20, 40 ou 60 kg P2O5 ha para o milho, de acordo com esses valores $(P/A1)_{M3}$ krigados (Figura 3-5b). As áreas aplicadas correspondentes a esses valores krigados foram 0,7, 8,8, 6,9 e 2,6 ha (Tabela 3-5). $^{-1}$Para a soja, as recomendações de fertilizante P devem ser de 20 ou 0 kg P2O5 ha , de acordo com esses valores de krigagem $(P/A1)_{M3}$ (Figura 3-5f). As áreas aplicadas correspondentes a esses valores krigados foram de 2,6, 3 e 6,5 ha (Tabela 3-5). No campo NT, as recomendações precisas de P total foram 366 e 0 kg de P2O5 para milho e soja, respetivamente (Tabela 3-5). $^{-1-1}$Com base no valor médio de $(P/Al)_{M3}$ no campo NT (7,9%), as recomendações agronómicas uniformes de P devem ser de 40 kg de P2O5 ha, para um total de 380 kg de P2O5 para o milho, e 0 kg de P2O5 ha, para um total de 0 kg de P2O5 para a soja (Tabela 3-5).

3.7. Discussão

3.7.1. Efeitos das propriedades topográficas no transporte de fósforo

Ambos os campos utilizados neste estudo eram planos, como confirmado por estudos de solo anteriores realizados na região (Wang et al., 1995; Nolin et al., 1999). O TWI é um fator que promove o transporte de P em paisagens agrícolas temperadas (Heathwaite et al., 2005; Roberts et al., 2017). Os valores médios do TWI foram mais elevados do que em Li et al. (2020). Um TWI mais elevado está associado a um aumento do escoamento superficial, o que pode resultar numa maior exportação de nutrientes (Li et al., 2020), como o P. No entanto, os valores CV do TWI foram inferiores aos de outros estudos (Li et al., 2020; Salekin et al., 2021). Assim, os valores semelhantes do TWI dos campos de lavoura contrastantes e os seus respectivos CVs baixos fornecem provas de que estas propriedades topográficas não foram tidas em conta em relação ao transporte de P e à variabilidade espacial. Este facto é confirmado pelos resultados que mostram uma falta de relações significativas entre estas propriedades topográficas e os índices de P do solo (Quadro 3).

3.7.2. Efeitos das práticas de mobilização do solo na estratificação do fósforo no solo

Os valores médios dos índices de P do solo foram mais elevados na camada de 0-5 cm do solo em relação à camada de 5-20 cm no sistema NT. Em contraste, os valores médios foram semelhantes em ambas as camadas do solo no campo CT. Os nossos resultados mostram que existe estratificação de P (Figura 3-4a,b,g,h). A estratificação do P no solo é definida como concentrações elevadas de P na superfície do solo e concentrações que diminuem rapidamente com a profundidade (Selles et al., 1999). Muitos estudos (Duiker e Beegle, 2006; Bertol et al., 2007; Cade-Menum et al., 2010; Messiga et al., 2012, Abdi et al., 2014;
Rodrigues et al., 2016) encontraram estratificação do P do solo em parcelas agrícolas geridas pelo sistema NT em relação ao CT.

Neste estudo à escala do campo, a estratificação do P no solo pode ser explicada pelos resíduos de culturas e pela falta de mistura do solo e dos fertilizantes. Estudos anteriores (Duiker e Beegle, 2006; Piegholdt et al., 2013) relataram que a estratificação de P em solos sob TN tem três causas: (1) aplicação anual de fertilizantes P a lanço ou em banda na mesma linha de sementeira ou perto dela; (2) ausência de mistura de fertilizantes P com o solo e resíduos de culturas deixados na superfície do solo após a colheita; e (3) lixiviação imediata de P dos resíduos de culturas.

Os resultados obtidos mostram que o aumento da acumulação de P no solo está associado à TN, o que aponta para um maior risco agroambiental para a gestão dos campos de TN no leste do Canadá. O índice médio $(P/Al)_{M3}$ aumentou (7,9%) na camada de solo de 0-5 cm de NT em relação à camada de solo de 5-20 cm de NT (6%). Estes resultados também têm implicações ambientais para o P do solo. O valor médio $(P/A1)_{M3}$ para o campo NT (7,9%) estava próximo do limiar crítico nacional do Quebec para a saturação de P para solos de textura fina (8%), indicando que valores $(P/Al)_{M3}$ superiores a este podem resultar em contaminação da água. Consequentemente, a NT afecta a gestão sustentável do P do solo, aumentando o risco de poluição por P no Canadá Oriental.

3.7.3. Variabilidade dos índices de fósforo do solo sob as diferentes práticas de mobilização do solo

Entre todas as propriedades medidas em ambos os campos, os maiores CVs foram obtidos para os índices de P do solo. Estes resultados estão em consonância com outros estudos (Malvezi et al., 2019; Metwally et al., 2019). Neste experimento em escala de campo, os CVs dos índices de P do solo variaram de moderados a muito altos (32% a 60%). Muitos estudos (Mallarino, 1996; Cambouris et al., 2017; Dalchiavon et al., 2017) obtiveram resultados semelhantes sob diferentes sistemas de lavoura em diferentes escalas. Por exemplo, Malvezi et al. (2O19) relataram CVs (n = 100; 0-20 cm) para P disponível no solo variando de moderado a alto (32% a 76%) sob dois sistemas contrastantes de escala de parcela experimental CT e NT cultivados por mais de três décadas.

Os CV dos índices de P do solo foram elevados (32% a 43%) no campo NT. Outros estudos (Kitchen et al., 1990; Tyler e Howard, 1991; Mallarino, 1996) referiram que os elevados CV do P do solo nos campos de TN foram causados principalmente por (1) mistura limitada de solo, resíduos de culturas e fertilizantes, e (2) os elevados níveis de P residual na superfície do solo nos campos de TN. Um CV elevado de P no solo em campos de TN tem implicações para o desenvolvimento de estratégias agronómicas futuras para a gestão sustentável de P com base na delineação de MZs ou VRA para recomendações precisas de P na agricultura de precisão.

A intensidade de variação dos índices de P do solo foi menor em ambas as camadas do solo (0-5 cm e 5-20 cm) sob o sistema NT, em comparação com o CT. Esses resultados são semelhantes aos achados de Cambouris et al. (2017) no leste do Canadá e contrastam com os de Malvezi et al. (2019) no sul do Brasil. Consequentemente, a variabilidade do P do solo pode ser reduzida sob TN na escala utilizada no presente estudo. O CV mais baixo obtido com o sistema NT terá um impacto positivo em futuras estratégias de amostragem de P do solo, com base em um número limitado de amostras de solo.

3.7.4. Geoestatística dos índices de fósforo do solo sob diferentes práticas de mobilização do solo

A dependência espacial dos índices de P do solo foi moderada (23% a 46%), indicando que a variabilidade do P do solo nos campos de lavoura contrastantes resultou da interação entre fatores intrínsecos (tipos de solo) e extrínsecos do solo, como solo / práticas de manejo da cultura (modo de lavoura e aplicação de fertilizantes ou esterco). A dependência espacial moderada (25% < R < 75%) resulta da interação entre fatores intrínsecos e extrínsecos do solo (Cambardella et al., 1994; Vasu et al., 2017). Esses resultados são semelhantes aos de Dalchiavon et al. (2017), que encontraram uma dependência espacial moderada (54%) para o P do solo em um campo de soja de 5 ha sob um sistema NT. Em contraste, outros estudos (Cambouris et al., 2017; Malvezi et al., 2019) relataram pepitas puras (PNs) em experimentos de longo prazo de CT e NT. Esses PNs foram explicados por (1) a escala da parcela desses estudos e (2) uma forte variabilidade geral dos índices de P do solo, que ofuscou os padrões de P do solo na escala da parcela usada no estudo.

Os intervalos espaciais revelaram que a grelha de amostragem utilizada para medir a variabilidade espacial em ambos os campos era adequada. O presente estudo à escala do campo revelou também que o modelo geoespacial 2D relacionado com a lavoura foi detectado para o P do solo, com base na grelha de amostragem utilizada inicialmente, em comparação com a experiência à escala da parcela realizada por Cambouris et al. (2017). Neste estudo anterior, o modelo geoespacial 2D relacionado com a lavoura não foi detetado pela grelha de amostragem utilizada. Além disso, os menores valores de alcance, 46 m e 55 m, corresponderam aos índices de P do solo dos campos CT e NT, respetivamente (Tabela 3-2), indicando que esses intervalos mínimos influenciarão fortemente a grade ideal para determinar o P do solo e outras propriedades químicas em ambos os campos (McBratney e Webster, 1983). Por conseguinte, as estratégias futuras para a amostragem do P do solo e de outras propriedades químicas para a investigação geoestatística devem ser planeadas de acordo com os sistemas de lavoura utilizados, tendo em conta a gama de valores de P correspondente a cada sistema de lavoura.

A dependência espacial do P do solo foi maior no sistema NT do que no CT. Isto pode ser explicado pela redução das actividades de mobilização do solo nos campos NT durante um longo período, o que afecta a estrutura espacial a longo prazo do P do solo à escala do campo. [2]Em contrapartida, os valores mais baixos de CVR para os índices de P do solo foram observados com estruturas espaciais mais fortes no campo NT. Com base na hipótese de Kravchenko (2003), podemos inferir que os modelos geoestatísticos tradicionalmente utilizados não são adequados para os campos NT. Anteriormente, Mallarino (1996) confirmou esta ideia no seu estudo à escala do campo sobre sistemas de TN no Iowa. É necessário efetuar mais estudos utilizando outros modelos adaptados para obter uma melhor previsão da estrutura espacial dos índices de P do solo nos campos de TN.

3.7.5. Mapas de distribuição espacial e relações entre os índices de fósforo do solo e outras propriedades químicas do solo

[2]O CV R é um fator de fiabilidade importante para a produção de mapas espaciais krigados dos índices de P do solo com o objetivo de prevenir a poluição por P. [22]Valores de R_{cv} ($R_{cv} < 0,2$) foram obtidos para a maioria das propriedades do solo. Esses valores são semelhantes aos de outros estudos (Cambouris et al., 2017; Nze Memiaghe et al., 2021) e inferiores aos relatados por Perron et al. (2018). [2]Os valores mais baixos de R_{cv} devem-se à fraca dependência espacial das propriedades do solo (Kravchenko, 2003). Além disso, os mapas espaciais krigados dos índices de P do solo também revelaram impactos da mobilização do solo na gestão agroambiental sustentável do P, particularmente para identificar zonas com restrições agronómicas na fertilidade do P, que estão associadas à perda potencial de P para o ambiente. Por exemplo, valores baixos de fertilidade P (1% a 4,5%, Figura 3-3b) foram observados no campo CT. Valores elevados de fertilidade de P (5% a 12,5%) foram observados no campo NT (Figura 3-4b). À escala ambiental, várias zonas NT apresentaram valores elevados de P (8% a 12,5%) que excederam o limiar nacional de saturação de P (8%) para solos de textura fina (Pellerin et al., 2006; MDDELCC, 2017). Por conseguinte, a utilização do sistema NT pode aumentar o nível de fertilidade do P e o risco de poluição por P. Além disso, as associações visuais de mapas espaciais dos índices de P do solo e dos outros elementos (TC, $_{CaM3}$ e $_{FeM3}$) confirmaram a influência destas diferentes propriedades químicas no P do solo sob as duas práticas de lavoura contrastantes. Recentemente, Nze Memiaghe et al (2021) relataram observações semelhantes para dois sistemas de pastagens contrastantes no Canadá Oriental.

Como mostra a Tabela 3-3, o sistema NT pode causar acúmulo de P no solo e induzir mudanças significativas nas propriedades químicas do solo. Estas relações significativas entre os índices de P do solo e outras propriedades químicas dependem dos efeitos da lavoura dentro dos campos, devido a uma diminuição do pH do solo. No presente estudo, os valores médios de pH dos campos CT e NT foram de 7 e 6,8, respetivamente. Piegholdt et al (2013) encontraram valores médios de pH semelhantes para as camadas de solo das parcelas CT e NT (0-5 cm e 5-25 cm) em Luvisols e Phaeozems num estudo sobre os efeitos da lavoura a longo prazo (7 anos). Uma diminuição no $_{pHH2O}$ do solo é comumente observada em solos NT intensivos em comparação com solos CT, conforme relatado por Malvezi et al. (2019). Isso provavelmente se deve aos efeitos acidificantes dos fertilizantes N associados à decomposição dos resíduos da colheita (Tarkalson et al, 2006; Limousin e Tessier, 2007; Houx III et al., 2011; Soane et al., 2012; Reeves e Liebig; 2016).

Além disso, foram observadas relações significativas entre o $_{pHH2O}$ do solo e ambos os índices de P do solo ($r = 0,23$ para $_{PM3}$, $p < 0,01$; $r = 0,26$ para $(P/A1)_{M3}$, $p < 0,01$), particularmente na camada de solo NT de 0-5 cm. Resultados semelhantes foram relatados anteriormente em gleysols cultivados intensivamente nesta mesma região (Nolin et al., 1999) e outros solos sob sistema intensivo de NT (Dalchiavon et al., 2017; De Santiago et al., 2019). Outras relações entre os índices de P do solo com TC do solo, $_{CaM3}$ e $_{FeM3}$ foram observadas em ambas as camadas de solo NT. Isso foi relatado por estudos anteriores (Nolin et al., 1999; Piegholdt et al., 2013; Dalchiavon et al., 2017; De Santiago et al., 2019). No entanto, esse acúmulo de P do solo em relação a esses elementos do solo depende também de relações significativas entre o $_{pHH2O}$ do solo e essas propriedades químicas. Assim, foram observadas relações significativas entre o $_{PHH2O}$ do solo e o $_{CaM3}$ nas camadas de 0-5 cm ($r = 0,76$; $p < 0,001$) e 5-20 cm ($r = 0,67$; $p < 0,001$) do solo NT. As relações significativas entre $_{PHH2O}$ e $_{FeM3}$ do solo nestas mesmas camadas foram ($r = -0,68$; $p < 0,001$) e ($r = -0,73$; $p < 0,001$), respetivamente. No entanto, não foram observadas relações significativas entre o $_{PHH2O}$ do solo e o CT nas camadas de 0-5 cm ($r = 0,07$; ns) e 5-

20 cm (r = -0,1; ns) do solo NT.

Finalmente, os resultados da Tabela 3-4 revelam que as práticas de mobilização do solo induziram mudanças significativas em TC, Al_{M3}, Fe_{M3} e Ca_{M3}, afetando a variabilidade dos índices de P do solo. Assim, é necessário considerar a variabilidade dessas propriedades químicas e suas respectivas estruturas espaciais para entender a variabilidade dos índices de P do solo dentro dos campos e de acordo com os efeitos da lavoura, porque essas propriedades químicas do solo têm impacto significativo na acumulação de P do solo sob sistemas NT.

3.7.6. Recomendações relativas ao fósforo e implicações ambientais

Tal como observado nos mapas espaciais krigados, a acumulação de P no solo nos primeiros 5 cm do campo NT realça o risco ambiental de poluição por P. Os valores médios de $(P/Al)_{M3}$ foram de 2,7% e 7,9% nos campos CT e NT, respetivamente, após 20 anos. $^{-1}$Com base nas recomendações locais actuais (CRAAQ, 2010), as aplicações de fertilizantes P são de 60 kg e 20 kg de P2O5 ha para o milho e a soja, respetivamente, no campo CT. $^{-1}$Em comparação, as recomendações de fertilizantes P são de 40 kg e 0 kg de P205 ha para essas respectivas culturas no campo NT. No entanto, estas recomendações locais de fertilizantes P do Quebec foram desenvolvidas para aplicações agronómicas uniformes de P, independentemente do tamanho do campo, da variabilidade do P no solo ou do potencial de produtividade das culturas. A variabilidade do solo e as diferenças de rendimento potencial num determinado campo são responsáveis por uma grande heterogeneidade à escala do campo no padrão de distribuição dos nutrientes do solo, como o P (Nolin et al., 1999; Nze Memiaghe et al., 2021).

A variabilidade dos índices de P do solo em ambos os campos variou de moderada a muito alta (32% a 60%), indicando que as recomendações uniformes existentes de fertilizantes P para milho e soja não são adequadas para campos grandes (10 ha) com lavouras contrastantes. A fertilização com P baseada em recomendações uniformes pode resultar em excesso ou falta de fertilização numa grande área de campo (Cambouris et al., 1999). Consequentemente, foram desenvolvidas recomendações precisas de fertilizantes P para estes campos plantados com milho e soja, tendo em conta

(1) valores de distribuição espacial do P do solo resultantes da elevada variabilidade do P do solo nestes grandes campos e (2) as correspondentes recomendações agronómicas de P do Quebeque para as respectivas culturas (Figura 3-5).

Por exemplo, foram desenvolvidas recomendações precisas de fertilizante P para o milho (770 kg $_{P2O5}$) e a soja (460 kg $_{P2O5}$) no campo de CT (Tabela 3-5). Em comparação com as recomendações locais uniformes de P (648 kg e 216 kg P2O5 para milho e soja, respetivamente), isso representa um aumento de P2O5 de até 19% e 113% para milho e soja, respetivamente. A recomendação de fertilizante P para o campo NT consistiu em uma quantidade menor para o milho (366 kg P2O5 ha) e nenhuma aplicação (0 kg $_{P2O5}$) para a soja (Tabela 3-5). Isso representa uma redução de 14 kg de P2O5 para o milho e nenhuma (0 kg de $_{P2O5}$) para a soja, em comparação com as recomendações locais uniformes de P (380 kg de P2O5 e 0 kg de $_{P2O5}$). Como mostra este exemplo, um CV elevado de P no solo em ambos os campos sublinha a importância da aplicação de fertilizantes P à taxa correta e no local certo para evitar a criação de áreas com excesso ou falta de fertilização. Assim, existe um potencial para controlar a variabilidade espacial do P do solo, a fim de aumentar a produtividade e o rendimento dos campos agrícolas, reduzindo simultaneamente as perdas ambientais de P.

3.8. Conclusões

Este estudo teve como objetivo examinar os impactos da lavoura (convencional e sem lavoura) na variabilidade espacial do P disponível no solo à escala do campo numa rotação milho-soja no Canadá Oriental com o objetivo final de melhorar as recomendações de fertilizantes P. Os resultados revelaram que os índices de P do solo eram semelhantes em ambas as camadas (0-5 cm e 5-20 cm) sob CT. No entanto, no campo NT, estes parâmetros de P eram mais elevados na camada de 0-5 cm em relação à camada de 5-20 cm. Estes resultados têm implicações para a gestão sustentável do P do solo. O sistema NT aumentou a acumulação de P do solo [$(P/Al)_{M3}$] (7,9%) em comparação com o método CT (2,7%), apresentando um maior risco de poluição por P, tal como observado nos mapas espaciais krigados. As relações entre os índices de P disponível no solo e outras propriedades químicas diferiram entre as práticas de lavoura contrastantes.

A variabilidade dos índices de P do solo em ambos os campos variou de moderada a muito alta (32% a 60%), indicando que as recomendações uniformes de fertilizantes P atualmente utilizadas para rotações de milho-soja não são adequadas para campos grandes (10 ha). A utilização de mapas krigados demonstrou a importância de aplicar P à taxa correta no local correto e de utilizar esta informação para desenvolver futuras recomendações precisas de P. Os modelos geoestatísticos tradicionalmente utilizados para obter índices de P do solo não são adequados para campos NT. Deverá ser efectuada mais investigação utilizando outros modelos melhorados para uma melhor previsão da estrutura espacial dos índices de P do solo nos campos de TN.

3.9. Agradecimentos

O financiamento para este estudo foi fornecido pela Agriculture and Agri-Food Canada. Agradecemos a Claude Lévesque, Sylvie Michaud e Marc Duchemin pela sua assistência no terreno e apoio técnico.

3.10. Referências

Abdi, D., Cade-Menun, B.J., Ziadi, N., e Parent, L.E. (2014). Impacto a longo prazo das práticas de lavoura e fertilização com fósforo nas formas de fósforo do solo, conforme determinado pela espetroscopia de ressonância magnética nuclear 31 P. *Jornal de Qualidade Ambiental* 43, 1431-1441.

Allaire, S. E.; van Bochove, E.; Denault, J.-T.; Dadfar, H.; Thériault, G.; Charles, A.; De Jong, R. (2011). Caminhos preferenciais do movimento do fósforo dos terrenos agrícolas para as massas de água na bacia dos Grandes Lagos canadianos: uma ferramenta de previsão. *Jornal Canadiano de Ciência do Solo* 91, (3), 361-374.

Alvear, M.; Rosas, A.; Rouanet, J.; Borie, F. (2005). Efeitos de três sistemas de preparo do solo em algumas atividades biológicas em um Ultisol do sul do Chile. *Soil Tillage Research* 82, (2), 195-202.

Andraski, T. W.; Bundy, L. G.; Kilian, K. C. (2003). História do estrume e efeitos da lavoura a longo prazo nas propriedades do solo e perdas de fósforo no escoamento. *Journal of Environmental Quality* 32, (5), 1782-1789.

Bertol, I.; Engel, F.; Mafra, A.; Bertol, O.; Ritter, S. (2007). Concentrações de fósforo, potássio e carbono orgânico na água de escoamento e sedimentos sob diferentes sistemas de preparo do solo durante o crescimento da soja. *Soil Tillage Research* 94, (1), 142-150.

Beven, K. J.; Kirkby, M. J. (1979). A physically based, variable contributing area model of basin hydrology. *Hydrological Sciences Journal* 24, (1), 43-69.

Blevins, R.; Frye, W. (1993). Lavoura de conservação: uma abordagem ecológica para o manejo do solo. *Avanços em Agronomia* 51, 33-78.

Borges, R.; Mallarino, A. (1997). Variabilidade em escala de campo da absorção de fósforo e potássio por milho e soja em plantio direto. *Soil Science Society of America Journal* 61, (3), 846-853.

Borges, R.; Mallarino, A. (1998). Importância da variação espacial do fósforo e do potássio no crescimento inicial e no teor de nutrientes do milho e da soja em plantio direto. *Comunicação em Ciência do Solo e Análise de Plantas* 29, 2589-2605.

Cade-Menun, B. J.; Carter, M. R.; James, D. C.; Liu, C. W. (2010). Formas e química do fósforo no perfil do solo sob lavoura de conservação a longo prazo: um estudo de ressonância magnética nuclear de fósforo 31. *Jornal de Qualidade Ambiental* 39, (5), 1647-1656.

Cambardella, C.; Moorman, T.; Parkin, T.; Karlen, D.; Novak, J.; Turco, R.; Konopka, A. (1994). Variabilidade à escala do campo das propriedades do solo nos solos do centro do Iowa. *Soil Science Society of America Journal 58,* (5), 15011511.

Cambouris, A.; Messiga, A.; Ziadi, N.; Perron, I.; Morel, C. (2017). Distribuição bidimensional em escala decimétrica de fósforo no solo após 20 anos de manejo de lavoura e fertilização com fósforo de manutenção. *Jornal da Sociedade de Ciência do Solo da América* 81, (6), 1606-1614.

Cambouris, A. N.; Nolin, M. C.; Simard, R. R. (1999). In *Precision management of fertilizer phosphorus and potassium for potato in Quebec, Canada*, Proceedings of the Fourth International Conference on Precision Agriculture, 1999; Wiley Online Library; pp 847-857.

CRAAQ. (2010). *Guia de referência de fertilização. 2ª edição.* Centre de Référence en Agriculture et Agroalimentaire du Québec: Quebec, QC, Canadá, p. 473.

Dalchiavon, F. C.; Rodrigues, A. R.; de Lima, E.; Lovera, L. H.; Montanari, R. (2017). Variabilidade espacial de atributos químicos do solo cultivado com soja sob plantio direto. *Revista de Ciências Agroveterinárias* 16, (2), 144-154.

Daverede, I.; Kravchenko, A. Hoeft, R.; Nafziger, E. D.; Bullock, D.; Warren, J.; Gonzini, L. (2003). Phosphorus runoff: Effect of Tillage and Soil Phosphorus Levels. *Journal of Environmental Quality* 32, (4), 14361444.

De Santiago, A.; Recena, R.; Perea-Torres, F.; Moreno, M. T.; Carmona, E.; Delgado, A. (2019). Relação da fertilidade do solo com propriedades bioquímicas sob práticas agrícolas destinadas a controlar a degradação da terra. *Desenvolvimento da Degradação da Terra* 30, (9), 1121-1129.

Dick, R. (1992). A review: long-term effects of agricultural systems on soil biochemical and microbial parameters. *Agriculture, Ecosystems and Environment* 40, (1-4), 25-36.

Duiker, S. W.; Beegle, D. B. (2006). Distribuição da fertilidade do solo em sistemas de longo prazo de plantio direto, cinzel/disco e arado de aiveca/disco. *Soil Tillage Research* 88, (1-2), 30-41.

Fernández, F. G.; Schaefer, D. (2012). Avaliação do fósforo e do potássio do solo após a colocação em tempo real de uma banda de transmissão e de uma banda profunda guiadas por cinemática em plantio direto e em faixa. *Jornal da Sociedade Americana de Ciência do Solo* 76, (3), 1090-1099.

Friedrich, T.; Derpsch, R.; Kassam, A. (2012). Visão geral da disseminação global da agricultura de conservação. Em *Field Actions Science Reports*, Edição Especial 6.

Guan, D.; Al-Kaisi, M. M.; Zhang, Y.; Duan, L.; Tan, W.; Zhang, M.; Li, Z. (2014). As práticas de lavoura afetam a biomassa e o rendimento de grãos por meio da regulação do crescimento da raiz, seiva de sangramento da raiz e absorção de nutrientes no milho de verão. *Field Crops Research* 157, 89-97.

Heathwaite, A. L.; Quinn, P.; Hewett, C. J. (2005). Modelação e gestão de áreas de fonte crítica de poluição difusa de terrenos agrícolas utilizando a simulação de conetividade de fluxo. *Journal of Hydrology* 304, (1-4), 446461.

Hendershot, W. H.; Lalande, H.; Duquette, M. (2008). Reação do solo e acidez permutável. Em *Soil sampling and methods of analysis*, Taylor & Francis, B. R., FL, Ed. Taylor & Francis, Boca Raton, FL; pp 173178.

Holm, F.; Zentner, R.; Thomas, A.; Sapsford, K.; Légère, A.; Gossen, B.; Olfert, O.; Leeson, J. (2006). Respostas agronómicas e económicas a sistemas integrados de gestão de infestantes e fungicidas numa rotação trigo-canola- cevada-feijão. *Canadian Journal of Plant Science* 86, (4), 1281-1295.

Houx III, J.; Wiebold, W.; Fritschi, F. (2011). A lavoura de longo prazo e a rotação de culturas determinam as distribuições de nutrientes minerais de alguns elementos em um Epiaqualf Vertic. *Soil Tillage Research* 112, (1), 27-35.

Kassam, A.; Friedrich, T.; Derpsch, R.; Lahmar, R.; Mrabet, R.; Basch, G.; González-Sánchez, E. J.; Serraj, R. (2012). Agricultura de conservação no clima mediterrânico seco. *Field Crops Research* 132, 7-17.

Kitchen, N.; Westfall, D.; Havlin, J. (1990). Amostragem do solo sob plantio direto com fósforo em faixas. *Soil Science Society of America Journal* 54, (6), 1661-1665.

Kravchenko, A. (2003). Influência da estrutura espacial na exatidão dos métodos de interpolação. *Soil Science Society of America Journal* 67, (5), 1564-1571.

Kravchenko, A.; Bollero, G. A.; Omonode, R.; Bullock, D. (2002). Mapeamento quantitativo das classes de drenagem do solo utilizando dados topográficos e condutividade eléctrica do solo. *Soil Science Society of America Journal* 66, (1), 235-243.

Lafond, G. P.; Walley, F.; May, W.; Holzapfel, C. (2011). Impacto a longo prazo do plantio direto nas propriedades do solo e na produtividade das culturas nas pradarias canadenses. *Soil Tillage Research* 117, 110-123.

Li, H. (2017). Impacto a longo prazo da lavoura no ciclo biogeoquímico do fósforo: análise do ensaio L'Acadie (Quebec, Canadá) e modelação. Tese de doutoramento conjunta em Solos e Ambiente. Université Laval e Université de Bordeaux, Quebec.

Li, N.; Xu, J.; Yin, W.; Chen, Q.; Wang, J.; Shi, Z. (2020). Efeito das paisagens das bacias hidrográficas locais nas concentrações de nitrogênio e fósforo nos corpos d'água das baías dos reservatórios. *Science of the Total Environment* 716, 137132.

Limousin, G.; Tessier, D. (2007). Effects of no-tillage on chemical gradients and topsoil acidification (Efeitos do plantio direto nos gradientes químicos e na acidificação do solo superficial). *Soil Tillage Research 92,* (1-2), 167-174.

Liu, K.; Wiatrak, P. (2012). Resposta da produção de milho à lavoura e aplicação de nitrogênio em ambiente de

terra seca. *Pesquisa de Lavoura do Solo 124,* 138-143.
Mallarino, A. P. (1996). Padrões de variabilidade espacial de fósforo e potássio em solos não arados para duas escalas de amostragem. *Soil Science Society of America Journal* 60, (5), 1473-1481.
Malvezi, K. E. D.; Júnior, L. A. Z.; Guimarães, E. C.; Vieira, S. R.; Pereira, N. (2019). Variabilidade dos atributos químicos do solo sob cultivo e plantio direto em um experimento de longo prazo no sul do Brasil. *Bioscience Journal* 35, (2), 467-476.
MAPAQ. (2020). *Portrait-Diagnostic sectoriel de l'industrie des grains au Québec*. Ministère de ¡'Agriculture de l'Alimentation et des Pêcheries du Québec: Québec, QC, Canadá, p. 45.
McBratney, A.; Webster, R. (1983). Interpolação óptima e mapeamento isarítmico das propriedades do solo: V. Co regionalização e estratégia de amostragem múltipla. *Journal of Soil Science* 34, (1), 137-162.
MDDELCC. (2017). *Guide de référence du Règlement sur les exploitations agricoles.* [1]Ministério do Desenvolvimento Sustentável, do Ambiente e da Luta contra as Alterações Climáticas: Québec, QC, Canadá, p. 185.
Messiga, A. J.; Ziadi, N.; Morel, C.; Grant, C.; Tremblay, G.; Lamarre, G.; Parent, L.-E. (2012). Impacto a longo prazo das práticas de lavoura e fertilização bienal de P e N nos rendimentos de milho e soja e no status de P do solo. *Pesquisa de Culturas de Campo* 133, 10-22.
Messiga, A. J.; Ziadi, N.; Morel, C.; Parent, L.-E. (2010). Disponibilidade de fósforo no solo em plantio direto versus plantio convencional após ciclos de congelamento e descongelamento. *Canadian Journal of Soil Science* 90, (3), 419-428.
Metwally, M. S.; Shaddad, S. M.; Liu, M.; Yao, R.-J.; Abdo, A. I.; Li, P.; Jiao, J.; Chen, X. (2019). Variabilidade espacial das propriedades do solo e delineamento de zonas de manejo específicas do local com base na fertilidade do solo usando agrupamento difuso em um campo montanhoso em Jianyang, Sichuan, China. *Sustentabilidade* 11, (24), 7084.
Nolin, M.; Caillier, M. (1992). Variabilidade do solo. II-Quantificação e amplitude. *Agrosol5,* (1), 21-32.
Nolin, M. C.; Lamontagne, L. (1990). *Étude pédologique du comté de Richelieu (Québec)*. Agriculture Canada, Research Branch, p. 287.
Nolin, M. C.; Simard, R.; Cambouris, A.; Beauchemin, S. (1999). In *Specific Variability of Phosphorus Status and Sorption Characteristics in Clay Soils of the St-Lawrence Lowlands (Quebec)*, Proceedings of the Fourth International Conference on Precision Agriculture, Wiley Online Library: 1999; pp 395-406.
Nze Memiaghe, J. D.; Cambouris, A. N.; Ziadi, N.; Karam, A.; Perron, I. (2021). Variabilidade espacial dos índices de fósforo do solo em dois campos de pastagem contrastantes no leste do Canadá. *Agronomia* 11, (1), 24.
Olson, K. R.; Ebelhar, S. A. (2009). Impactos dos sistemas de lavoura de conservação no rendimento das culturas a longo prazo. *Journal of Agronomy* 8, 14-20.
Pellerin, A.; Parent, L.-É.; Fortin, J.; Tremblay, C.; Khiari, L.; Giroux, M. (2006). Índices ambientais de saturação de fósforo do solo Mehlich-III para solos minerais ácidos a quase neutros do Quebeque, variando em textura e génese. *Canadian Journal of Soil Science* 86, (4), 711-723.
Perron, I.; Cambouris, A. N.; Chokmani, K.; Vargas Gutierrez, M. F.; Zebarth, B. J.; Moreau, G.; Biswas, A.; Adamchuk, V. (2018). Delineando zonas de manejo do solo usando um sistema de deteção de solo proximal em dois campos comerciais de batata em New Brunswick, Canadá. *Jornal Canadense de Ciência do Solo* 98, (4), 724737.
Piegholdt, C.; Geisseler, D.; Koch, H. J.; Ludwig, B. (2013). Efeitos de lavoura a longo prazo na distribuição de frações de fósforo de solos de loess na Alemanha. *Jornal de Nutrição de Plantas e Ciência do Solo* 176, (2), 217-226.
Pittelkow, C. M.; Liang, X.; Linquist, B. A.; Van Groenigen, K. J.; Lee, J.; Lundy, M. E.; Van Gestel, N.; Six, J.; Venterea, R. T.; Van Kessel, C. (2015). Limites de produtividade e potencialidades dos princípios da agricultura de conservação. *Nature Climate Change* 517, (7534), 365-368.
Pohlmann, H. (1993). Modelação geoestatística de dados ambientais. *Catena* 20, (1-2), 191-198.
Puustinen, M.; Koskiaho, J.; Peltonen, K. (2005). Influência dos métodos de cultivo nos sólidos suspensos e nas concentrações de fósforo no escoamento superficial em campos argilosos inclinados em clima boreal.

Agriculture, Ecosystems and Environment 105, (4), 565-579.
Reeves, J. L.; Liebig, M. A. (2016). A profundidade importa: pH do solo e efeitos de diluição no norte das Grandes Planícies. *Jornal da Sociedade de Ciência do Solo da América* 80, (5), 1424-1427.
Roberts, W. M.; Gonzalez-Jimenez, J. L.; Doody, D. G.; Jordan, P.; Daly, K. J. (2017). Avaliando o risco de transferência de fósforo para rios de alto status ecológico: Integração da gestão de nutrientes com as condições geoquímicas e hidrológicas do solo. *Science of the Total Environment* 589, 25-35.
Robertson, G. (2008). *GS: Geostatistics for the Environmental Sciences*. Gamma Design Software, Plainwell, MI.
Rodrigues, M.; Pavinato, P. S.; Withers, P. J. A.; Teles, A. P. B.; Herrera, W. F. B. (2016). Fósforo legado e agricultura sem preparo do solo em oxissolos tropicais do cerrado brasileiro. *Science of the Total Environment* 542, 1050-1061.
Salekin, S.; Bloomberg, M.; Morgenroth, J.; Meason, D. F.; Mason, E. G. (2021). Drivers dentro do local para a variabilidade de nutrientes do solo em florestas de plantação: um estudo de caso da Nova Zelândia subúmida seca. *Catena* 200, 105149.
Instituto SAS. (2010). *Guia do utilizador do SAS. Statistics. Versão 9.3;* SAS Institute: Cary, NC, EUA.
Selles, F.; McConkey, B.; Campbell, C. (1999). Distribuição e formas de P sob cultivador e plantio direto para sistemas de cultivo de trigo contínuo e em pousio nas pradarias semi-áridas canadenses. *Soil Tillage Research* 51, (1-2), 47-59.
Soane, B. D.; Ball, B. C.; Arvidsson, J.; Basch, G.; Moreno, F.; Roger-Estrade, J. (2012). Plantio direto no norte, oeste e sudoeste da Europa: uma revisão dos problemas e oportunidades para a produção agrícola e o meio ambiente. *Soil Tillage Research* 118, 66-87.
Sörensen, R.; Zinko, U.; Seibert, J. (2006). Sobre o cálculo do índice de humidade topográfico: avaliação de diferentes métodos baseados em observações de campo. *Hydrology and Earth System Sciences* 10, (1), 101112.
Statistics Canada (2016). *Dados sobre explorações agrícolas e operadores agrícolas*; Statistics Canada: Ottawa, ON, Canadá.
Statistics Canada (2016). *Quadro 32-10-0408-01: Práticas de lavoura e sementeira, Censo da Agricultura, 2011 e 2016*; Statistics Canada: Ottawa, ON, Canadá.
Sun, W.-X.; Huang, B.; Qu, M.-K.; Tian, K.; Yao, L.-P.; Fu, M.-M.; Yin, L.-P. (2015). Efeito das práticas agrícolas na variabilidade do estado do fósforo em solos geridos intensivamente. *Pedosphere 25*, (3), 438-449.
Tarkalson, D. D.; Hergert, G. W.; Cassman, K. G. (2006). Efeitos a longo prazo da lavoura nas propriedades químicas do solo e no rendimento de grãos de uma rotação de trigo-sorgo/cereais de inverno em terras secas nas Grandes Planícies. *Agronomy Journal* 8:26-33.
Tunney, H. (1990). A note on a balance sheet approach to estimating the phosphorus fertiliser needs of agriculture. *Irish Journal of Agricultural Research*: 149-154.
Tyler, D.; Howard, D. (1991). Padrões de amostragem do solo para avaliar técnicas de fertilização de plantio direto. *Journal of fertilizer issues* 8: 52-56.
Vasu, D.; Singh, S.; Sahu, N.; Tiwary, P.; Chandran, P.; Duraisami, V.; Ramamurthy, V.; Lalitha, M.; Kalaiselvi, B. (2017). Avaliação da variabilidade espacial das propriedades do solo usando técnicas geoespaciais para gerenciamento de nutrientes no nível da fazenda. *Soil Tillage Research* 169, 25-34.
Vieira, S.; Hatfield, J.; Nielsen, D.; Biggar, J. (1983). Teoria geoestatística e aplicação à variabilidade de algumas propriedades agronómicas. *Hilgardia* 51, (3), 1-75.
Wang, C.; Nolin, M.; Wu, J. (1995). Em *Microrelief and spatial variability of some selected soil properties on an agricultural benchmark site in Quebec, Canada*, Site-specific management for agricultural systems, Wiley Online Library; pp 339-350.
Webster, R.; Oliver, M. A. (1990). *Statistical methods in soil and land resource survey*. Oxford University Press (OUP).
Whelan, B.; McBratney, A. (2000). A "hipótese nula" da gestão da agricultura de precisão. *Precision Agriculture* 2, (3), 265-279.
Ziadi, N.; Tran, T. (2008). Mehlich 3-Extractable Elements. Em *Soil Sampling and Methods of Analysis*, R. Carter E. G. Gregorich ed; Taylor & Francis: Boca Raton, FL, pp 81-88.

3.11. Quadros e figuras

Tabela 3-1. Temperatura média do ar e precipitação durante a estação de crescimento (maio-novembro) em 2014 e normal de 30 anos (1981-2010) com base na estação meteorológica de Ste Madeleine (45°37' N, 73°08' W), região de Montérégie.

	Precipitação (mm)		Temperatura do ar °(C)	
	2014	Normal a 30 anos	2014	Normal a 30 anos
maio	95.8	85.6	14.2	13.4
junho	176.4	97.1	19.3	18.6
julho	69.8	102.5	21.1	20.6
agosto	61.8	98.7	19.3	19.5
setembro	45.2	87.2	14.7	15.1
outubro	119.6	103.8	10.1	8.2
novembro	59.3	101.2	5.3	4.0
Total	627.9	676.1	-	-
Média	-	-	14.9	13.9

Tabela 3-2. Parâmetros geoestatísticos das propriedades químicas do solo para duas camadas de solo (0-5 cm e 5-20 cm) dos campos CT e NT.

0-5 cm					5-20 cm			
	Modelo[1]	Rácio de soleira[2] (%)	[3] Alcance (m)	[2]R CV[4]	Modelo	Rácio de soleira (%)	Alcance (m)	[2]
Lavoura convencional								
pH_{H2O}	Sph	33	58	0.11	Linho	28	183	0.18
TC	PN	-	-	-	PN	-	-	-
P_{M3}	Sph	36	50	0.15	Sph	33	51	0.17
Al_{M3}	Sph	85	180	0.69	Sph	52	55	0.33
Fe_{M3}	Sph	39	60	0.12	Sph	29	48	0.01
Ca_{M3}	PN	-	-	-	PN	-	-	-
$(P/Al)_{M3}$	Sph	23	70	0.15	Sph	31	46	0.15
Sem ferramentas								
pH_{H2O}	Sph	86	57	0.29	Sph	99	57	0.30
TC	Sph	45	61	0.07	Exp	92	86	0.09
P_{M3}	Sph	43	55	0.06	Sph	33	77	0.16
Al_{M3}	Sph	52	64	0.27	Sph	52	77	0.24
Fe_{M3}	Sph	71	69	0.30	Sph	99	55	0.36
Ca_{M3}	Sph	99	77	0.26	Sph	45	90	0.17
$(P/Al)_{M3}$	Sph	46	60	0.08	Sph	45	66	0.17

Tabela 3-3. Coeficientes de correlação de Spearman dos índices de fósforo disponível no solo (P_{M3}) e $(P/Al)_{M3}$ em relação às propriedades químicas e topográficas do solo para duas camadas de solo (0-5 cm e 5-20 cm) nos campos CT e NT.

	0-5 cm		5-20 cm	$(P/Al)_{M3}$
	P_{M3}	$(P/Al)_{M3}$	P_{M3}	
Lavoura convencional				

[1] Modelo de semivariograma: Exp: exponencial, Lin: linear, PN: pepita pura, Sph: esférico

[2] Rácio Sill (%) = [C/(co+c)] x100; este rácio mede a dependência ou estrutura espacial de acordo com Whelan e McBratney (2000)

[3] Distância a que uma semivariância se torna constante

[4] Coeficiente de determinação da validação cruzada

Solo $_{pHH2o}$	0.06	ns	0.11	ns	0.11	ns	0.13	ns
TC	0.65	***	0.62	***	0.71	***	0.69	***
AlM3	-0.09	ns	na		-0.12	ns	na	
FeM3	0.52	***	0.43	***	0.53	***	0.49	***
CaM3	0.41	***	0.40	***	0.28	***	0.28	***
Elevação	0.09	ns	0.1	ns	na		na	
Índice topográfico de humidade	-0.03	ns	-0.1	ns	na		na	
Sem ferramentas								
Solo $_{pHH2O}$	0.23	**	0.26	**	0.00	ns	0.00	ns
TC	0.35	***	0.32	***	0.36	***	0.33	***
AlM3	-0.04	ns	na		-0.03	ns	na	
FeM3	0.15	ns	0.13	ns	0.33	***	0.33	***
CaM3	0.26	**	0.30	***	0.13	ns	0.14	ns
Elevação	-0.07	ns	-0.12	ns	na		na	
Índice topográfico de humidade	-0.13	ns	-0.16	ns	na		na	

A significância da correlação indicada por *, **, *** e ns é equivalente a um *valor p* < 0,05, *p* < 0,01, *p* < 0,001 e não significativo, respetivamente; na: não disponível

Tabela 3-4. Equações de regressão múltipla calculadas para os índices de P do solo para duas camadas de solo (0-5 cm e 5-20 cm) nos campos CT e NT.

Equações de regressão	Propriedades químicas do solo selecionadas pela regressão espacial					R^2
Lavoura convencional		TC[1]	FeM3[2]	AlM3[3]	CaM3[4]	
PM3(0-5 cm) =	1.62	+0,805 TC	+0.01013 FeM3	-0,0035 AlM3	+0,0005 CaM3	0.720***
		$p < 0.0001$	$p < 0.0001$	$p < 0.0001$	$p < 0.0001$	
PM3(5-20 cm)=	1.62	+1,378 TC	+0,0085 FeM3	-0,0032 AlM3	+0,0003 CaM3	0.678***
		$p < 0.0001$	$p < 0.0001$	$p < 0.0001$	$p < 0.0001$	
(P/Al)M3(0-5 cm)=	-3.46	+1,042 TC	+0,0053 FeM3		+0,0005 CaM3	0.453***
		$p < 0.0001$	$p < 0.0001$		$p < 0.0001$	
(P/Al)M3(5-20 cm)=	-3.46	+1,408 TC	+0,0051 FeM3		+0,0002 CaM3	0.526***
		$p < 0.0001$	$p < 0.0001$		$p < 0.0001$	
Sem ferramentas						
PM3(0-5 cm) =	1.84		+0,005 FeM3		+0,0004 CaM3	0.285***
PM3(5-20 cm)=	1.84		$p < 0,0001$ +0,004 FeM3		$p < 0,0001$ +0,0004 CaM3	0.375***
(P/Al)M3(0-5 cm)=	-0.28		$p < 0,0001$ +0,0041 FeM3		$p < 0,0001$ +0,0004 CaM3	0.319***
(P/Al)M3(5-20 cm)=	-0.28		$p < 0,0001$ +0,0031 FeM3		$p < 0,0001$ +0,0004 CaM3	0.392***
			$p < 0.0001$		$p < 0.0001$	

A significância da regressão indicada por *, ** e *** é equivalente ao *valor p* < 0,05, *p* < 0,01 e *p* < 0,001, respetivamente

[1]TC: O carbono total foi analisado com um analisador Elementar Vario MAX CN

[2] FeM3: Ferro extraído com solução de Mehlich-3

[3]AlM3: Alumínio extraído com solução de Mehlich-3

[4] CaM3: Cálcio extraído com solução de Mehlich-3

Tabela 3-5. Recomendações precisas de fertilizante P (kg P2O5) calculadas para uma rotação milho-soja com base no valor krigado (P/A1)M3 de cada área específica (A) em comparação com o valor médio (P/A1)M3 de duas camadas de solo (0-5 cm e 5-20 cm) nos campos CT e NT.

Milho	[5]Ai (ha)	[6]Taxa (kg P Os ha^)	[7 8 9]Qi (AixRi)	A (ha)	Taxa2 (kg P Os ha^)	Q (A2χR2)	A (ha)	Taxa (kg P Osha')	Q (A χR)	Total P Os P Os baseado Q1+Q2+Q3 (kg P2O)	no valor médio (P/A1)M3 (kg P2O)
Lavoura convencional											
(0-5 cm)	6.1	80	488	4.7	60	282	-	-	-	770	648
(5-20 cm)	8.8	80	704	2	60	120	-	-	-	824	864
Sem ferramentas											
(0-5 cm)	8.8	40	352	0.7	20	14				366	380
(5-20 cm)	2.6	60	156	6.9	40	276				432	380

Soja	Ai L⅛L	Taxa (kg P Os ha')	Q1 (AixRi)	A (ha)	Taxa (kg P Os ha')	Q (A xR)	A (ha)	Taxa (kg P Osha')	Q (A xR)	Total de ossos P Q1+Q+Q3 (kg P Os)	P À base de ossos em (P/A1)M valor médio (kg P Osso)
Lavoura convencional											
(0-5 cm)	6.1	60	366	4.7	20	94	460				216
(5-20 cm)	8.8	60	528	2	20	40	568				648
Sem ferramentas											
(0-5 cm)	3	0	0	6.5	0	0		--		-0	0
(5-20 cm)	2.6	20	52	6	0	0	0.9	0		052	0

[5] A: área específica (ha) de cada zona de gestão específica medida utilizando o ArcGIS

[6][1] T axa: recomendação específica de P (kg P2O5 ha^) correspondente a cada valor krigado de (P/AI)M3 da área específica

[7] Q=A X R: este valor representa a recomendação exacta do P total (kg P2O5) aplicado em cada área delimitada (A), com base em cada valor krigado de (P/AI)M3

[8]Recomendação total de fertilizante P (kg P2O5) ou soma de (Q1+Q2+Q3) aplicada em todas as áreas específicas Ai, A2 e A3

[9] Recomendação local de fertilizante P (kg P2O5) a partir do valor médio de (P/AI)M3 tradicionalmente aplicado no campo de acordo com o Guide de Référence en Fertilisation du Québec (CRAAQ, 2010)

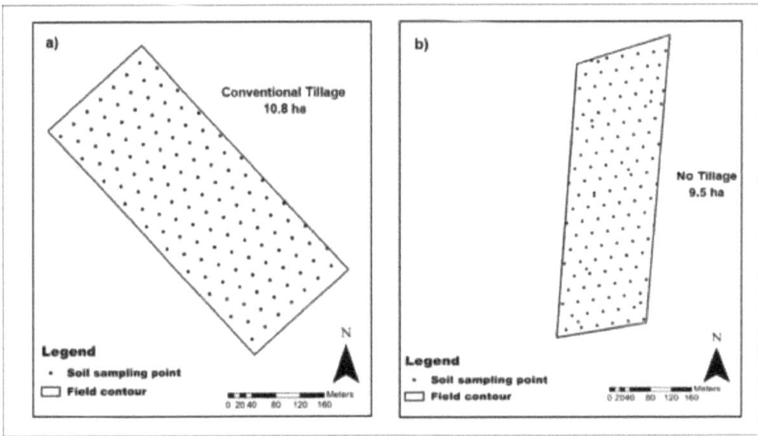

Figura 3-1. Localização e estratégias de amostragem de (a) campos de lavoura convencional e (b) campos de plantio direto.

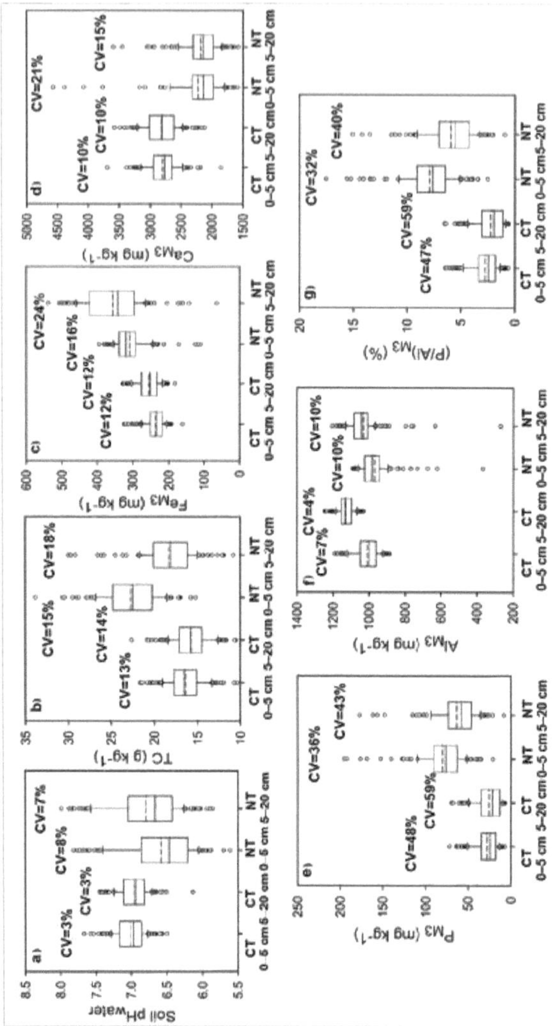

Figura 3-2. Estatística descritiva do pH_{H2O} do solo (a), TC (b), Fe_{M3} (c), Ca_{M3} (d), P_{M3} (e), Al_{M3} (f), e $(P/Al)_{M3}$ (g) para duas camadas de solo (0-5 cm e 5-20 cm) nos campos de plantio direto e convencional.

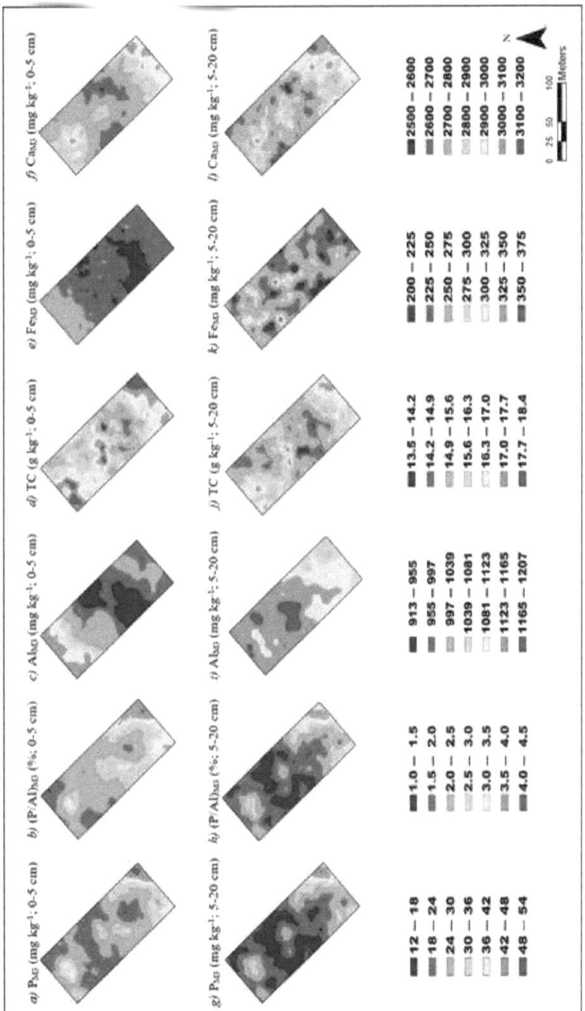

Figura 3-3. Mapas de distribuição espacial de P_{M3} (a, g), $(P/Al)_{M3}$ (b, h), Al_{M3} (c, i), TC (d, j), Fe_{M3} (e, k) e Ca_{M3} (f, l) para as camadas de solo de 0-5 cm e 5-20 cm, respetivamente, no campo de cultivo convencional.

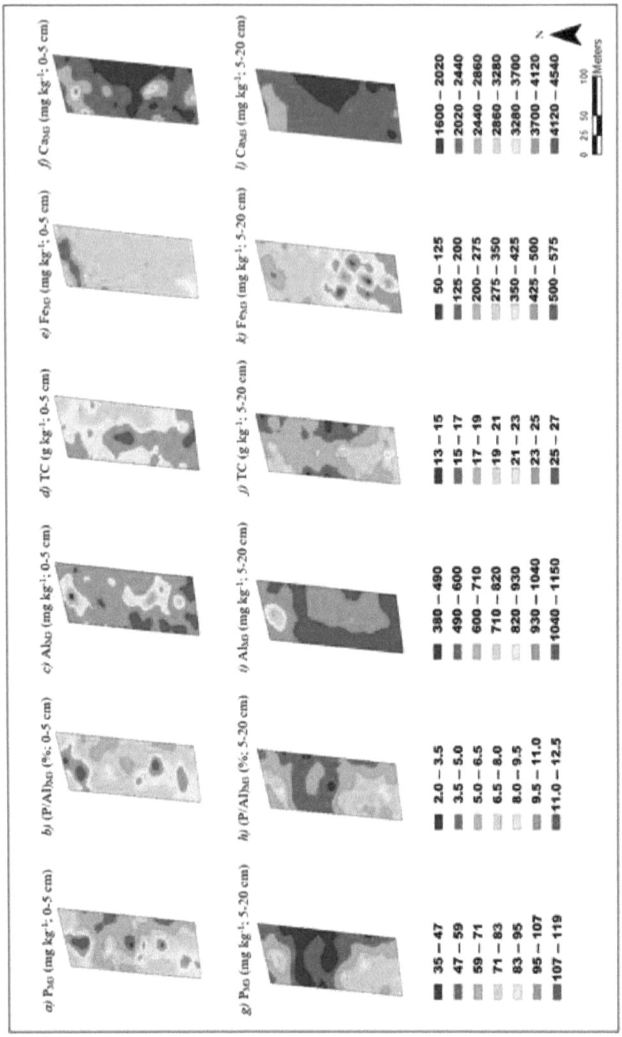

Figura 3-4. Mapas de distribuição espacial de P_{M3} (a, g), $(P/Al)_{M3}$ (b, h), Al_{M3} (c, i), TC (d, j), Fe_{M3} (e, k), e Ca_{M3} (f, l) para as camadas de solo de 0-5 cm e 5-20 cm, respetivamente, no campo de plantio direto.

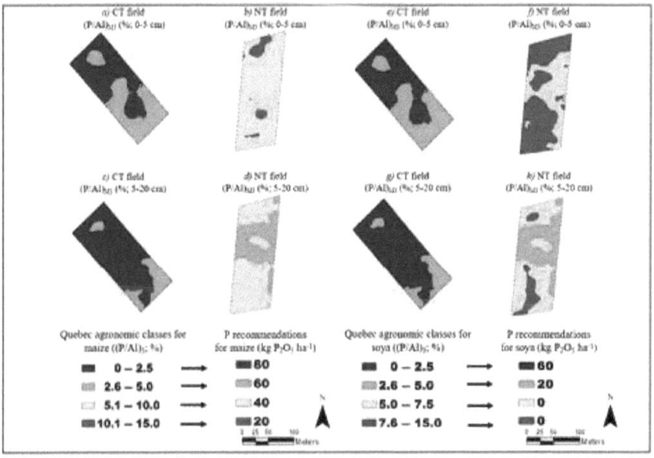

Figura 3-5. Classes agronómicas do Quebeque $(P/Al)_{M3}$ e as correspondentes recomendações precisas de P (kg $^{-}P2O5$ ha 1) para o milho e a soja nos campos de plantio convencional e de plantio direto

Capítulo 4

Estratégias de Delineação da Zona de Gestão para Recomendações de Fósforo do Solo num Campo de Plantio Direto no Leste do Canadá

[1,21]†††[11]J.D. Nze Memiaghe , A.N. Cambouris , M. Duchemin , N. Ziadi e A. Karam[2]

[1] Agriculture and Agri-Food Canada, Quebec Research and Development Centre, 2560 Hochelaga Boulevard, Quebec City, QC G1V 2J3, Canadá. jeff-nze.memiaghe@agr.gc.ca; athyna.cambouris@.agr.gc.ca; marc.duchemin2@agr.gc.ca; noura.ziadi@agr.gc.ca

[2]Soils and Agri-Food Engineering Department, Lavai University, 2425 rue de l'Agriculture, Quebec City, QC G1V 0A6, Canadá; jdnzm@ulaval.ca; antoine.karam@fsaa.ulaval.ca

Este artigo foi submetido ao Canadian Journal of Soil Science.

4.1. Ideias centrais

- Apesar de uma baixa pedodiversidade, a variabilidade do P do solo foi moderada (32-36%) num grande campo não lavrado, o que significa que as recomendações de fertilizantes P não podem ser adaptadas uniformemente.
- Uma correlação relativa significativa entre ECa30 e P do solo foi observada no campo de plantio direto, gerando três estratégias de delineamento de zonas de manejo (MZs).

4.2. Resumo

A variabilidade espacial do fósforo (P) do solo sob sementeira direta (SD) deve ser considerada para desenvolver programas de fertilização de P que evitem perdas e estratificação de P. Existe pouca informação sobre o controlo da variabilidade espacial do P do campo utilizando zonas de gestão (ZAs), particularmente em solos sob SD. O objetivo deste estudo foi delinear as ZAs de um campo sob DS (9,5 ha) durante 20 anos, cultivado numa rotação milho-soja, explorando a relação condutividade eléctrica aparente do solo (ECa)-P, a fim de reduzir a variabilidade espacial do P do solo para recomendações específicas de fertilizantes P no leste do Canadá. Para resolver isso, uma grade de amostragem intensiva de 35 m por 35 m (total: 134 amostras de solo) foi realizada no outono de 2014. O P extraível por Mehlich-3 (M3) e o alumínio (Al) foram determinados na camada superior do solo (0-5 cm). O indicador $(P/Al)_{M3}$ foi então calculado. Os dados de CEa foram medidos a duas profundidades (0-30; 0-100 cm) utilizando o sistema Veris. As ZAs foram delineadas utilizando $(P/A1)_{M3}$ ou CEa isoladamente ou em combinação. O teor médio de $(P/Al)_{M3}$ foi de 7,9%. A variabilidade de P no solo foi moderada (32-36%), indicando que recomendações uniformes de fertilizantes não podem ser adaptadas a este campo de grande área sob SD. $^{-1}$Os valores médios de CE_{a30} e CE_{a100} foram de 15,8 e 32,6 mS m , respetivamente. Foi observada uma correlação significativa da CE_{a30}-P do solo (0,22-0,23). A delimitação em duas ou três ZAs usando medidas de $(P/Al)_{M3}$ representou a melhor estratégia agronómica, gerando as maiores reduções de P (40-74 kg P_2O_5). Este estudo destacou a importância de uma estratégia para reduzir a variabilidade espacial do P do solo, delineando ZAs, enquanto reduz as perdas de P do campo.

Palavras-chave: condutividade eléctrica do solo, método ISODATA, Veris, variabilidade espacial, redução da variância, agricultura de precisão.

4.3. Resumo

A variabilidade espacial do fósforo do solo (P) sob gestão de plantio direto (NT) deve ser levada em conta para desenvolver programas de fertilização de P, evitando perdas e estratificação de P. Pouco se sabe sobre o controlo da variabilidade espacial do P à escala do campo utilizando zonas de gestão (ZM), particularmente em solos não arados. O objetivo geral deste estudo foi delinear MZs numa rotação milho-soja numa área de cultivo

††† Há um potencial para reduzir a variabilidade espacial do P do solo, delineando MZs, para recomendações sustentáveis de P2O5 sob um campo sem lavoura.

(9,5 ha) sob NT durante 20 anos, explorando a relação condutividade eléctrica aparente do solo (ECa)-P para reduzir a variabilidade espacial do P do solo para recomendações específicas de fertilizantes P no leste do Canadá. Para o efeito, foi implementada uma amostragem intensiva em grelha de 35 m por 35 m (total: 134 amostras de solo) no outono de 2014. O P extraível Mehlich-3 e o alumínio (Al) foram determinados no perfil superior do solo (0-5 cm). O índice $(P/Al)_{M3}$ foi então calculado. Os dados de ECa foram medidos em duas profundidades (0-30 cm e 0-100 cm; ECa_{30} e ECa_{100}) usando um sistema Veris. Os MZs foram delineados usando $(P/Al)_{M3}$ ou o ECa sozinho ou em combinação. O valor médio de $(P/A1)_{M3}$ foi de 7,9%. A variabilidade do P do solo foi moderada (32% a 36%), indicando que a recomendação uniforme de fertilizantes P não é adaptada a este grande campo NT. $^{-1}$Os valores médios de ECa_{30} e ECa_{100} foram 15,8 e 32,6 mS m, respetivamente. Foi observada uma correlação significativa entre ECa_{30} e P do solo (0,22-0,23). Delinear dois a três MZs usando medições $(P/Al)_{M3}$ representou a melhor estratégia agronômica, gerando as maiores reduções de P (40-74 kg P_2O_5). Este estudo destacou um potencial para reduzir a variabilidade espacial do P do solo, delineando MZs, enquanto reduz as perdas de P dos campos de cultivo ...
Palavras-chave: condutividade eléctrica do solo, método ISODATA, Veris, variabilidade espacial, redução da variância, agricultura de precisão.

4.4. Introdução

O milho (*Zea mays* L.) e a soja (*Glycine max* L.) representam a associação dominante de leguminosas e cereais na América do Norte, correspondendo a 75% da terra cultivada e 90% da produção agrícola no leste do Canadá (MAPAQ 2020). Devido aos seus elevados valores económicos, estas culturas são cultivadas utilizando práticas de lavoura de conservação, como o plantio direto (NT), para promover sistemas agrícolas sustentáveis (Kassam et al. 2012; Soane et al. 2012). No entanto, foram verificados muitos problemas agro-ambientais relativamente à prática agronómica do NT no que diz respeito à estratificação do P (Abdi et al. 2014; Messiga et al. 2010), ao transporte e escoamento para as águas superficiais (Puustinen et al. 2005) e à eutrofização do P nos rios (Patoine et al. 2017). Outro grande obstáculo são os custos dispendiosos relacionados com a amostragem tradicional e intensiva do solo, associados às análises laboratoriais necessárias para o mapeamento preciso das propriedades desejadas do solo (Bongiovanni e Lowenberg-DeBoer 1999; Bullock e Bullock 2000; Peralta e Costa 2013), como o P do solo (Lawrence et al. 2020), com o objetivo de implementar uma gestão específica do P no local, particularmente em solos não arados. Autores anteriores (Borges e Mallarino 1998; Mallarino 1996) relataram grandes problemas para a amostragem do solo, que foram especialmente agravados em campos não arados, causados pela alta variabilidade espacial do P do solo. Assim, assumimos que é importante melhorar o nosso conhecimento da variabilidade espacial do P do solo sob gestão NT para desenvolver programas de fertilização de P mais racionais e económicos que irão aumentar os rendimentos e reduzir as perdas de P para o ambiente. Ao ignorar as variações espaciais na fertilidade do P do solo, as aplicações de fertilizantes de P podem resultar em excesso de fertilização de P em áreas de baixo rendimento e sub fertilização de P em áreas de alto rendimento (Schumann et al. 2003).

A delimitação de zonas de gestão (ZM) é a abordagem mais geral utilizada para gerir a variabilidade espacial dentro do campo (Ferguson et al. 2003). A abordagem MZ delineia unidades homogéneas mais pequenas nas quais pode ser utilizada uma gestão uniforme e aplica uma gestão variável entre as diferentes unidades (Zebarth et al. 2012). As ZM são sub-regiões com caraterísticas semelhantes que afectam o rendimento ou com a mesma produtividade (Khosla e Shaver 2001; Metwally et al. 2019). O desenvolvimento de MZs divide um grande campo em subcampos com propriedades semelhantes, onde uma taxa uniforme de fertilização pode ser implementada (Ferguson et al. 2003). Assim, a delimitação de MZs tem um grande potencial para controlar a variabilidade do solo e das culturas (Ameer et al. 2022), alcançando uma gestão de nutrientes específica do local (Li et al. 2008). A delimitação de ZM representa uma excelente alternativa para a amostragem do solo em grelha e é uma ferramenta para a avaliação dos rendimentos agronómicos em relação às propriedades físico-químicas do solo para um melhor estudo de modelização das culturas (Armstrong et al. 2009; Li et al. 2007; Rab et al. 2009). Assim, o uso de MZs representa uma abordagem popular e promissora na agricultura de precisão (Ameer et al. 2022; Cambouris et al. 2014). Esta estratégia agronómica pode representar uma solução destinada a captar ou reduzir a variabilidade espacial do P do solo, reduzindo simultaneamente os custos de amostragem para os pequenos agricultores.

Além disso, é necessário delinear eficazmente as ZM específicas do local (Yao et al. 2014) utilizando propriedades auxiliares (Cambouris et al. 2006). As propriedades auxiliares mais utilizadas no mapeamento espacial das propriedades do solo são a condutividade eléctrica aparente (Perron et al. 2018), dados de deteção remota extraídos de imagens de satélite ou aéreas (Sullivan et al. 2005), medições geofísicas como o levantamento elétrico do solo (Adamchuk et al. 2015; Corwin e Lesch 2003) e parâmetros extraídos de dados de elevação do modelo (Odeh et al. 1995). No entanto, estas propriedades auxiliares devem apresentar uma forte estrutura espacial, bem como uma elevada correlação ($r > 0,5$) com a principal propriedade do solo a cartografar (Doerge 1999; Heiniger et al. 2003), a fim de serem úteis para a cartografia digital das propriedades do solo.

A medição da condutividade eléctrica aparente (CEa) a partir da resistividade eléctrica e da indução electromagnética representa a melhor tecnologia moderna para delinear as ZM no terreno (Ameer et al. 2022). De facto, este método é caracterizado pela sua elevada densidade de medição, a sua precisão e a sua velocidade de medição. Além disso, o ECa também pode ser medido de uma forma simples e económica. Assim, a CEa está entre as propriedades espaciais do solo mais úteis e fáceis de obter (Corwin e Lesch 2003). Além disso, a CEa pode ser utilizada como uma propriedade auxiliar para uma melhor caraterização da variabilidade espacial das propriedades do solo no interior do campo (Cambouris et al. 2006). Com efeito, os mapas de CEa são ferramentas importantes para a distribuição de áreas homogéneas devido à sua forte correlação com várias propriedades físico-químicas do solo, como a textura (Williams e Hoey 1987), o teor de água (Kitchen et al. 2005), a salinidade (Heilig et al. 2011), a capacidade de troca catiónica (Saifuzzaman et al. 2021) e o teor de matéria orgânica (Becker et al. 2022). Assim, os dados temporalmente estáveis de CEa, que estão altamente relacionados com as propriedades inerentes do solo, são atualmente a ferramenta auxiliar mais eficaz para definir e delinear MZ dentro do campo (Fraisse et al. 2001), se as relações específicas com as concentrações das propriedades químicas do solo desejadas puderem ser mapeadas com um erro mínimo (Omonode e Vym 2006). Para este efeito, Omonode e Vyn (2006) referiram relações entre a CEa e os nutrientes do solo, como o P, que podem ajudar a delinear com êxito as ZM para uma gestão do P específica do local. Assim, as medições da CEa também podem constituir uma ferramenta útil na avaliação da fertilidade do solo em termos de P para a agricultura específica do local, uma vez que têm o potencial de identificar áreas nos campos onde os tipos de solo, os níveis de nutrientes e a produtividade diferem (Omonode e Vyn 2006). Além disso, o rendimento das culturas representa outra propriedade auxiliar importante na agricultura de precisão. O mapeamento do rendimento é uma ferramenta simples e barata para monitorizar o rendimento das culturas em resoluções espaciais finas (Rodrigues e Corá 2015). Assim, o mapeamento do rendimento pode ser usado pelos agricultores para identificar áreas com baixo desempenho onde pode haver problemas de fertilidade do P do solo (Higgins et al. 2019).

O índice $(P/Al)_{M3}$ representa um importante indicador agroambiental desenvolvido no Canadá Oriental (Khiari et al. 2000; Pellerin et al. 2006). Este índice visa estimar a saturação de P do solo para permitir recomendações precisas de fertilizantes P, integrando simultaneamente aspectos agronómicos e riscos ambientais. No Canadá Oriental, foram desenvolvidas recomendações locais de P para aplicações agronómicas uniformes de P com base no índice $(P/Al)_{M3}$ (CRAAQ 2010), independentemente do tamanho do campo, da variabilidade do P no solo ou do potencial de produtividade das culturas. Por outro lado, Bolinder et al (2000) referiram que o teor de P no solo representa uma grande preocupação ambiental. Para o efeito, o índice agroambiental do solo $(P/Al)_{M3}$ poderia ser gerido especificamente em cada MZ da província do Quebeque.

Muitos estudos foram realizados sobre o uso de medições de ECa para delinear MZs para caraterizar a variabilidade espacial das propriedades do solo (Ameer et al. 2022; Peralta e Costa 2013; Perron et al. 2018), como o N do solo (Argento et al. 2021; Khosla et al. 2002) na agricultura de precisão. No entanto, até o momento, não houve estudos realizados sobre o delineamento de MZs usando a relação ECa-P para caraterizar a variabilidade espacial do índice agroambiental do solo $(P / Al)_{M3}$ para reduzir a amostragem do solo e a variabilidade espacial do solo P para otimizar futuras recomendações de P em sistemas NT no leste do Canadá. Assim, a nossa hipótese é que a relação CEa-P pode ser usada para caraterizar a variabilidade espacial do índice agroambiental do solo $(P/Al)_{M3}$. A medição da CEa seria essencial neste estudo à escala do campo, porque esta metodologia pode melhorar a caraterização dos padrões espaciais do índice agroambiental do solo

$(P/Al)_{M3}$, que por sua vez pode ser utilizado para definir as ZM. Por conseguinte, a delimitação de ZM homogéneas baseadas no $(P/Al)_{M3}$ em relação com as medições de ECa ajudaria a aplicar mais eficazmente os fertilizantes P com base numa gestão específica do P no solo no Canadá Oriental.

Assim, este estudo teve como objetivo delinear MZs usando a relação ECa-P para reduzir a amostragem do solo e a variabilidade espacial do índice agroambiental do solo $(P/Al)_{M3}$, a fim de desenvolver recomendações precisas de P sob o sistema NT no leste do Canadá. Os objectivos específicos foram os seguintes (1) investigar a variabilidade espacial e a estrutura das propriedades químicas do solo, tais como os índices de P (P_{M3}, $[P/Al]_{M3}$) e outras propriedades auxiliares selecionadas (ECa_{30}, ECa_{100}, elevação, rendimentos) utilizando ferramentas estatísticas e geoestatísticas; (2) estudar as relações espaciais entre o índice agroambiental $(P/Al)_{M3}$ e outras propriedades químicas e auxiliares do solo selecionadas, incluindo ECa, com base em correlações de Pearson e equações de regressão múltipla; (3) determinar o número ótimo de MZs utilizando o método de diminuição da variância com base em combinações geradas a partir da relação entre as medições da CEa e do índice agroambiental $(P/Al)_{M3}$; e (4) validar os MZs de modo a otimizar as recomendações de fertilizantes P.

4.5. Material e métodos

4.5.1. Sítio experimental

O estudo foi efectuado na região de Montérégie (Quebeque, Canadá). Esta região está localizada na região fisiográfica das planícies de São Lourenço, que se caracteriza por formas de relevo muito planas (0% a 5%) (Wang et al. 1995). Um campo comercial sob prática de TN estabelecido em 1994 estava localizado em La Présentation (45°36'N; 73°02'W; 9,5 ha) e referido como campo de TN (Fig. 4-1 *a*). A textura do solo era franco-argilosa, classificada no grupo de textura fina (solo com teor de argila > 30%). A série de solos representada no campo era Kierkoski (Nolin e Lamontagne 1990) e correspondia a um Gleissolo Húmico Órtico (SISCAN 1998). O campo era mal drenado. A temperatura média anual e a precipitação total anual foram de 5,9°C e 984 mm, respetivamente (Tabela 4-1).

O campo foi gerido sob rotação milho-soja. O milho foi plantado com um espaçamento de 0,75 m entre linhas no início de maio durante as épocas de cultivo de 2012, 2014 e 2016. A soja foi plantada com um espaçamento de 0,3 m entre linhas no início de maio durante as épocas de cultivo de 2013 e 2015. Ambas as culturas foram colhidas no final de outubro. As práticas de gestão das culturas e de fertilização basearam-se nas recomendações locais da província do Quebeque (CRAAQ 2010). As fontes de fertilizantes NPK foram as seguintes: Fertilizante N fornecido a partir de nitrato de amónio (34-00); Fertilizante P fornecido a partir de superfosfato triplo (0-46-0); e Fertilizante K fornecido a partir de muriato de potássio (00-60). Os fertilizantes NPK foram aplicados em banda aquando da sementeira. O azoto foi aplicado duas vezes por fracionamento (na fase de sementeira e durante a fase de 6-8 folhas), enquanto o P e o K foram ambos aplicados na fase de sementeira, seguindo as recomendações locais. Para cada cultura, as taxas de aplicação foram aplicadas com base na análise química prévia do solo e seguindo as recomendações da província do Quebeque (CRAAQ 2010).

4.5.2. Amostragem do solo e análises físico-químicas

$^{-1}$Foi efectuada uma amostragem intensiva do solo em novembro de 2014, utilizando um desenho de grelha com um intervalo de amostragem de 35 m × 35 m (densidade de amostragem do solo: 14 amostras ha), fornecendo 134 pontos de amostragem georreferenciados (Fig. *4-1a*). Os pontos de amostragem georreferenciados e o limite do campo foram marcados com um recetor portátil de sistema de posicionamento global diferencial (DGPS) (Thales Navigation, Santa Clara, CA, EUA). Foi recolhida uma amostra composta de solo de quatro núcleos num raio de 1 m à volta de cada ponto de amostragem, a uma profundidade de 0-5 cm do solo, utilizando um trado holandês de 5 cm de diâmetro. Isto baseou-se em sugestões de estudos anteriores (Cade-Menun et al. 2010; Cambouris et al. 2017) sobre solos estratificados com P em campos NT, para recomendações sustentáveis de P. As amostras de solo foram secas ao ar, moídas e peneiradas através de uma peneira de 2 mm para caraterização.

O pH do solo (rácio solo/água de 1:1) foi medido de acordo com Hendershot et al. (2008). $^{-1}$Os solos foram extraídos com um rácio de solução do solo de 1:10, utilizando a solução Mehlich-3 (M3) (Ziadi e Tran 2008), e as concentrações (mg kg) de P_{M3}, ferro (Fe_{M3}), cálcio (Ca_{M3}) e alumínio (Al_{M3}) no extrato foram determinadas por espetroscopia de emissão ótica com plasma indutivamente acoplado (ICP-OES; Modelo, 4300DV, PerkinElmer, Shelton, CT, EUA). O indicador agroambiental de P do solo $(P/Al)_{M3}$ foi então calculado. -1O teor de carbono total (CT, g kg) foi medido com um analisador Elementar Vario MAX CN (Elementar Analysensysteme GmbH, Hanau, Alemanha).

A elevação do solo e o índice topográfico de humidade (TWI; TWI = ln[α/tan β]) foram gerados utilizando o modelo digital do terreno derivado de imagens de deteção e alcance de luz (LiDAR) da província do Quebeque. A resolução espacial destas imagens raster foi de 1 m. O contorno do campo NT foi extraído da folha 31H11SE utilizando a ferramenta ArcGIS "Extract by mask" (ArcGIS Software versão 10.3; ESRI, Redlands, CA, EUA). O valor do TWI depende do comprimento da curva de nível da unidade de área ascendente (α) e do declive local (tan(β)) (Beven e Kirkby 1979; Sörensen et al. 2006). Os valores médios de elevação e de TWI foram gerados a partir de cada ponto de amostragem utilizando o método do buffer num raio de 1 m e a ferramenta ArcGIS "Zonal Statistics as Table" (ArcGIS Software versão 10.3; ESRI, Redlands, CA, EUA). Os mapas gerados usando dados LiDAR tiveram como objetivo indicar áreas em risco de mobilização e transporte de P em vias de escoamento superficial em escala de campo (Cassidy et al. 2019).

4.5.3. Medição dos dados de condutividade eléctrica do solo

Os dados de ECa foram adquiridos durante o outono de 2014, após a colheita do milho, utilizando um sensor comercial de resistividade de contacto galvânico Veris 3100 (Veris Technologies, Inc., Salina, KS, EUA) equipado com um sensor Garmin GPS 17x HVS (Garmin International, Olathe, KS, EUA) com uma precisão inferior a 1 m. Este sensor foi configurado de acordo com a matriz de Wenner, utilizando seis eléctrodos de coulter (um par para injetar corrente e dois pares para medir a alteração do potencial elétrico), tal como descrito por Sudduth et al. (2005). Os dados de ECa do solo foram registados pelo sistema Veris simultaneamente a partir de duas profundidades, 0-30 cm (EC_{a30}) e 0-100 cm (EC_{a100}) (Kweon et al. 2012; Lund et al. 1999).

1Os dados do sensor foram adquiridos ao longo de transectos paralelos espaçados de aproximadamente 10 m com uma frequência de registo de 1 Hz, o que corresponde a uma medição a cada 2-3 m quando se opera a uma velocidade de aproximadamente 10 km h^ . A densidade de dados foi de cerca de 229 medições por hectare (Fig. 4-1b). Como sugerido por Sanches et al. (2018), os dados erróneos de ECa foram eliminados pela exclusão de pontos que excediam três desvios-padrão.

4.5.4. Medição dos rendimentos do milho e da soja

O milho (2012, 2016) e a soja (2013, 2015) foram colhidos mecanicamente em setembro utilizando ceifeiras-debulhadoras. Infelizmente, os dados de rendimento do milho (2014) estão em falta devido a um ficheiro corrompido. Os dados de rendimento foram medidos utilizando monitores de rendimento em movimento (tecnologia RDS) instalados nas ceifeiras-debulhadoras. O sistema foi combinado com um recetor DGPS.

As medições de rendimento foram efectuadas com sensores de grãos, cobrindo cada medição uma área de cerca de 2 m × 6 m (2 m é a distância média percorrida por uma ceifeira-debulhadora durante 1 s e 6 m é a largura da cabeça da ceifeira-debulhadora). Simultaneamente, as coordenadas do local (x, y) foram determinadas com uma unidade GPS (sistema GPS cinemático em tempo real; Trimble Navigation, Ltd., Sunnyvale, CA, EUA). O teor de humidade dos grãos de milho e de soja foi ajustado para 15% e 13%, respetivamente.

4.5.5. Análises estatísticas e geoestatísticas

Os dados foram analisados com recurso à estatística descritiva e à geoestatística. As médias e os valores do coeficiente de variação (CV) foram estimados usando o procedimento PROC UNIVARIATE do software SAS versão 9.4 (SAS Institute 2010). Os CVs das propriedades químicas e auxiliares do solo foram classificados com base na abordagem de Nolin e Caillier (1992) da seguinte forma: (1) baixo (CV < 15%); (2) moderado (15% < CV < 35%); (3) alto (35% < CV < 50%); (4) muito alto (50% < CV <100%); e (5) extremamente alto (CV > 100%). A estatística descritiva fornece a variabilidade geral das propriedades químicas e auxiliares do solo, mas não a natureza de sua variabilidade (estruturada ou aleatória) ou sua tendência espacial (Ameer et al. 2022; Cambouris et al. 2006).

Foram efectuadas análises geoestatísticas (calibrações de parâmetros, cálculos geoestatísticos e validações de modelos) para determinar as estruturas espaciais das propriedades químicas e auxiliares do solo, utilizando a versão 9 do GS+ (Robertson 2008). A estrutura espacial das diferentes propriedades foi avaliada através de

semivariogramas isotrópicos e anisotrópicos. Os semivariogramas experimentais, o principal componente da krigagem, são uma ferramenta eficaz para avaliar a variabilidade espacial (Wu et al. 2009). Foram gerados parâmetros de semivariograma para cada modelo teórico (esférico e exponencial). Foram determinados os valores correspondentes da pepita (c_0), da soleira parcial (C), da soleira (c_0+c) e da amplitude do modelo teórico que melhor se ajusta. O rácio da soleira parcial [C/(c_0+c)] foi calculado para determinar a estrutura espacial das propriedades químicas e auxiliares do solo. Os semivariogramas com uma razão de soleira parcial < 25%, 25% a 40%, 40% a 60%, 60% a 75% ou >75% foram considerados como tendo uma estrutura espacial baixa, baixa moderada, moderada, forte moderada ou forte, respetivamente (Whelan e McBratney 2000). O intervalo estima a distância para além da qual duas observações não estão espacialmente correlacionadas (Goovaerts 1998).
Os mapas de variabilidade espacial foram gerados utilizando a interpolação por krigagem em bloco do GS+ versão 9 (Robertson 2008) em combinação com o software ArcGIS versão 10.3 (ESRI, Redlands, CA, EUA). ^{2}A resolução espacial dos mapas raster foi de 1 m . Estes mapas raster foram circunscritos aos contornos do campo utilizando a ferramenta ArcGIS "Extract by mask". Os mapas espaciais foram produzidos em cinco classes, à semelhança de Ameer et al. (2022), para facilitar as comparações. ^{2}A fiabilidade dos mapas krigados foi avaliada utilizando a análise de validação cruzada (R $_{cv}$) (Kravchenko et al. 2002).

4.5.6. Relações entre o índice agroambiental de P do solo (P/Al)$_{M3}$ e outras propriedades químicas e auxiliares do solo

Em primeiro lugar, os valores médios das propriedades auxiliares (EC_{a30}, EC_{a100}, elevação, rendimentos) foram gerados a partir de mapas espaciais interpolados e medidos num raio de 5 m dos locais de amostragem do solo (método de tampão). O método do buffer foi efectuado utilizando a ferramenta ArcGIS "Buffer Geoprocessing". Em seguida, foram calculados os coeficientes de correlação de Pearson (r) entre o índice agroambiental P do solo (P/Al)$_{M3}$, EC_{a30}, EC_{a100} e as propriedades químicas do solo ($pH_{água}$, TC, P_{M3}, Al_{M3}, Fe_{M3}, Ca_{M3}, [P/Al]$_{M3}$) e as propriedades auxiliares (elevação, TWI, rendimentos) utilizando os procedimentos CORR e UNIVARIATE do software SAS versão 9.4 (SAS Institute 2010).
Para determinar as relações espaciais entre a principal variável de resposta (índice agroambiental de P do solo (P/Al)$_{M3}$ e outras variáveis explicativas ($pH_{água}$, CT, Fe_{M3}, Ca_{M3}, EC_{a30}, EC_{a100}, elevação, rendimentos), foi utilizado um modelo de regressão misto com uma estrutura de correlação espacial exponencial entre as observações. Uma vez que as medições foram efectuadas em diferentes pontos espaciais (x_i, y_i) e à profundidade do solo (0-5 cm) em cada ponto, assumiu-se uma correlação espacial exponencial diferente para esta profundidade do solo. $_0$Deixando c,, e <2 denotar as estimativas da pepita e do intervalo, respetivamente, a correlação entre quaisquer duas observações à distância *d*, *p(d)*, é igual a:

$$\rho(d) = (1 - \hat{c}_n) \exp\left(\frac{-d}{\hat{a}_0}\right)$$

Os modelos de regressão foram ajustados à profundidade do solo (0-5 cm). Para cada variável resposta, foi utilizada a metodologia Box-Cox para transformar a variável resposta em conformidade. Assim, foram geradas equações de regressão espacial para (P/Al)$_{M3}$ em relação a outras propriedades químicas e auxiliares do solo, com o objetivo de compreender quais os factores que influenciaram o padrão espacial de (P/Al)$_{M3}$ ao longo do tempo, e avaliar a força e estabilidade das relações entre (P/Al)$_{M3}$ e estas propriedades químicas e auxiliares do solo. ^{2}Foi calculado um coeficiente de determinação (R) para avaliar o desempenho do modelo. Todas as análises foram realizadas utilizando o procedimento misto do software SAS versão 9.4 (SAS Institute 2010) ao nível de significância de 0,05. A suposição de normalidade foi validada usando a estatística de Shapiro-Wilk nos resíduos normalizados do modelo.

4.5.7. Delineação das ZM

A delimitação das ZM foi efectuada utilizando o método ISODATA. O método ISODATA foi aplicado utilizando a função Iso Cluster Unsupervised Classification do pacote de software ArcGIS versão 10.3 (ESRI, Redlands, CA, EUA). O método ISODATA é um algoritmo de classificação (Tou et al. 1974) que não requer a introdução de caraterísticas de classe antes da classificação (classificador não supervisionado). Esta técnica de delimitação calcula as médias das classes distribuídas uniformemente no espaço e, em seguida, agrega iterativamente os dados restantes minimizando a distância euclidiana de cada dado a uma média de classe (Guastaferro et al.

2010). Em seguida, cada iteração recalcula as médias e reclassifica os dados em relação às novas médias. A divisão, fusão e eliminação de classes iterativas baseiam-se em parâmetros de entrada, como o número mínimo e máximo de classes, o número máximo de iterações e o desvio-padrão máximo da classe, e depois todos os dados são agrupados na classe mais próxima.

Com base nos valores da relação entre o índice agroambiental de P do solo $(P/Al)_{M3}$, as medições da CEa e as propriedades químicas e auxiliares do solo, a delimitação das ZM foi efectuada utilizando as seguintes três estratégias de delimitação das ZM (MZDS): (1) o $(P/Al)_{M3}$; (2) a CEa; e (3) a combinação de $(P/Al)_{M3+ECa}$.

4.5.8. Determinação e validação do número ótimo de MZs

Os pontos de inflexão das curvas de redução da variância para $(P/Al)_{M3}$, ECa e outras propriedades químicas e auxiliares do solo foram estimados para determinar o número ótimo de MZs para cada propriedade utilizando estas três estratégias, respetivamente. O número ótimo foi determinado utilizando o método de redução da variância (Haghverdi et al. 2015). Utilizando esta abordagem, a variância total dentro da zona foi expressa como uma percentagem da variância para todo o campo (ou seja, uma MZ) (Cambouris et al. 2006). Assim, o número ótimo de MZs foi selecionado com base na magnitude da redução da variância total dentro da zona (Moral et al. 2010; Xin-Zhong et al. 2009).

Após a determinação do número ótimo de MZs, foi efectuada a validação do número ótimo de MZs para o solo $(P/Al)_{M3}$ e outras propriedades utilizando cada estratégia. Assim, os testes de normalidade do solo $(P/Al)_{M3}$ e de outras propriedades foram efectuados utilizando o procedimento PROC UNIVARIATE no SAS (SAS Institute 2010). Para os parâmetros normalmente distribuídos, foi realizada uma ANOVA combinada com um teste de comparação múltipla LSD (p-valor $< 0,05$) para determinar se as propriedades do solo variavam significativamente entre as MZs. Foi utilizado um modelo de regressão misto com uma estrutura de covariância exponencial. Os parâmetros distribuídos de forma não normal foram analisados através de testes não paramétricos (Wilcoxon e Kruskal-Wallis) no procedimento PROC MIXED (SAS Institute 2010).

As diferenças significativas nas propriedades do solo dentro das MZs delineadas tornaram possível determinar até que ponto estas três MZDS, tais como as medições de $(P/Al)_{M3}$, ECa e $(P/Al)_{M3+ECa}$, captaram a variabilidade espacial do solo $(P/Al)_{M3}$ dentro do campo e avaliaram a eficiência da delineação.

Por fim, recomendações precisas de fertilizantes P foram desenvolvidas no campo comercial para milho e soja em cada MZ usando essas três estratégias. Esses resultados foram comparados com as recomendações locais uniformes de fertilizantes P (com base nos valores médios de $[P/Al]_{M3}$) estabelecidas para o leste do Canadá (CRAAQ 2010) para estimar os lucros e perdas de P2O5 em escala de campo. O *modus operandi* para avaliar o MZDS usando o método ISODATA a fim de desenvolver recomendações de fertilizantes P está resumido na Figura 4-2.

4.6. Resultados e discussão

4.6.1. Intensidade de variação do índice agroambiental do solo $(P/Al)_{M3}$ e de outras propriedades químicas e auxiliares do solo.

Na camada de 0-5 cm, os CVs das propriedades químicas do solo variaram de baixo a alto (8% a 36%) com base em Nolin e Caillier (1992) (Tabela 4-2). Foram classificados da seguinte forma: baixo para $_{pH}$ do solo, $_{água}$ e $_{AlM3}$; moderado para CT, $_{FeM3}$ e $_{CaM3}$; e moderado a alto para os índices de P do solo. $^{-1-1}$Os valores de $_{PM3}$ e $(P/Al)_{M3}$ variaram de 21 a 195 mg kg e de 2,5% a 18%, com médias de 80 mg kg e 8%, respetivamente (Quadro 4-2).

Os CVs mais altos (32% a 36%) foram medidos para os índices de P do solo (Tabela 4-2). Estudos anteriores em escala de campo relataram os maiores CVs para o P do solo (Nolin et al. 1996; Peralta e Costa 2013; Quenum et al. 2012) com grades de amostragem semelhantes (Nolin et al. 1999) sob culturas e práticas de cultivo semelhantes (Malvezi et al. 2019; Omonode e Vyn 2006). Rodrigues e Corá (2015) relataram um CV médio de P do solo de 59% em um campo de NT de 12 anos sob rotação de milho e feno.

No leste do Canadá, altos CVs de solo P em paisagens agrícolas foram geralmente devido a escalas de parcelas longas e estreitas compostas por um ou mais leitos arredondados (Quenum et al. 2012). Além disso, Perron et al. (2018) relataram um alto CV de P do solo, devido a uma maior pedodiversidade dentro do campo. Resultados semelhantes foram relatados em estudos anteriores em escala de campo realizados em diversas séries de solo ou materiais de origem (Bogunovic et al. 2014; Han et al. 1996; Miao et al. 2006). No entanto, os CVs dos índices de P do solo permanecem elevados, apesar da baixa pedodiversidade (série única de solos) observada no nosso estudo à escala de campo. Consequentemente, uma elevada intensidade de variação do P do solo dentro da mesma série de solos terá impacto na delineação de ZM homogéneas baseadas em P numa região de acumulação de P, com o objetivo de orientar a amostragem intensiva do solo e a gestão específica de fertilizantes P (Pierce e Nowak 1999).

Os CVs das propriedades auxiliares variaram de baixo a moderado (0,3% a 16%) (Tabela 4-2). Foram classificados da seguinte forma: baixos para a elevação, TWI, EC_{a100} e rendimento (2012, 2013 e 2016); e moderados para EC_{a30} e rendimento2015. Os CVs mais elevados (16%) foram medidos para EC_{a30} e rendimento2015. Os valores de elevação e de TWI variaram entre 34,2 e 35 m e entre 7 e 14 m, com médias de 34,8 m e 10 m, respetivamente. Este campo era plano, como confirmado por estudos anteriores na região (Wang et al. 1995). Como sugerido por Wilson et al. (2016), os baixos CVs de elevação e TWI combinados com a falta de uma relação específica significativa entre o P do solo e estas propriedades topográficas (Fig. 4-5) confirmam a incapacidade de ter em conta ambas as propriedades topográficas neste estudo.

-1-1-1-1Os valores de EC_{a30} e EC_{a100} variaram de 10 a 29 mS m e de 20 a 44 mS m com médias de 15,8 mS m e 32,6 mS m , respetivamente (Quadro 4-2). Estes valores foram mais elevados do que outros (Lajili et al. 2021; Nolin et al. 2003). Valores altos de CEa são devidos ao alto teor de argila (Brune et al. 1990; Peralta e Costa 2013), caracterizando a série de solos Gleysolic na província de Quebec. Além disso, as séries de solos Gleysolic foram localizadas no vale fisiográfico de St-Lawrence com sedimentos glacio-marinhos, como material de origem. Os sedimentos glacio-marinhos são caracterizados por um elevado teor de sal. Os CVs para as medições de ECa variaram de baixo a moderado (9% a 16%). Estes resultados foram inferiores a outros (Nolin et al. 2003; Peralta e Costa 2013) devido à baixa pedodiversidade neste campo. CVs elevados para medições de CEa resultaram de (1) alta pedodiversidade e (2) condições altamente variáveis de umidade da superfície do solo durante o tempo de aquisição de dados no campo (Omonode e Vyn 2006; Perron et al. 2018).

-1-1 -1Os valores do rendimento do milho em 2012 e 2016 variaram entre 5,2 e 13,9 Mg ha e entre 9,1 e 18,8 Mg ha, com médias de 11,1 e 12,8 Mg ha, respetivamente (Quadro 4-2). Estes rendimentos médios representaram uma diferença de 15% durante estas duas épocas de cultivo. Os CVs para o rendimento do milho foram baixos (8% a 9%). Por conseguinte, o CV temporal do rendimento do milho foi de 12,5% durante estas duas épocas de cultivo. -1-1-1Os valores de produtividade da soja em 2013 e 2015 variaram de 2,3 a 4,6 Mg ha e de 1,5 a 6,1 Mg ha, com médias de 3,6 e 3,2 Mg ha, respetivamente (Tabela 4-2). Esses rendimentos médios representaram uma diferença de 11% durante essas duas estações de cultivo. Os CVs para o rendimento da soja variaram de baixo a moderado (9% a 16%). Por conseguinte, o CV temporal do rendimento da soja foi de 78% durante estas duas épocas de cultivo. Assim, o rendimento das culturas variou espacial e temporalmente, conforme relatado por estudos anteriores (Jaynes e Colvin 1997; Lamb et al. 1997). Esta variabilidade espácio-temporal deveu-se a variações na precipitação da estação de crescimento (Tabela 4-1). Isto representou uma variação de 25% durante estas quatro estações de crescimento.

4.6.2. Estruturas espaciais do índice agroambiental do solo $(P/Al)_{M3}$ e de outras propriedades químicas e auxiliares do solo

Na camada de 0-5 cm, as propriedades do solo, incluindo os índices de P, foram ajustadas com modelos esféricos (Quadro 4-3). Os rácios de dependência espacial dos índices de P do solo e de outras propriedades variaram de forte a moderado (43% a 99%). Foram classificadas da seguinte forma: forte para o $pH_{da\ água}$ do solo e Ca_{M3}; forte-moderada para Fe_{M3}; e moderada para TC, Al_{M3} e índices de P do solo.

Os intervalos espaciais variaram de 55 a 77 m (Tabela 4-3). Estes valores foram superiores ao espaçamento de 35 m da grelha, indicando que a grelha de amostragem concebida para caraterizar a variabilidade espacial das propriedades do solo era adequada. ^{2}Os valores de R_{cv} variaram de 0,07 a 0,30 para as propriedades do solo e de 0,06 a 0,08 para os índices de P do solo. Os intervalos variaram entre as propriedades do solo. A propriedade com o menor intervalo influenciará fortemente o tamanho da grade necessária (Lawrence et al. 2020), impactando a coleta de amostras de grade para várias propriedades do solo (Metwally et al. 2019). Assim, a gama de índices de P do solo foi a mais pequena entre as propriedades do solo e, por conseguinte, controla a grelha de amostragem ideal para o P do solo e outras propriedades químicas.

A dependência espacial dos índices de P do solo foi moderada (43% a 46%). Estes resultados foram inferiores aos de estudos anteriores à escala do campo decorrentes da elevada pedodiversidade (McCormick et al. 2009; Miao et al. 2006; Nolin et al. 1999). Assim, a pedodiversidade pode afetar a estrutura espacial do P do solo, com impacto na delineação de MZs para otimizar as recomendações de fertilizantes P à escala do campo. Uma estrutura espacial mais forte tem impactos positivos na delimitação das ZM, enquanto uma estrutura espacial mais fraca dificulta a utilização das ZM devido à falta de estrutura espacial. Assim, uma estrutura espacial moderada do P do solo combinada com a utilização de medições da CEa teria impacto na relevância dos MZDS para a gestão sustentável do P do solo em campos de TN.

As propriedades auxiliares foram ajustadas com modelos esféricos e exponenciais (Tabela 4-3). Os rácios de dependência espacial das propriedades auxiliares variaram de forte a moderado (58% a 99%). Foram classificadas da seguinte forma: moderada para o rendimento2013; e forte para a elevação, TWI, medições ECa e rendimento (2012, 2015 e 2016). As amplitudes espaciais variaram de 9,0 a 242 m. As maiores amplitudes foram observadas para elevação, TWI, medidas ECa e rendimento2015, indicando que essas propriedades foram influenciadas por fatores extrínsecos e naturais em distâncias maiores (López-Granados et al. 2002). [2]Os valores de R_{cv} variaram de 0,25 a 0,97 para as propriedades auxiliares e de 0,77 a 0,84 para as medições de ECa.

As dependências espaciais das medições de CEa foram fortes (78% a 99%) (Quadro 4-3). -Isto deveu-se (1) a uma forte influência de factores intrínsecos do solo, como o teor de argila (Cambardella et al. 1994), e (2) à densidade da nossa estratégia de amostragem (229 medições de CEa por ha 1), tal como observado em estudos anteriores à escala do terreno (Cambouris et al. 2006; Moral et al. 2010). [1]Perron et al. (2018) relataram fortes dependências (R > 85%) para medições de ECa, correspondendo a altas densidades de amostragem (394-452 amostras ha). Assim, o mapeamento espacial das medições de ECa será realizado com alta confiabilidade, com o objetivo de delinear MZs. [22]Este facto foi confirmado pelos valores mais elevados de R_{cv} ($R_{cv} > 0,77$) para as medições da CEa.

As dependências espaciais dos rendimentos variaram de moderadas a fortes (58% a 99%) (Tabela 4-3). Resultados semelhantes foram reportados por Rodrigues e Corá (2015) durante cinco épocas de crescimento num campo de 12 anos de TN. As dependências espaciais dos rendimentos resultaram de interações entre factores intrínsecos e extrínsecos do solo (i.e. variabilidade climática sazonal) (Cambouris et al. 2006). Assim, uma dependência moderada-forte dos rendimentos exprime que a variação dos rendimentos foi mais afetada pela variabilidade espacial das propriedades do solo do que a induzida pela variabilidade climática. [2]Os valores de R_{cv} variaram entre 0,25 e 0,56, o que significa que o mapeamento espacial do rendimento pode ser efectuado de forma fiável.

Assim, as medidas de CE e o rendimento (2012, 2015 e 2016) têm as estruturas espaciais mais fortes (77% a 99%). Isso significa que essas propriedades auxiliares são fortemente estruturadas espacialmente e controladas principalmente pelas propriedades intrínsecas do solo (Ameer et al. 2022; Cambardella e Karlen 1999). Assim, o mapeamento espacial destas propriedades auxiliares seria realizado para delinear as ZM, incluindo as ZM homogéneas baseadas na CEa.

4.6.3. Cartografia espacial do índice agroambiental do solo $(P/Al)_{M3}$ e de outras propriedades químicas e auxiliares do solo

Na camada de solo de 0-5 cm NT, foram observadas semelhanças visuais entre os mapas espaciais de P_{M3} e $(P/A1)_{M3}$ (Figs. 4-3 *a*, 3 *b*). -[1]Os valores espaciais destes índices de P do solo (P_{M3} e $(P/A1)_{M3}$) variaram de 30 a 120 mg kg e de 4,5% a 12,5%, respetivamente. Resultados semelhantes foram relatados por Nze Memiaghe et al. (2021) a partir da acumulação de P na camada de 0-5 cm. Os valores espaciais mais elevados dos índices de P do solo foram geralmente observados nas secções de campo do norte, sul e sudoeste. Os valores espaciais mais baixos dos índices de P do solo foram observados nas secções central e oriental (Figs. *4-3a*, *3b*). Assim, o mapeamento espacial do P do solo revelou o desenvolvimento de uma grande heterogeneidade à escala do campo no padrão de distribuição do P do solo, como observado em estudos anteriores (Bogunovic et al. 2014; Nze Memiaghe et al. 2021). Consequentemente, o MZDS usando medições $(P/Al)_{M3}$ representaria uma combinação útil para recomendações precisas de P à escala do campo, devido a esta heterogeneidade espacial de P decorrente desta variabilidade de P do solo (32% a 36%).

-1-1-1Os valores espaciais de A | M3, CT, FeM3 e CaM3 variaram de 375 a 1150 mg kg , de 14 a 27 g kg , de 70 a 470 e de 1600 a 4400 mg kg , respetivamente (Figs. *4-3c, 3d, 3e, 3f*). Esses resultados foram menores para AlM3 e TC e maiores para FeM3 e CaM3 de estudos anteriores no leste do Canadá (Nze Memiaghe et al. 2021; Quenum et al. 2012). Em geral, foram observadas associações visuais entre os índices de P do solo e CaM3 e TC, indicando sua influência no P do solo, conforme confirmado pelos resultados da Figura 4-5 e da Tabela 4-4.

Os valores espaciais de ECa foram mais baixos na camada de solo de 0-30 cm do que na camada de solo de 0-100 cm (Figs. 4-4 *a*, 4 *b*). 11De facto, os valores de ECa30 variaram de 10 a 30 mS m^ , contra 20 a 44 mS ITT para os valores de ECa100 (Figs. *4-4a*, *4b*). Isto deveu-se ao facto de a CEa ser uma medida que integra muitas propriedades do solo, variando com as profundidades dos materiais condutores do solo (Doolittle et al. 1994; Kitchen et al. 2005). Estes valores espaciais de CEa foram superiores aos de Nolin et al. (2003). Os valores espaciais mais elevados de ECa foram observados nas secções norte, sul e sudoeste do campo, enquanto os valores espaciais mais baixos de ECa foram observados nas secções centro e leste do campo (Figs. *4-4a*, *4b*).

2O mapeamento espacial das medições de CEa tem implicações agronómicas para a delimitação de ZM homogéneas baseadas na CEa, uma vez que apresenta as estruturas espaciais mais fortes (78% a 99%) e os valores R CV mais elevados (r > 0,77). Além disso, os mapas de CEa são ferramentas importantes para delinear as ZM devido à sua forte correlação com muitas propriedades do solo (Corwin e Lesch 2003; Kitchen et al. 2003). Consequentemente, as medições da CEa podem representar um MZDS útil para prever recomendações exactas de fertilizantes P. M3Isto pode depender da relação entre a CEa e o solo (P/Al).

-1-1Os valores espaciais do rendimento do milho foram mais baixos em 2012 do que em 2016, variando de 6 a 13,5 Mg ha contra 13,5 a 16 Mg ha, respetivamente (Figs. *4-4c*, *4f*). -1-1Os valores espaciais da produtividade da soja foram menores em 2013 do que em 2015, variando de 2,7 a 4,5 Mg ha contra 2,1 a 5 Mg ha , respetivamente (Figs. *4-4d*, *4e*). Esses aumentos nos valores de produtividade foram devidos à variação nas condições climáticas, conforme observado na Tabela 4-1. Os aumentos da precipitação variaram entre -15% e 6% e entre 3% e 4% para as duas culturas respectivas, em relação à normal de 30 anos. Do mesmo modo, os aumentos das temperaturas variaram entre 7% e 6% e entre 3% e 7% para ambas as culturas, em comparação com a normal de 30 anos (Quadro 4-1). Assim, a variabilidade do rendimento foi afetada pela variação climática sazonal, como observado em estudos anteriores semelhantes (Miao et al. 2006; Nyéki et al. 2022; Rodrigues e Corá 2015).

4.6.4. Relações entre as medições do solo (P/Al)M3, ECa e outras propriedades químicas e auxiliares do solo

As correlações mais elevadas (r) foram observadas entre (P/Al)M3 e CaM3, pHágua, TC e FeM3 (Fig. 4-5). Correlações semelhantes (P/Al)m3-CaM3 e (P/Al)M3-pHwater e correlações mais baixas (P/A1)M3-TC foram relatadas por estudos anteriores (Metwally et al. 2019; Nolin et al. 1999). Foram observadas correlações entre ECa30 e CaM3, pHágua, índices P e FeM3 (Fig. 4-5). As correlações ECa30-CaM3 e ECa30-pHwater foram inferiores às de estudos anteriores (Bhunia et al. 2018; Cambouris et al. 2006; Perron et al. 2018). As correlações significativas dos índices ECa30-solo P foram semelhantes aos resultados de estudos anteriores (Omonode e Vyn 2006; Singh et al. 2016).

Também foram observadas correlações (r) entre a ECa100 e o CaM3, o CT e o pH da água (Fig. 4-5). No entanto, não foi observada nenhuma correlação entre os índices ECa100-P, à semelhança de Peralta e Costa (2O13). 22++2Isso ocorreu por duas razões: (I) quimicamente, as condutâncias equivalentes de íons P inorgânicos comuns (por exemplo, H2PO4 ", HPO4 -) eram geralmente mais baixas do que outras espécies iônicas (por exemplo, Ca e Mg) nos solos; e (2) impactos das formas de fertilização (aplicação em faixa) e sistemas de cultivo (perfuração direta, sem remoção do solo) nesta baixa relação ECa-solo P (Jung et al. 2005; Motavalli et al. 2015). Assim, é necessário realizar mais estudos para avaliar os impactos a longo prazo das práticas de lavoura contrastadas na relação CEa-solo P no Canadá Oriental.

Além disso, os valores de correlação da propriedade do solo ECa100 foram geralmente inferiores aos valores de correlação da propriedade do solo ECa30 (Fig. 4-5). Este facto foi semelhante às conclusões de Perron et al. (2018) e oposto às conclusões de estudos anteriores (Lajili et al. 2021; Omonode e Vyn 2006; Singh et al. 2016). Assim, as relações entre a CEa e as propriedades do solo variaram entre campos devido ao desempenho dos sensores de CEa específicos do campo quando o campo é dominado por um ou dois factores intrínsecos principais, como o teor de argila ou a humidade do solo (Brevik et al. 2006; Corwin e Lesch 2005). Estes dois factores intrínsecos do solo tornam a interpretação dos valores de CEa do solo altamente específica para o campo.

Foram observadas relações variáveis entre $(P/Al)_{M3}$, medições de CEa e rendimentos (2012, 2015 e 2016) devido à variabilidade climática (Fig. 4-5). As relações entre o P do solo e a produtividade variaram entre os anos (Guedes Filho et al. 2010; Nyéki et al. 2022) devido a ambos os factores dominantes (ou seja, propriedades do solo e condições climáticas), com impacto na variabilidade da produtividade (Jiang e Thelen, 2004; Nyéki et al. 2022; Singh et al. 2016). Estudos anteriores registaram relações variáveis entre a CE e o rendimento (Ameer et al. 2022; Nyéki et al. 2022). Os rendimentos das culturas foram induzidos pela variabilidade climática, com um impacto significativo nas medições da CEa.

Foram geradas equações de regressão espacial para investigar os impactos das propriedades químicas e auxiliares do solo na variabilidade de $(P/Al)_{M3}$ (Tabela 4-4). ^{2}Os maiores valores de regressão (R) foram observados entre $(P/Al)_{M3}$ e Ca_{M3}, $pH_{água}$ e CT, variando de 0,13 a 0,35. Isto indicou que 13% a 35% das variações agro-ambientais de $(P/Al)_{M3}$ foram significativamente explicadas por estas propriedades do solo. Assim, estas equações de regressão espacial confirmaram a força e a estabilidade das relações entre $(P/Al)_{M3}$ e Ca_{M3}, $pH_{água}$ e CT.

^{2}Os valores de regressão mais baixos (R) foram observados entre as medições de $(P/Al)_{M3}$ e ECa e os rendimentos, variando de 0,003 a 0,047 (Tabela 4-4). Este facto indica um impacto reduzido (0,3% a 5%) destas propriedades auxiliares na variabilidade de $(P/Al)_{M3}$. Foram registados resultados semelhantes entre as medições do P do solo e da CEa numa rotação milho-soja de 50 anos (Omonode e Vyn 2006). ^{2}No entanto, os valores mais elevados de R entre as medições do P do solo e da CEa podem ser afectados pela humidade do solo resultante de precipitações mais elevadas (Omonode e Vyn 2006; Rhoades et al. 1989). Assim, estudos futuros precisam ser realizados para avaliar os impactos da umidade do solo na relação ECa-solo P sob práticas de lavoura contrastadas no leste do Canadá.

A informação espacial para delinear as ZM deve ser quantitativa, densamente medida, estruturada, temporalmente estável e estreitamente relacionada com os rendimentos das culturas (Doerge 2011). Os CVs das medições de $(P/Al)_{M3}$ (32%) foram mais elevados do que os CVs das medições de ECa (9% a 16%). Assim, a delineação de MZs homogéneas baseadas em P será baseada em medições de $(P/A1)_{M3}$, bem como em medições de ECa. Além disso, as correlações de Pearson de ECa_{30}-$(P/A1)_{M3}$ foram superiores às correlações de ECa_{100}-$(P/A1)_{M3}$. Consequentemente, três MZDS serão realizados para reduzir a variabilidade espacial de $(P / A1)_{M3}$, com o objetivo de prever recomendações precisas de P no campo NT. Estes MZDS serão baseados em (I) medições $(P/A1)_{M3}$; (2) medições ECa_{30}; e (3) uma combinação de medições $(P/Al)_{M3+ECa30}$.

4.6.5. Delineação de MZs homogéneas utilizando três estratégias

Duas a cinco MZs foram delimitadas usando estratégias de delineamento $(P/A1)_{M3}$, ECa_{30} e $(P/Al)_{M3+ECa30}$ (Figs. *4-6a-6l*). Estas MZs variaram de muito baixas a muito altas. As classes médias $(P/A1)_{M3}$, ECa_{30} e $(P/Al)_{M3+ECa30}$ foram (1) muito baixa, (2) baixa, (3) média, (4) alta e (5) muito alta.

Foram observadas semelhanças visuais decrescentes de duas a cinco MZs quando as estratégias de delineamento $(P/Al)_{M3}$ e ECa_{30} foram comparadas visualmente (Figs. *4-6a-6e*, *6b-6f*, *6c-6g* e 6d-6h*)*. Para duas MZs, a delineação das MZs parecia geralmente semelhante utilizando ambas as estratégias. No entanto, à medida que o número de MZs aumentava, a delineação de MZs a partir destas duas estratégias tornava-se cada vez mais diferente. Por outro lado, foram observadas fortes semelhanças visuais entre as estratégias ECa_{30} e $(P/Al)_{M3+ECa30}$ de duas a cinco MZs (Figs. 4-6 e-6 *i*, 6 *f-6j*, 6 g-6 *k* e 6 *h - 6l*). De facto, de duas a cinco MZ, os valores mais baixos foram observados nas secções central e oriental do campo, enquanto os valores mais elevados foram observados nas secções norte, sul e extremo oeste do campo.

Dois aspectos principais foram revelados a partir destes resultados. Primeiro, estes três MZDS delinearam com sucesso MZs (2 a 5 MZs) dentro do campo. Em segundo lugar, a aplicação das estratégias $(P/Al)_{M3}$ e $(P/Al)_{M3+ECa30}$ representou um novo MZDS original para o controlo da variabilidade espacial do P do solo na região oriental do Canadá. Na verdade, o delineamento de MZs usando medições de ECa foi aplicado anteriormente e com sucesso para muitas propriedades do solo, incluindo P no leste do Canadá (Cambouris et al. 2019; Lajili et al. 2021). Consequentemente, os mapas espaciais $(P/Al)_{M3}$, EC_{a30} e $(P/Al)_{M3+ECa30}$ podem ter potencial para determinar o número ideal de MZs para prever recomendações específicas de P em escala de campo.

4.6.6. Avaliação de três MZDS e determinação do número ótimo de MZs

1) *Estratégia de delimitação utilizando medições de* $(P/Al)_{M3}$ e EC_{a30}

A subdivisão do campo de uma a cinco MZs diminuiu as variações totais de $(P/Al)_{M3}$ e EC_{a30} de 100% para 10%, reduzindo as suas variações totais de 73% e 90% (Figs. *4-7a, 7e*). No entanto, o aumento de um para dois MZs reduziu a variância total dentro da zona para $(P/Al)_{M3}$ e EC_{a30} de 100% para 38% (Figs. *4-7a, 7e*). Estes valores foram as reduções mais elevadas, representando reduções de 45% e 62% das variâncias totais dentro da zona (Figs. 4-7a, *7e*). O ponto de inflexão foi atingido de uma para duas MZs. Assim, duas MZs foi o número ótimo para $(P/Al)_{M3}$ e EC_{a30}.

A subdivisão do campo de uma a cinco MZs diminuiu as variações totais de EC_{a30} e $(P/Al)_{M3}$ de 100% para 88%, reduzindo as suas variações totais de 12% e 9% (Figs. *4-7b, 7f*). No entanto, o aumento de uma para duas MZs reduziu a variância total dentro da zona para EC_{a30} e $(P/Al)_{M3}$ de 100% para 92%, representando reduções de 5% e 8% das variâncias totais dentro da zona (Figs. *4-7b, 7f*). O aumento de três para quatro MZs representou uma diminuição de 10% da variância total (Fig. *4-7b*). Delinear mais de três MZs não aumenta a disponibilidade de informações espaciais (Peralta e Costa 2013).

A subdivisão do campo de uma para cinco MZs diminuiu as variações totais de P_{M3}, Fe_{M3}, TC, $pH_{água}$ e Ca_{M3} do solo de 100% para 50%, reduzindo as suas variações totais de 9% para 50% (Figs. 4-7c, *7g*). No entanto, o aumento de um para dois MZs teve um impacto maior do que qualquer outro aumento no MZ. De facto, as variações totais dentro da zona para estas propriedades do solo foram reduzidas de 100% para 70%, representando uma diminuição máxima de 30% da variação total dentro da zona para estas propriedades do solo (Figs. *4-7c, 7g*). Assim, dois MZs foi o número ótimo para o solo P_{M3}, Fe_{M3}, TC, $pH_{água}$ e Ca_{M3}.

A subdivisão do campo de um a cinco MZs diminuiu os desvios totais dos rendimentos (2012 a 2016) de 100% para 89%, reduzindo os seus desvios totais de 0% para 11% (Figs. *4-7d, 7h*). No entanto, para os rendimentos (2015, 2016), o aumento de um para dois MZs teve um impacto menor do que qualquer aumento no MZ. As variações totais dentro da zona para estas propriedades auxiliares foram reduzidas de 100% para 89%, representando reduções máximas de 5% e 11% das suas variações totais dentro da zona (Figs. *4-7d, 7h*). Assim, dois MZs foi o número ótimo para os rendimentos (2015, 2016).

2) *Estratégia de delimitação utilizando medições de* $(P/Al)_{M3+ECa30}$

A subdivisão do campo de uma a cinco MZs diminuiu as variações $(P/Al)_{M3}$ e EC_{a30} de 100% para 16%, reduzindo as suas variações totais de 39% para 84% (Fig. *4-8a*). No entanto, o aumento de uma para duas MZs reduziu as suas variações totais dentro da zona de 100% para 42%, representando diminuições de 16% para 58% da variação total dentro da zona (Fig. *4-8a*). O ponto de inflexão foi atingido de uma a duas MZs. Assim, duas MZs foi o número ótimo para $(P/Al)_{M3}$ e EC_{a30}.

A subdivisão do campo de uma para cinco MZs diminuiu as variações totais de TC, Fe_{M3}, $pH_{água}$, Ca_{M3} e P_{M3} de 100% para 63%, reduzindo as suas variações totais de 4% para 37% (Fig. *4-8b*). No entanto, o aumento de uma para duas MZs teve um impacto maior do que qualquer outro aumento na MZ. De facto, as variações totais dentro da zona para estas propriedades do solo foram reduzidas de 100% para 71%, representando uma diminuição máxima de 29% da variação total dentro da zona (Fig. *4-8b*). Assim, dois MZs foi o número ótimo para Fe_{M3}, P_{M3}, pH_{water} e Ca_{M3} do solo.

A subdivisão do campo de um para cinco MZs diminuiu os desvios totais dos rendimentos (2012 a 2016) de 100% para 88%, reduzindo os seus desvios totais de 0% para 12%, respetivamente (Fig. *4-8c*). No entanto, para os rendimentos (2015, 2016), o aumento de um para dois MZs teve um ligeiro impacto em comparação com qualquer outro aumento de MZ. De facto, as variações totais dentro da zona para estas propriedades auxiliares foram reduzidas de 100% para 91%, representando uma diminuição máxima de 9% da variação total dentro da zona (Fig. *4-8c*). Assim, dois MZ representaram o número ótimo para os rendimentos (2015, 2016).

4.6.7. Aplicações práticas das ZM no sítio

1) Validações estatísticas

A delimitação de duas MZs resultou em diferenças significativas dos índices de P do solo, Fe_{M3}, pH_{water} e valores de

$_{CaM3}$ utilizando três MZDS (Quadro 4-5). Assim, parece estatisticamente relevante gerir $(P/Al)_{M3}$ e outras propriedades do solo utilizando três MZDS para desenvolver duas MZs. Resultados semelhantes foram registados por Nolin et al (2003). O delineamento de três MZs usando três MZDS não teve impacto significativo em diferentes valores de propriedades do solo, exceto para os índices de P do solo e $_{CaM3}$, delineados usando as estratégias $(P/Al)_{M3}$ e $_{ECa30}$, respetivamente (Quadro 4-5). Assim, parece estatisticamente relevante gerir $(P/Al)_{M3}$ utilizando medições de $(P/Al)_{M3}$ para desenvolver três MZs neste estudo. A delimitação de três MZs para P do solo usando medições de ECa teve resultados semelhantes a estudos anteriores (Lajili et al. 2021; Peralta e Costa 2013). Três ou mais MZs geralmente não foram considerados significativos no nível escolhido de 5% (Perron et al. 2018).

A delimitação de duas ou três MZs resultou em diferenças significativas dos valores de $_{ECa30}$ utilizando as estratégias $_{ECa30}$ e $(P/Al)_{M3+ECa30}$ (Tabela 4-5). Assim, parece estatisticamente relevante gerir $_{a}$ $_{ECa30}$ utilizando ambas as MZDS para desenvolver duas ou três MZs. Resultados semelhantes foram registados recentemente (Lajili et al. 2021; Yuan et al. 2022). No entanto, o desempenho de três MZDS para desenvolver duas ou três MZs teve resultados variáveis nos valores de rendimento para diferentes anos, provavelmente devido à variabilidade climática (Tabela 4-5). A falta de diferença significativa de rendimento entre MZs resulta da baixa variabilidade espacial dentro do campo (Perron et al. 2018).

2) Recomendações de fertilizantes P e implicações agro-ambientais

O valor médio de $(P/Al)_{M3}$ foi de 7,9% na camada de solo de 0-5 cm NT. $^{-1}$Seguindo as recomendações locais (CRAAQ 2010), as aplicações de fertilizantes P foram de 40 kg e 0 kg P2O5 ha para milho e soja, respetivamente. Com base nesses valores, as recomendações locais uniformes de P em todo o campo foram de 380 kg e 0 kg de P2O5 para milho e soja, respetivamente (Tabela 4-6). Essa aplicação agronômica uniforme representa a agricultura convencional (1MZ). No entanto, as recomendações locais de fertilizantes P foram desenvolvidas no Canadá Oriental para aplicações agronómicas uniformes de P, independentemente do tamanho do campo, da variabilidade do P no solo ou do potencial de produtividade das culturas.

A variabilidade do P do solo foi moderada (32% a 36%), indicando que as recomendações uniformes existentes de fertilizantes P para milho e soja não podem ser adequadas a este grande campo de TN (10 ha). Ao ignorar as variações espaciais na fertilidade do P do solo, as aplicações de fertilizantes P podem resultar em excesso e falta de fertilização de P em grandes campos (Schumann et al. 2003; Yuan et al. 2022). Consequentemente, foram desenvolvidas recomendações precisas de fertilizantes P para ambas as culturas, tendo em conta (1) os valores espaciais para o P do solo a partir da variabilidade do P do solo e (2) as recomendações agronómicas de P do Quebec correspondentes para estas culturas, seguindo as recomendações locais (CRAAQ 2010). Assim, o delineamento de dois e três MZs usando esses três MZDS gerou seis recomendações precisas de fertilizantes P para milho e soja. Esses valores de fertilizante P foram comparados com as recomendações de fertilizante P de aplicação uniforme (ou seja, método convencional) (Tabela 4-6).

Assim, o delineamento de dois e três MZs usando a estratégia 1 gerou um total de 306 e 341 kg de $_{P2O5}$, respetivamente, para o milho e 0 kg de P2O5 para a soja (Tabela 4-6). As recomendações uniformes de P (1MZ) foram 380 kg e nenhuma (0 kg $_{P2O5}$) para milho e soja, respetivamente (Tabela 4-6). Isso representou reduções de 74 kg e 40 kg de P2O5 para duas e três MZs, respetivamente, para o milho e nenhuma (0 kg $_{de\ P2O5}$) para a soja. Delinear duas e três MZs usando outras estratégias (2 e 3) gerou 380 kg de P2O5 e 0 kg de P2O5 para milho e soja, respetivamente (Tabela 4-6). Essas recomendações de fertilizantes P foram semelhantes às recomendações uniformes de P (380 kg e 0 kg de $_{P2O5}$) para ambas as culturas (Tabela 4-6). Portanto, não houve reduções de fertilizante P2O5 para dois e três MZs usando ambas as estratégias (2 e 3), respetivamente, para ambas as culturas em comparação com as recomendações uniformes de P.

Assim, os nossos resultados sugerem que a delimitação de duas ou três ZM utilizando a medida $(P/Al)_{M3}$ representa a melhor estratégia agronómica para esta gestão de P específica do local. $^{-1-1}$Isto deveu-se ao facto de (1) a maior redução (45%) da variabilidade espacial de $(P/Al)_{M3}$ ter ocorrido de uma para duas ZM, tal como confirmado por validações estatísticas anteriores (2-3 ZM), e (2) as maiores reduções de P2O5 de duas ou três ZM (74 kg P2O5 ou 8 kg ha e 40 kg P2O5 ou 4 kg ha, respetivamente) em comparação com as outras ZM, incluindo a agricultura convencional. $^{-1}$Muitos estudos delimitaram com sucesso duas MZs ótimas (Nolin et al. 2003; Peralta e Costa 2013), enquanto outros encontraram três MZs ótimas (Rodrigues e Corá 2015; Yuan et al.

2022) associadas à distribuição espacial do P do solo. Autores anteriores economizaram aproximadamente 15-20 kg de P ha em grandes campos ao delinear MZs em comparação com a agricultura convencional (Moharana et al. 2020; Yuan et al. 2022).

Assim, existe um potencial para reduzir a variabilidade espacial do P do solo, delineando duas ou três ZM para reduzir as perdas de P, mantendo os rendimentos no Canadá Oriental. O índice agroambiental $(P/Al)_{M3}$ poderia ser gerido de forma diferente em cada MZ. Além disso, o desenvolvimento de ZM deve ser simples, funcional e economicamente viável para que os agricultores adoptem uma gestão específica do local (Li et al. 2007; Nolin et al. 2003). A escolha do número de MZs dependerá do grau de precisão que o agricultor quer atingir e da quantidade de dinheiro que está disposto a investir em tecnologias de taxa variável.

4.7. Conclusões

Tanto quanto sabemos, este estudo é o primeiro a delinear MZs para controlar a variabilidade espacial do P do solo num campo de TN no Canadá Oriental. O principal objetivo foi delinear MZs usando a relação ECa-P para reduzir a amostragem do solo e a variabilidade espacial de $(P / Al)_{M3}$, a fim de desenvolver recomendações precisas de P em campos NT no leste do Canadá. Os resultados revelaram que o valor médio de $(P/Al)_{M3}$ foi de 7,9% na camada de solo NT de 0-5 cm. $^{-1}$Os valores médios de EC_{a30} e EC_{a100} foram 15,8 e 32,6 mS m, respetivamente. O CV dos índices de P do solo manteve-se elevado (32% a 36%) apesar da baixa pedodiversidade neste campo. A dependência espacial do P do solo e das propriedades auxiliares variou de moderada a forte (43% a 99%). $_{30}$Foi observada uma correlação significativa entre a CEa relativa e o P do solo, gerando três MZDS.

A variabilidade do P do solo foi moderada, o que indica que a atual recomendação uniforme de fertilizante P não é adequada para este grande campo NT (10 ha). Assim, existe o potencial de reduzir a variabilidade espacial do P do solo utilizando o MZDS, a fim de reduzir as perdas de P no leste do Canadá. De acordo com os resultados deste estudo, a delineação de duas ou três MZs utilizando medições $(P/Al)_{M3}$ representou a melhor estratégia agronómica neste campo NT. Isso foi devido à maior redução (45%) da variabilidade espacial de $(P/A1)_{M3}$, conforme confirmado por validações estatísticas (2-3 MZs), e as maiores reduções de P2O5 de duas ou três MZs (74 kg P2O5 ou 40 kg $_{P2O5}$, respetivamente).

Este estudo foi realizado num campo NT selecionado. São necessários mais estudos noutros campos para avaliar os impactos a longo prazo das práticas de lavoura contrastadas e do teor de humidade do solo na relação CEa - P do solo nos solos do Canadá Oriental. O objetivo será prever a distribuição espacial do índice agroambiental de P do solo $(P/Al)_{M3}$ para melhorar as recomendações de fertilização com P. Do mesmo modo, são necessários estudos futuros para ter em conta a variabilidade temporal do P do solo em relação à variabilidade temporal dos rendimentos das culturas para delinear com exatidão as ZM temporais. As propriedades do solo e as condições climáticas podem variar todos os anos no contexto da variação climática. O número ótimo de MZ pode mudar ao longo do tempo e é função do tempo e da cultura plantada. Assim, as escolhas futuras do número de MZ devem basear-se no conjunto de dados temporais.

4.8. Agradecimentos

Este projeto de investigação foi financiado pela Agriculture and Agri-food Canada (AAFC), subsídio número J-002238. Gostaríamos de agradecer a Claude Lévesque e Sylvie Michaud pela sua assistência no terreno e apoio técnico.

4.9. Referências

Abdi, D., Cade-Menun, B.J., Ziadi, N., e Parent, L.E. 2014. Impacto a longo prazo das práticas de lavoura e fertilização com fósforo nas formas de fósforo do solo, conforme determinado pela espetroscopia de ressonância magnética nuclear 31 P. J. Environ. Qual. **43**(4): 1431-1441. doi :http://dx.doi.org/10.2134/jeq2013.10.0424.

Adamchuk, V., Allred, B., Doolittle, J., Grote, K., e Rossel, R. 2015. Ferramentas para deteção de solo proximal. em Soil Survey Staff, C. Ditzler e L. West, eds. Soil survey manual. Manual nº 18 do Departamento de Agricultura dos Estados Unidos, Serviço de Conservação de Recursos Naturais. [Online]. Disponível em https://www.nrcs.usda.gov/wps/portal/nrcs/detail/soils/ref/? cid=nrcs142p2 054256.

Ameer, S., Cheema, M.J.M., Khan, M.A., Amjad, M., Noor, M., e Wei, L. 2022. Delineação de zonas de gestão de nutrientes para uma gestão precisa dos fertilizantes na cultura do trigo utilizando técnicas geoestatísticas.

Soil Use Manag. **38** (3): 1430-1445. doi :https://doi.org/10.1111/sum.12813.
Argento, F., Anken, T., Abt, F., Vogelsanger, E., Walter, A., e Liebisch, F. 2021. Gestão de nitrogênio específica do local em trigo de inverno apoiada por sensoriamento remoto de baixa altitude e dados do solo. Precis. Agric.**22**: 364-386. https://doi.org/10.1007/s11119-020-09733-3.
Armstrong, R., Fitzpatrick, J., Rab, M., Abuzar, M., Fisher, P., e O'leary, G.J. 2009. Avanços na agricultura de precisão no sudeste da Austrália. III. As interações entre as propriedades do solo e a utilização da água ajudam a explicar a variabilidade espacial da produção vegetal no Mallee vitoriano. Crop Pasture Sci. **60**(9): 870-884. doi: https://doi.org/10.1071/CP08349.
Becker, S.M., Franz, T.E., Abimbola, O., Steele, D.D., Flores, J.P., Jia, X., Scherer, T.F., Rudnick, D.R., e Neale, C. M.2022. Avaliação da viabilidade da utilização de sensores geofísicos proximais para apoiar a gestão de precisão. Vadose Zone J. **21**(6). doi: https://doi.org/10.1002/vzj2.20228.
Beven, K.J., e Kirkby, M. 1979. Um modelo de área contribuinte variável de base física da hidrologia da bacia. Hydrol. Sci. J. **24** (1): 43-69. doi: https://doi.org/10.1080/02626667909491834.
Bhunia, G.S., Shit, P.K., e Chattopadhyay, R. J. 2018. Avaliação da variabilidade espacial das propriedades do solo usando abordagem geoestatística do solo laterítico (Bengala Ocidental, Índia). Ann. Agrar. Sci. **16** (4): 436-443. doi: https://doi.org/10.1016/j.aasci.2018.06.003.
Bogunovic, I., Mesic, M., Zgorelec, Z., Jurisic, A., e Bilandzija, D. 2014. Variação espacial dos nutrientes do solo em solo franco-arenoso. Soil Till. Res. **144**: 174-183. doi :10.1016/j.still.2014.07.020.
Bolinder, M., Simard, R., Beauchemin, S., e Macdonald, K.B. 2000. Indicador de risco de contaminação da água por P para a paisagem do solo dos polígonos do Canadá. Can. J. Soil Sci. **80**(1): 153-163. doi: https://cdnsciencepub.com/doi/pdf/10.4141/S99-040.
Bongiovanni, R., e Lowenberg-Deboer, J. 1999. Economia da cal a taxa variável no Indiana. Actas da quarta conferência internacional sobre agricultura de precisão. Wiley Online Library.pp. 1653-1665. doi: 10.2134/1999.precisionagproc4.c70b.
Borges, R., e Mallarino, A. (1998). Importância da variação espacial do fósforo e do potássio no crescimento inicial e no teor de nutrientes do milho e da soja em plantio direto. Comun. Ciência do Solo. Plant Anal. **29** (17-18): 2589-2605.
Brevik, E.C., Fenton, T.E., e Lazari, A. 2006. Condutividade eléctrica do solo em função do teor de água do solo e implicações para a cartografia do solo. Precis. Agric.**7**:393-404. doi: https://link.springer.com/article/10.1007/s11119-006-9021-x.
Brock, A., Brouder, S., Blumhoff, G., e Hofmann, B.S. 2005. Definição de zonas de gestão baseadas no rendimento para rotações milho-soja. Agron. J.: **97**(4): 1115-1128. doi: https://doi.org/10.2134/agronj2004.0220.
Brune, D., e Doolittle, J. 1990. Localização de infiltrações em lagoas com radar e levantamento eletromagnético. Environ. Geol. **16**: 195-207. doi: https://link.springer.com/article/10.1007/BF01706044.
Bullock, D.S., e Bullock, D.G. 2000. From agronomic research to farm management guidelines: A primer on the economics of information and precision technology. Precis. Agric. **2**: 71-101. doi: https://link.springer.com/article/10.1023/A: 1009988617622.
Cade-Menun, B.J., Carter, M.R., James, D.C., e Liu, C.W. 2010. Formas e química do fósforo no perfil do solo sob cultivo de conservação a longo prazo: um estudo de ressonância magnética nuclear de fósforo 31. J. Environ. Qual. **39**(5):1647-1656. doi: https://doi.org/10.2134/jeq2009.0491.
Cambardella, C., e Karlen, D.L. 1999. Análise espacial dos parâmetros de fertilidade do solo. Precis. Agric.**1** (1): 5-14. doi: https://link.springer.com/article/10.1023/A:1009925919134.
Cambardella, C., Moorman, T., Parkin, T., Karlen, D., Novak, J., Turco, R., e Konopka, A. 1994. Variabilidade à escala do campo das propriedades do solo nos solos do centro do Iowa. Soil Sci. Soc. Am. J. **58**(5): 1501-1511. doi: https://doi.org/10.2136/sssaj1994.03615995005800050033x.
Cambouris, A., Messiga, A., Ziadi, N., Perron, I., e Morel, C. 2017. Distribuição bidimensional em escala decimétrica do fósforo do solo após 20 anos de manejo de lavoura e fertilização com fósforo de manutenção. Soil Sci. Soc. Am. J. **81**(6): 1606-1614. doi: https://doi.org/10.2136/sssaj2017.03.0101.
Cambouris, A.N., Nolin, M.C., Zebarth, B.J., e Laverdière, M.R. 2006. Zonas de manejo do solo delineadas pela

condutividade elétrica para caraterizar variações espaciais e temporais no rendimento da batata e nas propriedades do solo. Am. J. Potato Res.**83**(5):381-395.doi: https://link.springer.com/article/10.1007/BF02872015.

Cambouris, A.N., Nolin, M.C., e Simard, R.R. 1999. Gestão de precisão de fertilizantes de fósforo e potássio para a batata no Quebec, Canadá. Proc. 4ª Conferência Internacional sobre Agricultura de Precisão. ASA-CSA-SSSA, Madison, WI, EUA. pp. 847-857.

Cambouris, A.N., Zebarth, B.J., e Perron, I. 2019. Zonas Delineadas de Gestão do Solo com Sensores de Solo Proximais para Caracterizar Efetivamente a Variabilidade do Solo sob a Produção de Batata no Leste do Canadá. 5º Workshop Global sobre Sensoriamento de Solo Proximal. Columbia, Missouri, EUA. pp. 9-14.

Cambouris, A.N., Zebarth, B.J., Ziadi, N., e Perron, I. 2014. Agricultura de precisão na produção de batata. Potato Res. **57**: 249-262. doi: https://link.springer.com/article/10.1007/s11540-014-9266-0.

Cassidy, R., Thomas, I.A., Higgins, A., Bailey, J.S., e Jordan, P. 2019. Uma estrutura de capacidade de carga para o fósforo do solo e sensibilidade hidrológica da fazenda às escalas de captação. Sci. Total. Environ. **687**: 277- 286. doi: https://doi.org/10.1016/j.scitotenv.2019.05.453.

Corwin, D., e Lesch, S.M. 2003. Aplicação da condutividade eléctrica do solo à agricultura de precisão: teoria, princípios e orientações. Agron. J.: **95**(3): 455-471. doi: https://doi.org/10.2134/agronj2003.4550.

Corwin, D.L., e Lesch, S.M. 2005. Medições da condutividade eléctrica aparente do solo na agricultura. Comput. Electron. Agric. **46** (1-3): 11-43. doi: https://doi.org/10.1016/j.compag.2004.10.005.

Cox, M., Gerard, P.D., Wardlaw, M., e Abshire, M.J. 2003. Variabilidade de propriedades selecionadas do solo e suas relações com o rendimento da soja. Soil Sci. Soc. Am. J. **67**(4)**:** 1296-1302. doi : https://doi.org/10.2136/sssaj2003.1296.

CRAAQ. 2010. Guia de referência em fertilização. 2 ndedition. Quebec: Centre de Référence en Agriculture et Agroalimentaire du Québec. QC, Canadá. p. 473.

Doerge, T.A. 2011. Conceitos de zona de gestão. Orientações de gestão específicas do sítio. SSMG-2. Instituto Internacional de Nutrição Vegetal, Norcross, GA. 4 p.

Doerge, T.A. 1999. Conceitos de zona de gestão. SSMG-2. Potash & Phosphate Institute. Instituto Internacional de Nutrição Vegetal , Norcross, GA. doi: http://www.ipni.net/publication/ssmg.nsf/0/C0D052F04A53E0BF852579E500761AE3/$FILE/SSMG- 02.pdf.

Doolittle, J., Sudduth, K., Kitchen, N., Indorante. 1994. Estimativa das profundidades das argilas utilizando métodos de indução electromagnética. J Soil Water Conserv. 49(6):572-575. doi: https://www.ars.usda.gov/ARSUserFiles/50701000/cswq-0270-doolittle.pdf

Ambiente Canadá. 2013. Normais ou médias climáticas canadianas 1971-2000 [Em linha]. Disponível em: http://www.climat.meteo.ec.gc.ca/climate normals/index e.html [Acedido em 27 de novembro de 2022].

Ferguson, R., Lark, R., e Slater, G. P. 2003. Abordagens para a definição da zona de gestão para uso de inibidores de nitrificação. Soil Sci. Soc. Am. J. **67**(3) 937-947. doi: https://doi.org/10.2136/sssaj2003.9370.

Fraisse, C., Sudduth, K., e Kitchen, N.R. 2001. Delineação de zonas de gestão específicas do local por classificação não supervisionada de atributos topográficos e condutividade eléctrica do solo. Trans. ASABE. **44**(1)155-166. doi: 10.13031/2013.2296.

Goovaerts, P. 1998. Ferramentas geoestatísticas para caraterizar a variabilidade espacial das propriedades microbiológicas e físico-químicas do solo. Biol. Fertil. Soils **27:** 315-334. doi: https://doi.org/10.1007/s003740050439.

Guastaferro, F., Castrignanò, A., De Benedetto, D., Sollitto, D., Troccoli, A., e Cafarelli, B. 2010. Uma comparação de diferentes algoritmos para a delineação de zonas de gestão. Precis. Agric.**11:** 600-620. doi: https://link.springer.com/article/10.1007/s11119-010-9183-4.

Guedes Filho, O., Vieira, S.R., Chiba, M.K., Nagumo, C.H., e Dechen, S.C.F. 2010. Variabilidade espacial e temporal da produtividade das culturas e de algumas propriedades do Hapludox Rhodic sob plantio direto. Rev. Bras. Cienc. Solo **34:** 1-14. doi: https://link.springer.com/article/10.1007/s11119-010-9183-4.

Guo-Shun, L., Xin-Zhong, W., Zheng-Yang, Z., e Chun-Hua, Z. 2008. Variabilidade espacial das propriedades do solo num campo de tabaco na China central. Soil Science **173**(9):659-667.doi: https://journals.lww.com/soilsci/Fulltext/2008/09000/SPATIAL VARIABILIDADE DAS PROPRIEDADES DO SOLO

EM A.7.aspx.

Haghverdi, A., Leib, B.G., Washington-Allen, R.A., Ayers, P.D., e Buschermohle, M.J. 2015. Perspectivas sobre a delineação de zonas de gestão para irrigação de taxa variável. Comput. Electron. Agric. 117:154-167. doi: https://www.sciencedirect.com/science/article/pii/S0168169915002264?via%3Dihub.

Han, S., Evans, R.G., Schneider, S.M., e Rawlins, S.L. 1996. Spatial variability of soil properties on two center pivot irrigated fields (Variabilidade espacial das propriedades do solo em dois campos irrigados por pivô central). Actas da Terceira Conferência Internacional sobre Agricultura de Precisão. American Society of Agronomy, Crop Science Society of America, Soil Science Society of America. Madison, WI, EUA. pp. 95-106.

Heilig, J., Kempenich, J., Doolittle, J., Brevik, E.C., e Ulmer, M. 2011. Avaliação da indução electromagnética para caraterizar e cartografar solos afectados por sódio nas Grandes Planícies do Norte. Soil Survey Horizons **52**(3): 77-88. doi: https://acsess.onlinelibrary.wiley.com/doi/10.2136/sh2011.3.0077.

Heiniger, R.W., Mcbride, R.G., e Clay, D.E. 2003. Utilizar a condutividade eléctrica do solo para melhorar a gestão dos nutrientes. Agron. J. **95**(3) 508-519. doi: https://acsess.onlinelibrary.wiley.com/doi/10.2134/agronj2003.5080.

Hendershot, W.H., Lalande, H., e Duquette, M. 2008. Reação do solo e acidez permutável. Páginas 173-178 em R. Carter e E.G. Gregorich, eds. Soil sampling and methods of analysis. Taylor & Francis, Boca Raton, FL, EUA.

Higgins, S., Schellberg, J., e Bailey, J. 2019. Melhorar a produtividade e aumentar a eficiência da gestão de nutrientes do solo em fazendas de pastagem no Reino Unido e na Irlanda usando tecnologia de agricultura de precisão. Eur. J. Agron. **106**: 67-74. doi: https://doi.org/10.1016/j.eja.2019.04.001.

Holm, F., Zentner, R., Thomas, A., Sapsford, K., Légère, A., Gossen, B., Olfert, O., e Leeson, J. 2006. Agronomic and economic responses to integrated weed management systems and fungicide in a wheat-canola-barley-pea rotation. Can. J. Plant Sci. **86**(4): 1281-1295. doi : https://doi.org/10.4141/P05-165.

Jaynes, D.B., e Colvin, T.S. (1997). Spatiotemporal variability of corn and soybean yield (Variabilidade espaço-temporal do rendimento do milho e da soja). Agron. J. **89** (1): 3037. doi: https://doi.org/10.2134/agronj1997.00021962008900010005x.

Jiang, H.-L., Liu, G.-S., Liu, S.-D., Li, E.-H., Wang, R., Yang, Y.-F., e Hu, H.-C. 2012. Delineação de zonas de gestão específicas do local com base nas propriedades do solo para um campo de encosta na China central. Arch. Agron. Soil Sci. **58** (10):1075-1090. doi: https://doi.org/10.1080/03650340.2011.570337.

Jiang, P., e Thelen, K.D. 2004. Efeito das propriedades do solo e topográficas no rendimento das culturas num sistema de cultivo de soja e milho do Centro-Norte. Agron. J. **96** (1): 252-258. doi: https://doi.org/10.2134/agronj2004.0252.

Jung, W., Kitchen, N., Sudduth, K.A., Kremer, R., e Motavalli, P. 2005. Relação da condutividade eléctrica aparente do solo com as propriedades do solo argiloso. Soil Sci. Soc. Am. J. **69**(3): 883-892. doi: https://doi.org/10.2136/sssaj2004.0202.

Kassam, A., Friedrich, T., Derpsch, R., Lahmar, R., Mrabet, R., Basch, G., González-Sánchez, E.J., e Serraj, R. 2012. Agricultura de conservação no clima mediterrânico seco. Field Crops Res. **132**: 7-17. doi: https://doi.org/10.1016/j.fcr.2012.02.023.

Khiari, L., Parent, L., Pellerin, A., Alimi, A., Tremblay, C., Simard, R., e Fortin, J. 2000. Um índice agroambiental de saturação de fósforo para solos ácidos de textura grosseira. J. Environ. Qual.**29**(5):1561-1567. American Society of Agronomy, Crop Science Society of America, Soil Science Society of America. Madison, WI, EUA. pp. 1561-1567. doi: https://doi.org/10.2134/jeq2000.00472425002900050024x.

Khosla, R., Fleming, K., Delgado, J., Shaver, T., e Westfall, D.G. 2002. Utilização de zonas de gestão específicas do local para melhorar a gestão do azoto na agricultura de precisão. J Soil Water Conserv. **57**(6): 513518. doi: https://www.jswconline.org/content/57/6/513.short.

Khosla, R., e Shaver, T. 2001. Zoning in on nitrogen needs. Boletim Informativo de Agronomia da Universidade Estadual do Colorado **21**(1): 24-26.

Kitchen, N., Drummond, S., Lund, E., Sudduth, K., e Buchleiter, G. 2003. Condutividade eléctrica do solo e topografia relacionadas com o rendimento de três sistemas solo-culturas contrastantes. Agron. J. **95**(3): 483-495. doi: https://doi.org/10.2134/agronj2003.4830.

Kitchen, N., Sudduth, K., Myers, D., Drummond, S., e Hong, S.Y. 2005. Delineando zonas de produtividade em campos de solo argiloso usando a condutividade elétrica aparente do solo. Comput. Electron. Agric. 46(1-3): 285308. doi: https://10.1016/j.compag.2004.11.012.

Kravchenko, A., Bollero, G.A., Omonode, R., e Bullock, D. 2002. Cartografia quantitativa das classes de drenagem do solo utilizando dados topográficos e a condutividade eléctrica do solo. Soil Sci. Soc. Am. J. 66 **(1):** 235-243. doi: https://doi.org/10.2136/sssaj2002.2350.

Kweon, G., Lund, E., e Maxton, C. 2012. O derradeiro levantamento do solo numa só passagem: textura do solo, matéria orgânica, pH, elevação, declive e curvatura. Actas da 11ª Conferência Internacional sobre Agricultura de Precisão. ASA-CSA-SSSA, Madison, WI, EUA. pp1-13.

Lafond, G.P., Walley, F., May, W., e Holzapfel, C. 2011. Impacto a longo prazo do plantio direto nas propriedades do solo e na produtividade das culturas nas pradarias canadenses. Soil Till. Res. **117**: 110-123. doi:
https://doi.org/10.1016/j.still.2011.09.006.

Lajili, A., Cambouris, A.N., Chokmani, K., Duchemin, M., Perron, I., Zebarth, B.J., Biswas, A., e Adamchuk, V. 2021. Análise de quatro métodos de delineamento para identificar zonas de gestão potenciais em um campo comercial de batata no leste do Canadá. Agronomia **11**(3) 432. doi: https://doi.org/10.3390/agronomy11030432.

Lamb, J., Dowdy, R., Anderson, J., e Rehm, G.W.1997. Estabilidade espacial e temporal do rendimento de grãos de milho. J. Prod. Agric. **10**(3): 410-414.

Lawrence, P.G., Roper, W., Morris, T.F., e Guillard, K. 2020. Orientando estratégias de amostragem de solo usando estatísticas clássicas e espaciais: uma revisão. Agron. J. **112**(1): 493-510. doi: https://doi.org/10.1002/agj2.20048.

Li, Y., Shi, Z., Li, F., Li, H.-Y. 2007. Delineação de zonas de gestão específicas do local utilizando a análise de agrupamento difuso numa terra salina costeira. Comput. Electron. Agric. **56**(2): 174-186. doi:
https://doi.org/10.1016/j.compag.2007.01.013.

Li, Y., Shi, Z., Wu, C.-F., Li, H.-Y., e Li, F. 2008. Determinação de zonas potenciais de gestão a partir da condutividade eléctrica do solo, do rendimento e dos dados das culturas. J. Zhejiang Univ. Sci. **9**: 68-76. doi: https://link.springer.com/article/10.1631/jzus.B071379.

López-Granados, F., Jurado-Expósito, M., Atenciano, S., García-Ferrer, A., Sánchez De La Orden, M., e García-Torres, L. 2002. Variabilidade espacial dos parâmetros do solo agrícola no sul de Espanha. Plant Soil **246:** 97-105. doi: https://l ink.springer.com/article/10.1023/A: 1021568415380.

Lund, E., Christy, C., e Drummond, P.E. 1999. Aplicações práticas da cartografia da condutividade eléctrica do solo. Precis. Agric. **99**: 771-779.

Machado, S., Bynum, E., Archer, T., Lascano, R., Wilson, L., Bordovsky, J., Segarra, E., Bronson, K., Nesmith, D., e Xu, W. 2002. Spatial and temporal variability of corn growth and grain yield: Implications for site-specific farming. Crop Sci. **42**(5):1564-1576. doi: https://d0i.0rg/l 0.2135/cropsci2002.1564.

Mallarino, A.P. 1996. Padrões de variabilidade espacial de fósforo e potássio em solos não arados para duas escalas de amostragem. Soil Sci. Soc. Am. J. **60**(5):1473-1481. doi:
https://doi.org/10.2136/sssaj1996.03615995006000050027x.

Malvezi, K.E.D., Júnior, L.a.Z., Guimarães, E.C., Vieira, S.R., e Pereira, N. 2019. Variabilidade de atributos químicos do solo sob preparo e plantio direto em um experimento de longo prazo no sul do Brasil. Bioscience J. 35(2): 467-476. doi : 10.14393/BJ-v35n2a2019-41793.

MAPAQ. 2020. Portrait-Diagnostic sectoriel de l'industrie des grains au Québec. Ministère de l'Agriculture de l'Alimentation et des Pêcheries du Québec. p. 27.

Mccormick, S., Jordan, C., e Bailey, J. 2009. Variação espacial dentro e entre campos do fósforo do solo em pastagens permanentes. Precis. Agric. **10**: 262-276. doi: https://link.springer.com/article/10.1007/s11119- 008-9099-4.

Messiga, A.J., Ziadi, N., Morel, C., e Parent, L.-E. 2010. Disponibilidade de fósforo no solo em plantio direto versus plantio convencional após ciclos de congelamento e descongelamento. Can. J. Soil Sci. **90**(3): 419-428. doi: https://doi.org/10.4141/CJSS09029.

Metwally, M.S., Shaddad, S.M., Liu, M., Yao, R.-J., Abdo, A.I., Li, P., Jiao, J., e Chen, X. 2019. Variabilidade

espacial das propriedades do solo e delineamento de zonas de manejo específicas do local com base na fertilidade do solo usando agrupamento difuso em um campo montanhoso em Jianyang, Sichuan, China. Sustainability 11(24): 7084. doi: https://doi.org/10.3390/su11247084.
Miao, Y., Mulla, D., e Robert, P. 2006. Variabilidade espacial das propriedades do solo, qualidade e rendimento do milho em dois campos do Illinois, EUA: implicações para a gestão de precisão do milho. Precis. Agric. **7**(1): 5-20. doi: https://link.springer.com/article/10.1007/s11119-005-6786-2.
Moharana, P., Jena, R., Pradhan, U., Nogiya, M., Tailor, B., Singh, R., e Singh, S. 2020. Geostatistical and fuzzy clustering approach for delineation of site-specific management zones and yield-limiting factors in irrigated hot arid environment of India. Precis. Agric. **21**: 426-448. doi: https://link.springer.com/article/10.1007/s11119-019-09671-9.
Moral, F., Terrón, J., e Da Silva, J.M. 2010. Delineação de zonas de gestão utilizando medições móveis da condutividade eléctrica aparente do solo e técnicas geoestatísticas multivariadas. Soil Till. Res. **106**(2): 335-343. doi: https://doi.orq/10.1016/j.still.2009.12.002-
Motavalli, P., Hammer, R., e Bardhan, S. 2015. Condutividade elétrica aparente do solo usada para determinar a variabilidade do fósforo do solo em pastagens com cama de aves. Yale Rev. Educ. Sci. 287-309.
Nolin, M., e Caillier, M. 1992. Variabilidade do solo. II-Quantificação e amplitude. Agrosol **5**: 21-32.
Nolin, M., Gagnon, B., Leclerc, M., Cambouris, A., Bélanger, G., e Simard, R. 2002. Influência da pedodiversidade e das utilizações anteriores da terra na variabilidade espacial dentro do campo de indicadores selecionados da qualidade do solo e das forragens. Actas da 6ª Conferência Internacional sobre Agricultura de Precisão e Gestão de Outros Recursos de Precisão. Sociedade Americana de Agronomia, Minneapolis, MN, EUA. pp. 261-277.
Nolin, M., Guertin, S., e Wang, C. 1996. Variabilidade espacial dentro do campo dos nutrientes do solo e do rendimento do milho num solo argiloso das terras baixas de Montreal. Actas da Terceira Conferência Internacional sobre Agricultura de Precisão. ASA-CSA-SSSA, Madison, WI, EUA. pp. 257-270.
Nolin, M.C., Simard, R., Cambouris, A., e Beauchemin, S. 1999. Variabilidade específica do estado do fósforo e caraterísticas de sorção em solos argilosos das terras baixas de St-Lawrence (Quebec). Actas da Quarta Conferência Internacional sobre Agricultura de Precisão. ASA-CSA-SSSA, Madison, WI, EUA. pp. 395-406.
Nyéki, A., Daróczy, B., Kerepesi, C., Neményi, M., e Kovács, A.J. 2022. Variabilidade espacial das propriedades do solo e seu efeito na produção de milho no campo - um estudo de caso na Hungria. Agronomia **12**(2): 395. doi: https://doi.org/10.3390/agronomy12020395.
Nze Memiaghe, J.D., Cambouris, A.N., Ziadi, N., Karam, A., e Perron, I. 2021. Variabilidade espacial dos índices de fósforo do solo em dois campos de pastagem contrastantes no leste do Canadá. Agronomia **11**(1): 24. doi: https://doi.org/10.3390/agronomy11010024.
Odeh, I.O., Mcbratney, A., e Chittleborough, D. 1995. Further results on prediction of soil properties from terrain attributes: heterotopic cokriging and regression-kriging. Geoderma **67**(3-4): 215-226. doi: 10.1016/0016-7061(95)00007-B.
Omonode, R.A., e Vyn, T.J. 2006. Dependência espacial e relações da condutividade eléctrica com a matéria orgânica do solo, o fósforo e o potássio. Soil Science **171**(3) 223-238. doi: 10.1097/01.ss.0000199698.94203.a4.
Patoine, M., Hébert, S., Simoneau, M., e D'auteuil-Potvin, F. 2017. Cargas de fósforo, azoto e sólidos em suspensão na foz dos rios do Quebeque, 2009 a 2012. [1]Ministère du Développement durable, de l Environnement et de la Lutte contre les changements climatiques, Diretion générale du suivi de l'état de l'environnement. p.25.
Pellerin, A., Parent, L.-É., Fortin, J., Tremblay, C., Khiari, L., e Giroux, M. 2006. Índices ambientais de saturação de fósforo do solo Mehlich-III para solos minerais ácidos a quase neutros do Quebeque, variando em textura e génese. Can. J. Soil Sci. **86**(4):711-723. doi: https://doi.org/10.4141/S05-070.
Peralta, N.R., e Costa, J.L. 2013. Delineamento de zonas de manejo com condutividade elétrica aparente do solo para melhorar o manejo de nutrientes. Comput. Electron. Agric. **99**: 218-226. doi: 10.1016/j.compag.2013.09.014.
Perron, I., Cambouris, A.N., Chokmani, K., Vargas Gutierrez, M.F., Zebarth, B.J., Moreau, G., Biswas, A., e

Adamchuk, V. 2018. Delineando zonas de manejo do solo usando um sistema de deteção de solo proximal em dois campos comerciais de batata em New Brunswick, Canadá. Can. J. Soil Sci. 98 **(4)** 724-737. doi: https://doi.org/10.1139/cjss-2018-0063.

Pierce, F.J., e Nowak, P. 1999. Aspectos da agricultura de precisão. Adv. Agron. **67**: 1-85. doi: 10.1016/S0065-2113(08)60513-1.

Puustinen, M., Koskiaho, J., e Peltonen, K. 2005. Influência dos métodos de cultivo nos sólidos suspensos e nas concentrações de fósforo no escoamento superficial em campos argilosos inclinados em clima boreal. Agric Ecosyst Environ. **105**(4):565-579. doi: 10.1016/j.agee.2004.08.005.

Quenum, M., Nolin, M., e Bernier, M. (2012). Mapeamento digital da capacidade máxima de sorção de fósforo dos solos à escala da parcela agrícola utilizando variáveis auxiliares. Can. J. Soil Sci. **92**(5): 733-750. doi: https://doi.org/10.4141/cjss2011-087.

Rab, M., Fisher, P., Armstrong, R., Abuzar, M., Robinson, N., Chandra, S.J.C., e Science, P. (2009). Avanços na agricultura de precisão no sudeste da Austrália. IV. Variabilidade espacial na capacidade de água disponível para as plantas no solo e sua relação com o rendimento em zonas de gestão específicas do local. Crop Pasture Sci. **60**(9): 885-900. doi: https://doi.org/10.1071/CP08350.

Rhoades, J., Manteghi, N., Shouse, P., e Alves, W.J. 1989. Condutividade eléctrica do solo e salinidade do solo: Novas formulações e calibrações. Soil Sci. Soc. Am. J. **53**(2): 433-439. doi: https://doi.org/10.2136/sssaj1989.03615995005300020020x.

Robertson, G. 2008. GS+: Geostatistics for the Environmental Sciences. Gamma Design Software, Plainwell, MI.

Rodrigues, M.S., e Corá, J.E. 2015. Zonas de manejo utilizando fuzzy clustering com base na variabilidade espaço-temporal do solo e da produtividade do milho. Eng. Agricola **35**:470-483. doi: http://dx.doi.org/10.1590Z1809-4430- Eng.Agric.v35n3p470-483/2015.

Saifuzzaman, M., Adamchuk, V., Biswas, A., e Rabe, N. 2021. Dados de deteção de solo proximal de alta densidade e derivados topográficos para caraterizar a variabilidade do campo. Biosyst. Eng. **211**: 19-34. doi: https://doi.orq/10.1016/j.biosystemsenq.2021.08.018.

Sanches, G.M., Magalhães, P.S., Remacre, A.Z., e Franco, H.C. 2018. Potencial da condutividade elétrica aparente do solo para descrever o pH do solo e melhorar a aplicação de calcário em um solo argiloso. Soil Till. Res. **175**: 217-225. doi: https://doi.org/10.1016/j.still.2017.09.010.

Instituto Sas. 2010. Guia do utilizador do SAS. Estatísticas. Versão 9.3. SAS Inst., Cary, NC. EUA. Instituto SAS.

Schepers, A.R., Shanahan, J.F., Liebig, M.A., Schepers, J.S., Johnson, S.H., e Luchiari Jr, A. 2004. Adequação das zonas de gestão para caraterizar a variabilidade espacial das propriedades do solo e a produtividade do milho irrigado ao longo dos anos. Agron J. **96**(1): 195-203. doi: 10.2134/agronj2004.0195.

Schumann, A.W., Fares, A., Alva, A.K., e Paramasivam, S. 2003. Resposta da laranja Hamlin'orange à fonte de fertilizante, taxa anual e área irrigada. Actas da Sociedade de Horticultura do Estado da Florida. pp. 256260.

Singh, G., Williard, K.W., e Schoonover, J.E. 2016. Relação espacial da condutividade elétrica aparente do solo com rendimentos de culturas e propriedades do solo em diferentes posições topográficas em uma pequena bacia hidrográfica agrícola. Agronomia 6(4): 57. doi: https://doi.org/10.3390/agronomy6040057.

SISCAN.1998. O sistema canadiano de classificação dos solos. Imprensa de investigação do NRC.

Soane, B.D., Ball, B.C., Arvidsson, J., Basch, G., Moreno, F., e Roger-Estrade, J. 2012. Plantio direto no norte, oeste e sudoeste da Europa: uma revisão dos problemas e oportunidades para a produção agrícola e o meio ambiente. Soil Till. Res. **118**: 66-87. doi: http://dx.doi.Org/10.1016/j.still.2011.10.015.

Sörensen, R., Zinko, U., e Seibert, J. 2006. Sobre o cálculo do índice de humidade topográfico: avaliação de diferentes métodos baseados em observações de campo. J. Hydrol. Earth Syst. Sci. **10**(1):101-112. doi: https://doi.org/10.5194/hess-10-101-2006.

Sudduth, K., Kitchen, N., Wiebold, W., Batchelor, W., Bollero, G., Bullock, D., Clay, D., Palm, H., Pierce, F., Schuler, R.J.C., e Thelen, K.D. 2005. Relacionando a condutividade eléctrica aparente com as propriedades do solo no centro-norte dos EUA. Comput. Electron. Agric. **46**(1-3): 263-283. doi: https://doi.org/10.1016/j.compag.2004.11.010.

Sullivan, D.G., Shaw, J., e Rickman. 2005. Imagens IKONOS para estimar a variabilidade das propriedades do solo à superfície em duas fisiografias do Alabama. Soil Sci. Soc. Am. J. **69**(6): 1789-1798. doi:

https://doi.org/10.2136/sssaj2005.0071.

Sun, W.-X., Huang, B., Qu, M.-K., Tian, K., Yao, L.-P., Fu, M.-M., e Yin, L.-P. 2015. Efeito das práticas agrícolas na variabilidade do estado do fósforo em solos geridos de forma intensiva. Pedosphere 25: 438-449. doi: https://doi.org/10.1016/S1002-0160(15)30011-4.

Tou, J.T., Gonzalez, R.C., e Gonzalez, R.C. 1974. Pattern Recognition Principles, Applied Mathematics and Computation (Princípios de reconhecimento de padrões, matemática aplicada e computação).

Wang, C., Nolin, M., e Wu, J. 1995. Micro-relevo e variabilidade espacial de algumas propriedades selecionadas do solo num local de referência agrícola no Quebeque, Canadá. Gestão específica do local para sistemas agrícolas: Wiley Online Library. ASA-CSA-SSSA, Madison, WI, EUA. pp. 339-350.

Whelan, B., e Mcbratney, A. 2000. A "hipótese nula" da gestão da agricultura de precisão. Precis. Agric. **2**: 265-279. doi: 10.1023/A:1011838806489.

Williams, B.G., e Hoey, D. 1987. A utilização da indução electromagnética para detetar a variabilidade espacial dos teores de sal e argila dos solos. Soil Res. **25**(1): 21-27. doi: https://doi.org/10.1071/SR9870021.

Wilson, H.F., Satchithanantham, S., Moulin, A.P., e Glenn, A. J. 2016. Variabilidade espacial do fósforo do solo devido ao relevo, lavoura e gestão de insumos: um estudo de caso de pequenas bacias hidrográficas no sudoeste de Manitoba. Geoderma **280**: 14-21. doi: http://dx.doi.Org/10.1016/j.geoderma.2016.06.009.

Wu, C., Wu, J., Luo, Y., Zhang, L., e Degloria, S.D. 2009. Previsão espacial do teor de matéria orgânica do solo utilizando cokriging com dados de deteção remota. Soil Sci. Soc. Am. J. **73**(4): 1202-1208. doi: https://doi.org/10.2136/sssaj2008.0045.

Xin-Zhong, W., Guo-Shun, L., Hong-Chao, H., Zhen-Hai, W., Qing-Hua, L., Xu-Feng, L., Wei-Hong, H., e Yan-Tao, L. 2009. Determinação de zonas de gestão para um campo de tabaco com base na fertilidade do solo. Comput. Electron. Agric. **65**(2): 168-175. doi: https://doi.org/10.1016/j.compag.2008.08.008.

Yao, R., Yang, J., Zhang, T., Gao, P., Wang, X., Hong, L., e Wang, M. 2014. Determinação de zonas de gestão específicas do local usando propriedades físico-químicas do solo e rendimentos de culturas em terras agrícolas recuperadas costeiras. Geoderma **232**: 381-393. doi: https://doi.org/10.1016/j.geoderma.2014.06.006.

Yates, S., e Warrick, A. 1987. Estimativa do teor de água do solo usando cokriging. Soil Sci. Soc. Am. J. 51**(1):** 2330. doi: https://doi.org/10.2136/sssaj1987.03615995005100010005x.

Yuan, Y., Miao, Y., Yuan, F., Ata-Ui-Karim, S.T., Liu, X., Tian, Y., Zhu, Y., Cao, W., e Cao, Q. 2022. Delineando zonas de gestão de nutrientes do solo com base no intervalo de amostragem ideal em sistemas agrícolas intensivos de média e pequena escala. Precis. Agric. 1-21. doi: 10.1007/s11119-021-09848-1.

Zebarth, B.J., Bélanger, G., Cambouris, A.N., e Ziadi, N. 2012. Estratégias de fertilização com azoto em relação à produção de tubérculos de batata, qualidade e recuperação de N da cultura. Produção sustentável de batata: estudos de caso globais: 165-186. doi: 10.1007/978-94-007-4104-1 10.

Ziadi, N., e Tran, T. 2008. Mehlich 3-Extractable Elements. Páginas 81-88 em R. Carter e E. G. Gregorich, eds. Soil Sampling and Methods of Analysis. Taylor & Francis, Boca Raton, FL, EUA.

4.10. Quadros e figuras

Tabela 4-1. Temperatura média do ar e precipitação durante a estação de crescimento (maio-novembro) de 2012 a 2016 e normal de 30 anos (1981-2010) com base na estação meteorológica de St Hyacinthe 2 (45°34.00 N, 72°55.00 W), região de Montérégie.

	recaonp ipit ti (mm)					rTemperatura Ai (C)				
	2012	2013	2015	2016	30 anos Normal	2012	2013	2015	2016	30 anos Normal
maio	142.3	150.2	114.2	46	89.3	15.9	15.5	16.4	14.0	13.4
junho	55.5	128.0	130.5	89.4	102.2	19.3	18.0	17.3	19.0	18.6
julho	78.4	33.4	132.7	129.7	103.8	21.7	21.0	20.6	20.8	20.8
agosto	46.7	99.0	96.3	172.7	103.5	21.8	19.1	20.4	20.8	19.7
setembro	118.5	123.1	66.1	32.2	82.8	15.5	16.1	18.3	16.6	15.2
outubro	116.3	82.5	96.1	158.4	101.5	10.7	10.2	7.4	9.1	8.3
novembro	19.0	85.3	69.3	93.9	98.0	0.3	1.04.5		3.6	1.9
Total	576.7	701.5	705.2	722.3	681.1					
Média						15.0	14.4	15.0	14.8	14.0

Fonte: https://climat.meteo.gc.ca/climate normals/results 1981 2010 f.html?stnID=5492&autofwd=1 consultado em 14/02/2023.

Tabela 4-2. Estatísticas descritivas das propriedades químicas do solo para a camada de solo (0-5 cm) e propriedades auxiliares

0-5 cm								
		Unidade	**n**	**Média**	**Mínimo**	**Máximo**	**DST**	**CV[a] (%)**
Propriedades químicas do solo								
wapH do solo ter			134	6.6	5.6	7.8	0.5	8
Carbono total		g kg 1	134	23	15	35	3	15
PM3		mg l<g 1	134	80	21	195	29	36
AlMS		mg l<g 1	134	970	367	1089	94	10
TeM3		mg l<g 1	134	308	110	394	48	16
CaM3		mg l<g 1	134	2218	1584	4569	469	21
(P/A1)M3		(%)	134	7.9	2.5	17.5	2.6	32
	Profundidade (m)	**Unidade**	**n**	**Média**	**Mínimo**	**Máximo**	**DST**	**CV (%)**
Elevação do solo e TWI medidos por Lidar								
Elevação		contadores	134	34.8	34.2	35.0	0.1	0.3
TWI			134	10	7	14	1.1	11
Condutividade eléctrica do solo medida por VERIS								
ECa30	0-0.3	niSm 1	2173	15.8	9.97	29.18	2.5	16
ECaioo	0-1.0	mS m 1	2173	32.6	19.97	43.61	4.6	9
Rendimento das culturas medido por DGPS utilizando o monitor de rendimento								
2Rendimento com oi2		Mg ha 1	6414	11.1	5.2	13.9	0.9	8
Rendimento da soja2013		Mg ha 1	4642	3.6	2.3	4.6	0.3	9
Rendimento da soja2015		Mg ha 1	4895	3.2	1.5	6.1	0.5	16
2Rendimento com oi6		Mg ha 1	6875	12.8	9.1	18.8	1.1	9

[a]**Nota:** CV: Coeficiente de variação. TWI: Índice de Humidade Topográfico

v1 1PM3; A1M3; Fe | | 3 e CaM3: concentrações disponíveis de P, Al Fe e Ca (mg kg^) extraídas com solução Mehlich-3. (P/A1)M3: rácio (%) determinado a partir das concentrações de PM3 e A1M3 do solo. [1]ECa30; ECa100: Condutividade eléctrica (mS nт) medida com Veris a 0-30 cm e 0-100 cm, respetivamente.

Tabela 4-3. Parâmetros geoestatísticos das propriedades químicas e auxiliares do solo.

Modelo [bc2] Rácio de soleira (%) (m)	Gama R		cv[d]
		0-5 cm	
Propriedades do solo			
pH do solo água	Sph	86	57	0.29
Carbono total	Sph	45	61	0.07
PM3	Sph	43	55	0.06
A1M3	Sph	52	64	0.27
FeM3	Sph	71	69	0.30
CaM3	Sph	99	77	0.26
(P/A1)M3	Sph	46	60	0.08
Elevação do solo e TWI medidos por Lidar (n = 2173)				
Elevação	Sph	88	98	0.97
Índice de humidade topográfico	Sph	78	242	0.50
Condutividade eléctrica aparente do solo (ECa) medida pelo Veris (n = 2173)				
ECa30	Exp	78	40	0.84
ECa100	Exp	99	42	0.77
Rendimentos das culturas medidos por DGPS utilizando monitores de rendimento				
Rendimento milho2012	Exp	99	11	0.33
Rendimento da soja2013	Exp	58	16	0.38
Rendimento da soja2015	Exp	77	47	0.56
Rendimento do milho2016	Sph	96	9.4	0.25

[a]**Nota**: Modelo de semivariograma: Sph, esférico, Exp, exponencial

[b] Rácio Sill (%) = [C/(C0+C)] x100; este rácio mede a dependência ou estrutura espacial de acordo com Whelan e McBratney (2000).

[c] Distância à qual uma semivariância se torna constante.

[d] Coeficiente de determinação da validação cruzada.

-1PM3; AlM3; FeM3 e CaM3: concentrações disponíveis de P, Al, Fe e Ca (mg kg) extraídas com Mehlich-3 solução. (P/Al)M3: rácio (%) determinado a partir das concentrações de PM3 e AlM3 no solo.

TWI: Índice Topográfico de Humidade

-1ECa30; ECa100: Condutividade eléctrica (mS m) medida com o Veris a 0-30 cm e 0-100 cm, respetivamente.

DGPS: Recetor do sistema de posicionamento global diferencial

Tabela 4-4. Equações de regressão espacial múltipla calculadas para o índice agroambiental de P do solo (P/Al)M3 em relação às propriedades químicas e auxiliares do solo na camada de 0-5 cm

	Equações de regressão espacial 0-5 cm		R^2
Propriedades químicas do solo			
Sθil pHágua	(P/AI)M3= 7,1x10-2 pHágua +1,59	(*p<0.01*)	0.210**
Carbono total	-2(P/Al)M3= 2,6x10 TC+1,48	(*p<0.01*)	0.130**
FeM3	-3(P/Al)M3= -4,7x10 FeM3+9,43	(*p=0.309*)	0.052
CaM3	-4(P/Al)M3= 8,7x10 CaM3+6,01	(*p<0.0001*)	0.350***
Propriedades auxiliares			
ECa30	-5(P/AI)M3= 9,1x10 ECa30+2,06	(*p=0.978*)	0.047
ECa100	-3(P/Al)M3= 1,5x10 ECa100+2,11	(*p=0.407*)	0.017
Rendimento milho2012	-2(P/Al)M3= -7,4x10 rendimento2012+8,77	(*p=0.483*)	0.006
Rendimento do feijão-soja2013	(P/Al)M3= 0.352yield2013+6.69	(*p=0.280*)	0.003
Rendimento da soja2015	(P/AI)M3= 0,306rendimento2015+6,93	(*p<0.05*)	0.008*
Rendimento milho2016	(P/AI)M3= 0,033 rendimento2016+7,54	(*p=0.744*)	0.029

[-1]**Nota:** PM3; AlM3; FeM3 e CaM3: concentrações disponíveis de P, Al, Fe e Ca (mg kg) extraídas com solução Mehlich-3. (P/Al)M3: rácio (%) determinado a partir das concentrações de PM3 e AlM3 no solo.
[-1]TC: Teor de carbono total medido com um analisador Elementar VarioMAX CN (TC, g kg).
[-1]ECa30; ECa100: Condutividade eléctrica (mS m) medida com o Veris a 0-30 cm e 0-100 cm, respetivamente.
Rendimentos: Rendimentos das culturas durante os anos de 2012, 2013, 2015 e 2016.
*, **, *** são equivalentes a um valor de p <0,05, p <0,01 e p <0,001, respetivamente.

Tabela 4-5. Valores médios das propriedades químicas do solo (0-5 cm) e auxiliares entre duas ou três MZs delineadas usando três estratégias de delineamento no campo de plantio direto.

Valores médios das propriedades químicas e auxiliares do solo à profundidade de (0-5 cm)

Número de MZ	Delineação MZs estratégias	MZ	(P/Al)M3 (%)	ECas mS m-1	TC g kg-1	PM3 mg kg-1	FeM3 mg kg-1	pHágua	CaM3 mg kg-1	Rendimento 2012 Mg ha-1	Rendimento 2013 Mg ha-1	Rendimento 2015 Mg ha-1	Rendimento 2016 Mg ha-1
2MZ	(P/Al)M3	MZ1	6.6 b	15.6 a	2.2 b	68 b	314 a	6.4 b	2075 b	11.1 a	3.6 a	3.3 a	12.7 a
		MZ2	10.1 a	16.1 a	2.4 a	100 a	300 b	6.8 a	2471 a	11.1 a	3.6 a	3.1 b	12.9 a
	ECa30	MZ1	7.8 b	14.4 b	2.3 a	75 b	319 a	6.5 b	2144 b	11.2 a	3.6 a	3.2 b	13.0 a
		MZ2	8.4 a	18.1 a	2.3 a	81 a	306 b	6.7 a	2356 a	11.0 a	3.6 a	3.3 a	12.6 b
	(P/Al)M3+ECa30	MZ1	7.6 b	14.4 b	2.2 a	74 b	320 a	6.5 b	2102 b	11.2 a	3.6 a	3.2 a	12.9 a
		MZ2	8.6 a	17.9 a	2.3 a	82 a	306 b	6.8 a	2405 a	11.0 a	3.6 a	3.3 a	12.6 b
3MZ	(P/Al)M3	MZ1	6.5 c	15.5 a	2.2 b	67 c	313 a	6.4 b	2073 b	11.1 a	3.6 a	3.3 a	12.7 a
		MZ2	8.5 b	15.7 a	2.3 ab	87 b	319 a	6.6 b	2242 b	11.1 a	3.6 a	3.1 b	12.9 a
		MZ3	11.8 a	16.6 a	2.4 a	111 a	283 b	7.0 a	2717 a	11.0 a	3.6 a	3.2 ab	12.9 a
	ECa30	MZ1	7.5 b	13.5 c	2.2 a	72 b	319 a	6.5 b	2072 c	11.2 a	3.6 a	3.2 ab	13.0 a
		MZ2	8.1 ab	15.8 b	2.3 a	78 a	315 a	6.6 ab	2235 b	11.1 a	3.6 a	3.1 b	12.9 a
		MZ3	8.5 a	19.2 a	2.3 a	82 a	303 b	6.8 a	2426 a	11.0 a	3.6 a	3.4 a	12.5 b
	(P/Al)M3+ECa30	MZ1	7.2 b	13.9 c	2.3 b	70 b	319 a	6.5 b	2037 b	11.2 a	3.6 a	3.2 b	12.9 a
		MZ2	8.5 a	15.9 b	2.3 a	82 a	317 a	6.6 a	2306 a	11.1 a	3.6 a	3.1 b	12.9 a
		MZ3	8.5 a	19.1 a	2.3 a	81 a	299 b	6.8 a	2406 a	11.0 a	3.6 a	3.4 a	12.5 b

[1]**Nota:** (P/Al)M3: Rácio do indicador agroambiental (%) calculado a partir das concentrações de PM3 e A1M3 do solo; ECa30: Condutividade eléctrica medida a 0-30 cm (mS m); TC: [11]Teor de carbono total medido com um analisador Elementar VarioMAX CN (TC, g kg-); PM3; FeM3 e CaM3: concentrações de P, Fe e Ca disponíveis (mg kg-) extraídas com

solução Mehlich-3. Rendimentos: Rendimentos das culturas durante os anos de 2012, 2013, 2015 e 2016.

Tabela 4-6. Ganho agroambiental de P (kg P2O5) calculado para uma rotação milho-soja com base no valor (P/A1)M3 de cada estratégia de delineamento MZ em comparação com o valor médio (P/A1)M3 do método convencional no campo de plantio direto.

Método convencional		estratégia 1 (P/A1)M3 medições		estratégia 2 3Medições ECa o		3estratégia 3 (P/Al)M +ECa30	
Zona de gestão (MZ)	IMZ	b22MZ (MZ MZ)	3MZ b213(MZ MZ MZ)	2MZ b2(MZ MZ)	b2i33MZ (MZ MZ MZ)	b22MZ (MZ MZ)	b2i33MZ (MZ MZ MZ)
Áreaª (MZ, ha)	MZ=9,5	MZι=5,77 2MZ =3,73	MZι=4,26 2MZ =3,31 3MZ = 1,93	MZ1=6.O 2MZ =3,5	MZ1=3,61 2MZ =3,64 3MZ =2,25	MZι=5,86 2MZ =3,64	MZι=3,70 2MZ =3,57 3MZ =2,23
(P/A1)M3 valor (%)	(P/A1)M3=7,9	(P/A1)M3(D=6,6%) 2(P/A1)M3( )=10,1%	23(P/A1)M3(D=6,5% (P/A1)M3( )=8,5% (P/A1)M3( )=11,8%	3(P/A1)M (D=7,8%) 32(P/A1)M( ) ( )=8,4%	3(P/A1)M (D=7,5%) 32(P/A1)M =8,1% 33(P/A1)M ( )=8,5	3(P/A1)M (D=7,6%) 32(P/A1)M ( )=8,6%	3(P/A1)M (D=7,2%) 32(P/A1)M ( )=8,5 33(P/A1)M ( )=8,5
Recomendações P ᵇpara com 25¹(kgP O ha)	40	zιn ZU	40 40 20	zin 4U	40 40 40	zin 4U	40 40 40
ᶜP recomendações para com de cada MZ (kgP2O5)	TQn J Ov	231 75	170 132 sobre	240 140	144 146 On	234 146	148 143 80
Total P recomendações para com 25(kgp o)	380	306	341	380	380	380	380

Nota: MZ: Zonas de gestão. [1](P/A1)M3: Rácio do indicador agroambiental (%) calculado a partir das concentrações de PM3 e A1M3 do solo; ECa30: Condutividade eléctrica (mS rrr) medida com Veris a 0-30 cm.

[a]Área: área específica (ha) de cada MZ específica medida utilizando o ArcGIS.

[b1]Recomendação específica de P (kg P2O5 ha^) correspondente a cada valor MZ de (P/AI)M3 de cada área específica. Esta recomendação foi feita de acordo com o *Guide de Référence en Fertilisation du Québec* (CRAAQ, 2010). Esses valores de recomendação específicos de P foram 0 kg P2O5 para a soja.

[c]Recomendação precisa de P (kg P2O5) aplicada em cada área da MZ (A), com base no valor de cada MZ de (P/AI)M3.

[d]Recomendação total de P (kg P2O5) aplicado em todas as zonas específicas da MZ: MZι, MZ2 e MZ3

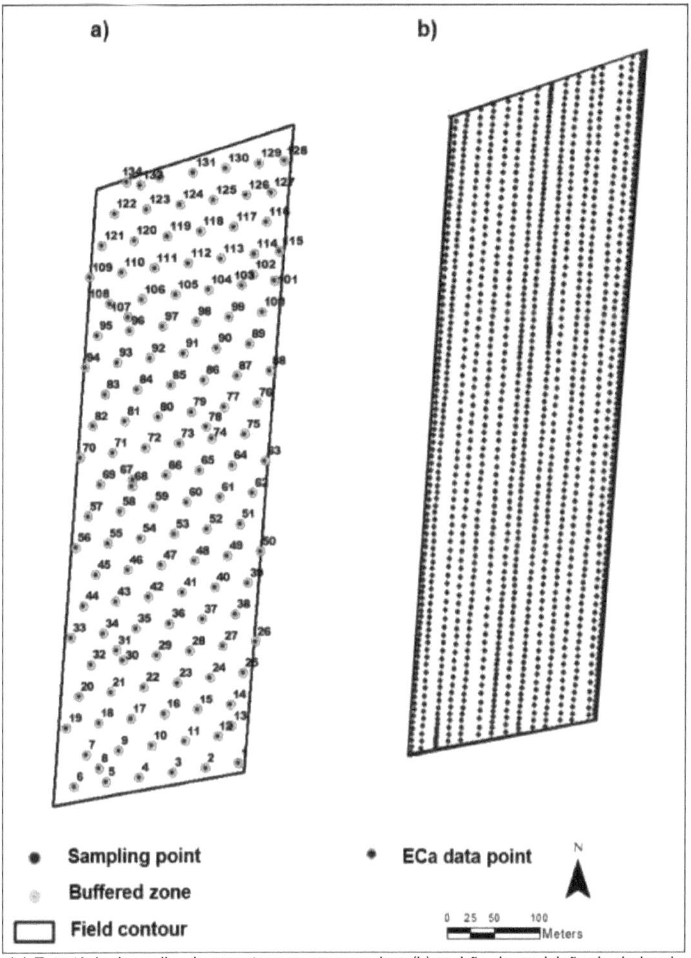

Figura 4-1: (a) Estratégia da grelha de amostragem para o solo e (b) padrão de aquisição de dados de condutividade eléctrica do solo (ECa).

Figura 4-2. Fluxograma que resume as estratégias de delimitação utilizando o método ISODATA. **Nota:** ZM: zonas de gestão; *nZM*: número ótimo de ZM. $^{-1}$PM3 e AlM3: concentrações de P e Al disponíveis no solo (mg kg) extraídas com solução de Mehlich-3; (P/Al)M3: rácio (%) determinado pelas concentrações de PM3 e AlM3 no solo. $^{-1}$ECa: Condutividade eléctrica (mS m) medida com Veris. ANOVA: Análise de Variância determinada com o programa SAS. [1]Recomendações de fertilizante P2O5: Recomendação de fertilizante P (kg P2O5 ha^) aplicada a partir de todas as áreas específicas de MZ resultantes de cada estratégia de delineamento

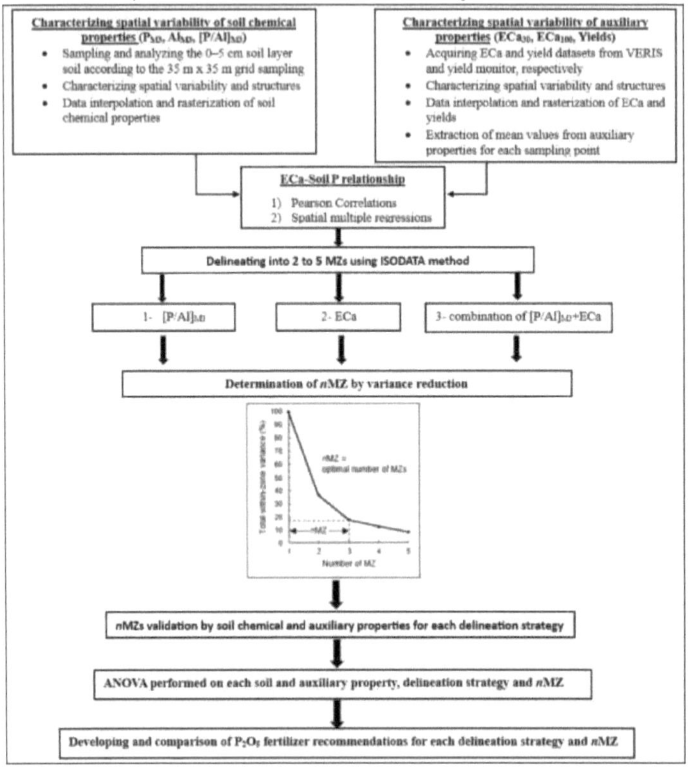

Figura 4-3. Mapas de distribuição espacial das propriedades químicas do solo PM3 (a), (P/A1)M3 (b), A1M3 (c) TC (d), PeM3 (e) e CaM3 (f) para a camada de solo de 0-5 cm. v1 [1]Nota: PM3; A1M3; Fe | | 3 e CaM3: concentrações disponíveis de P, Al Fe e Ca (mg kg^) extraídas com solução Mehlich-3. (P/A1)M3: rácio (%) determinado a partir das concentrações de PM3 e A1M3 do solo. [1]TC: Teor de carbono total medido com um analisador ElementarVarioMAXCN (TC, g kg).

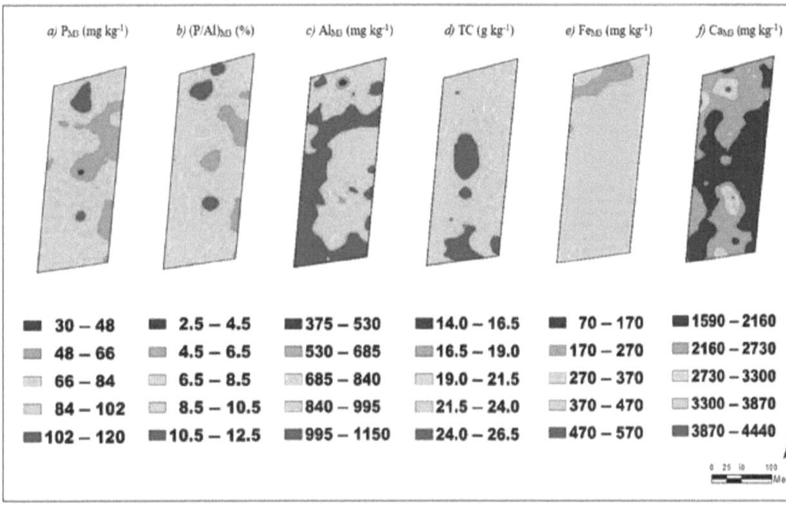

Figura 4-4. Mapas de distribuição espacial das propriedades auxiliares ECa30 (a), ECawo (b), Rendimento do milho2012 (c), Rendimento da soja2013 (d), Rendimento da soja20w (e) e Rendimento do milho20i6 (f). [1]Nota: ECa30; ECawo: Condutividade eléctrica (mS nT) medida com Veris a 0-30 cm e 0-100 cm, respetivamente. Rendimentos: Rendimentos das culturas durante os anos de 2012, 2013, 2015 e 2016.

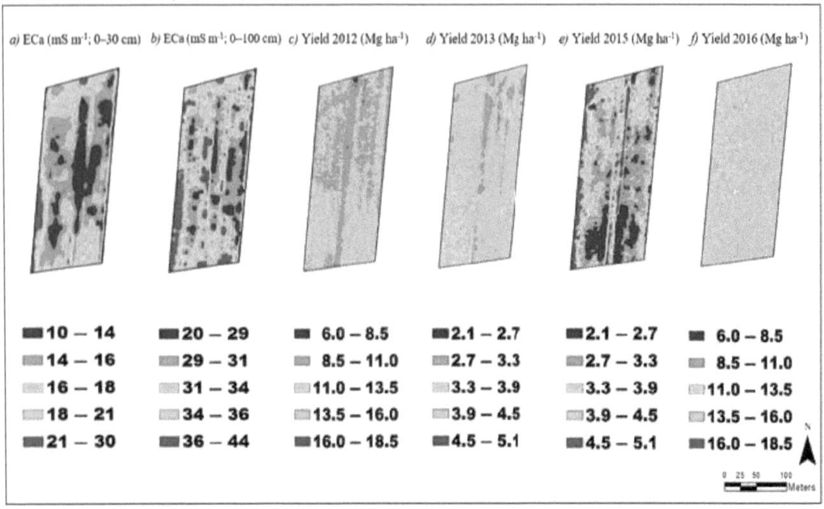
a) ECa (mS m-1; 0–30 cm)
b) ECa (mS m-1; 0–100 cm)
c) Yield 2012 (Mg ha-1)
d) Yield 2013 (Mg ha-1)
e) Yield 2015 (Mg ha-1)
f) Yield 2016 (Mg ha-1)
10 – 14
14 – 16
16 – 18
18 – 21
21 – 30
20 – 29
29 – 31
31 – 34
34 – 36
36 – 44
6.0 – 8.5
8.5 – 11.0
11.0 – 13.5
13.5 – 16.0
16.0 – 18.5
2.1 – 2.7
2.7 – 3.3
3.3 – 3.9
3.9 – 4.5
4.5 – 5.1
2.1 – 2.7
2.7 – 3.3
3.3 – 3.9
3.9 – 4.5
4.5 – 5.1
6.0 – 8.5
8.5 – 11.0
11.0 – 13.5
13.5 – 16.0
16.0 – 18.5
N
0 25 50 100
Meters

Figura 4-5. Coeficientes de correlação de Pearson (r) do índice agroambiental de P do solo $(P/Al)_{M3}$ e condutividade eléctrica aparente (EC_{a30} e EC_{a100}) em relação às propriedades químicas e auxiliares do solo para a camada de 0-5 cm do solo. [-1]**Nota**: P_{M3}; Al_{M3}; Fe_{M3} e Ca_{M3}: concentrações disponíveis de P, Al, Fe e Ca (mg kg) extraídas com solução de Mehlich-3. $(P/Al)_{M3}$: rácio (%) determinado a partir das concentrações de P_{M3} e Al_{M3} no solo. [-1]EC_{a30}; EC_{a100}: Condutividade eléctrica (mS m) medida com Veris a 0-30 cm e 0-100 cm, respetivamente. Rendimentos: Rendimentos das culturas durante os anos de 2012, 2013, 2015 e 2016. *, **, *** são equivalentes ao valor de p <0,05, p <0,01 e p <0,001, respetivamente. .

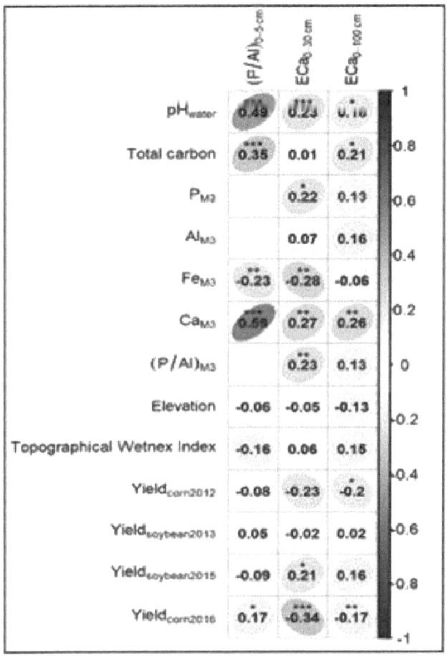

Figura 4-6. Delineação de ZMs (2-5 ZM) usando medições $(P/A1)_{M3}$ (a-d), medições ECa30 (e-h) e estratégias (P/Al)M3+ ECa30 (i-l) na camada de solo de 0-5 cm. **Nota:** MZ: Zonas de gestão; $(P/A1)_{M3}$: rácio (%) determinado a partir das concentrações de P_{M3} e $A1_{M3}$ do solo. [1]ECa30: Condutividade eléctrica (mS nт) medida com Veris a 0-30 cm

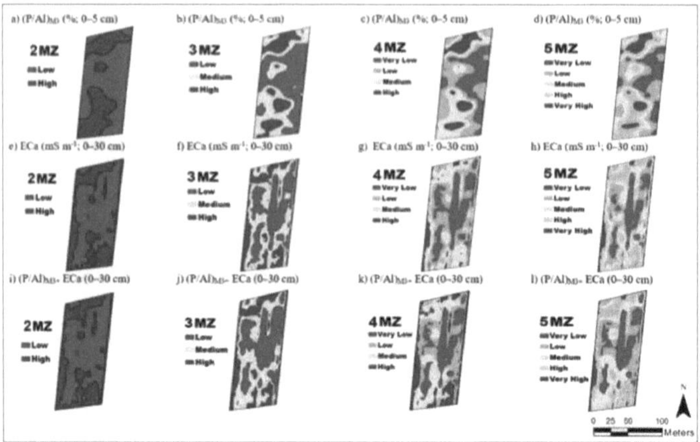

Figura 4-7. Redução da variância total dentro da zona para $(P/Al)_{M3}$, condutividade elétrica aparente do solo (ECa30), propriedades químicas do solo (0-5 cm) e rendimentos das culturas (2012-2016) em MZ usando $(P/Al)_{M3}$ (a-d) e ECa (0-30 cm) medições (e-h) estratégias de delineamento. **Nota:** ZM: Zonas de gestão. pH: pH do solo medido utilizando um rácio solo/água de 1:1. [1]P_{M3}; Pe_{M3} e Ca_{M3}: concentrações disponíveis de P, Fe e Ca (mg kg) extraídas com solução Mehlich-3. $(P/A1)_{M3}$: rácio (%) determinado a partir das concentrações de P_{M3} e $A1_{M3}$ do solo. [1]TC: Teor de carbono total medido com um analisador Elementar VarioMAX CN (TC, g kg-). [1]ECa_{30}: Condutividade eléctrica (mS m^) medida com Veris a 0-30 cm. Rendimentos: Rendimentos das culturas durante os anos de 2012, 2013, 2015 e 2016.

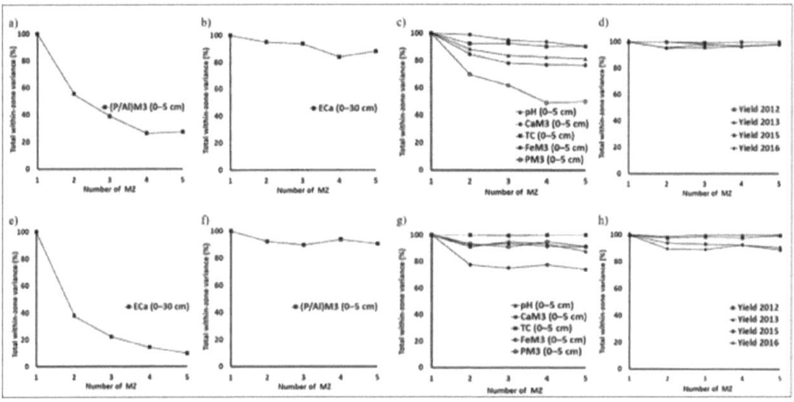

Figura 4-8. Redução da variância total dentro da zona para $(P/A1)_{M3}$ e condutividade elétrica aparente do solo (ECa30) (a), propriedades químicas do solo (0-5 cm) (b) e rendimentos das culturas (2012-2016) (c) em MZ usando a estratégia de delineamento $(P/Al)_{M3}$+ ECa_{30}. **Nota:** MZ: Zonas de gestão. pH: pH do solo medido utilizando um rácio solo/água de 1:1. $_{v}$[1]P_{M3}; Fe | | 3 e Ca_{M3}: concentrações disponíveis de P, Fe e Ca (mg kg^) extraídas com solução Mehlich-3. $(P/A1)_{M3}$: rácio (%) determinado a partir das concentrações de P_{M3} e $A1_{M3}$ do solo. [1]TC: Teor de carbono total medido com um analisador Elementar VarioMAX CN (TC, g kg"). [1]ECa_{30}: Condutividade eléctrica (mS nT) medida com Veris a 0-30 cm. Rendimentos: Rendimentos das culturas durante os anos de 2012, 2013, 2015 e 2016.

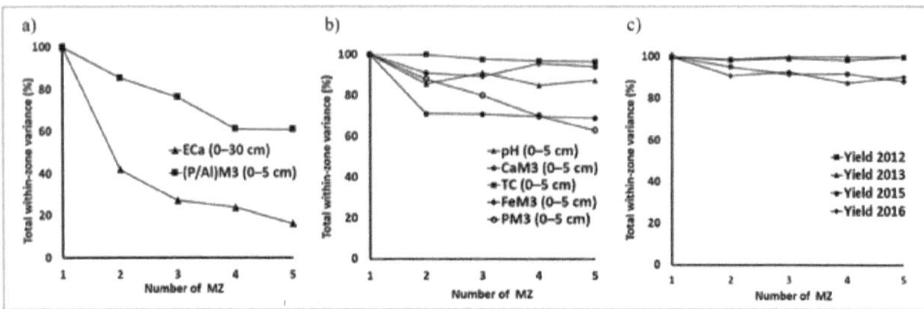

a)
b)
c)
Total within-zone variance (%)
Number of MZ
ECa (0–30 cm)
(P/Al)M3 (0–5 cm)
pH (0–5 cm)
CaM3 (0–5 cm)
TC (0–5 cm)
FeM3 (0–5 cm)
PM3 (0–5 cm)
Yield 2012
Yield 2013
Yield 2015
Yield 2016

Capítulo 5

Discussão geral

O P é um nutriente importante para o crescimento e desenvolvimento das culturas. No entanto, as aplicações excessivas de P nos solos agrícolas em relação às necessidades das culturas resultaram na estratificação do P, aumentando o risco de perda deste elemento através do escoamento superficial (Jamieson et al., 2003). Este facto contribui para a degradação ambiental através da eutrofização dos cursos de água (Grant et al., 1996; Jordan et al., 2000; Messiga, 2010; Wei-Xia et al., 2015).

Assim, a gestão sustentável do P em solos aráveis depende de uma fertilização que equilibre a oferta e a procura efectiva de P no solo (Tunney, 1990; Fu et al., 2013a). Por conseguinte, é importante compreender melhor a variabilidade espacial (VS) do P nos solos aráveis, a fim de melhorar a utilização económica e racional dos fertilizantes P, promover a rentabilidade e a sustentabilidade da empresa agrícola, melhorar a redução das perdas de P e a preservação do ambiente. Até à data, existem poucos estudos sobre o impacto dos sistemas de cultivo e da lavoura no P SV ao nível do campo agrícola na província do Quebeque. Além disso, foram efectuados poucos estudos sobre a delimitação de zonas de gestão baseadas no P (ZAs) utilizando a condutividade eléctrica aparente do solo (ECa) com o objetivo de reduzir o P SV no Quebeque.

Nesta tese, os impactos dos sistemas de cultivo e da lavoura no P SV foram avaliados para fins de recomendações precisas de P_2O_5 para reduzir as perdas de P. Além disso, a delimitação de ZAs baseadas em P foi avaliada usando ECa para melhor reduzir essa variabilidade em um contexto de agricultura de precisão. Assim, quatro aspectos principais serão resumidos nesta discussão geral, nomeadamente 1- estratificação do P e suas implicações agro-ambientais; 2- factores agronómicos que afectam o P SV; 3- relações entre o P e outras propriedades físico-químicas e auxiliares; e 4- benefícios agro-ambientais associados a uma melhor gestão do P à escala do campo.

5.1 Estratificação do P e suas implicações agro-ambientais

A estratificação do P continua a ser uma questão agroambiental importante para os solos da província do Quebeque. Os resultados do Capítulo 2 mostraram que uma elevada taxa de aplicação de aditivos orgânicos ricos em P resultou numa estratificação de P em pastagens permanentes (10 anos), em comparação com pastagens jovens (2 anos), onde as concentrações de P eram semelhantes em ambas as camadas do solo (0-5 cm e 520 cm) (Quadro 2-1). Além disso, os valores espaciais de P eram mais elevados na camada de 0-5 cm do que na camada de 520 cm do solo sob PA, enquanto eram semelhantes no solo sob JP (Figura 2-2; Figura 2-3), confirmando a estratificação de P. Os prados permanentes (10 anos) aumentaram o risco agroambiental de poluição por P em comparação com o solo sob prados jovens (2 anos). Os mapas de distribuição espacial dos indicadores de P (P_{M3} e $(P/Al)_{M3}$) mostraram que os níveis elevados de $(P/Al)_{M3}$ no solo sob pastagens permanentes estavam próximos do risco agroambiental de poluição por P (limite de limiar=15%) (Figura 2-3) em comparação com o valor médio de $(P/Al)_{M3}$ (7%) no campo (Quadro 2-1) geralmente considerado para recomendações de P_2O_5 na província do Quebeque.

Da mesma forma, os resultados do Capítulo 3 também mostraram que a prática agronómica do plantio direto (NTM) resultou na estratificação do P, em comparação com a lavoura convencional (CT), onde as concentrações de P eram semelhantes em ambas as camadas do solo (0-5 cm e 5-20 cm) (Figura 3-2). Além disso, os valores espaciais de P eram mais elevados na camada de 0-5 cm do que na camada de 5-20 cm do solo sob SD, ao passo que eram semelhantes no solo sob CT (Figura 3-3; Figura 3-4), confirmando a estratificação de P. Assim, a prática agronómica de SD aumentou o risco agroambiental de poluição por P (8%) em comparação com o solo sob CT. Os valores espaciais de P revelaram que os níveis de indicadores agro-ambientais de P no solo sob SD eram superiores ao limite do limiar agroambiental para a poluição por P (limiar=8%) (Figura 3-4) em comparação com o valor médio de campo $(P/Al)_{M3}$ (8%) (Figura 3-2) frequentemente considerado para recomendações de P_2O_5 na província do Quebeque.

Assim, os capítulos 2 e 3 demonstraram a importância da estratificação de P e as suas implicações agro-ambientais, em termos de riscos de poluição de P sob o impacto de diferentes sistemas de cultivo e lavoura. Muitas preocupações agro-ambientais foram observadas em relação à prática de SD em relação à estratificação de P (Cade-Menun et al., 2010; Messiga et al., 2010; Messiga et al., 2012; Abdi et al., 2014), transporte e escoamento para águas superficiais (Puustinen et al., 2005; Allaire et al., 2011), o que pode levar à eutrofização de P nos rios (Jordan et al., 2000; Sun et al., 2015; Patoine et al., 2017).

Estes dois capítulos também revelaram o desenvolvimento da heterogeneidade espacial do P de acordo com o modelo de distribuição do P no solo à escala do campo, tal como confirmado por estudos realizados anteriormente (Fu et al., 2013a; Peralta e Costa, 2013; Bogunovic et al., 2014). Esta heterogeneidade espacial do P resulta numa elevada variabilidade do P no solo, daí a importância de considerar o P SV e os factores agronómicos que podem afetar esta variabilidade para recomendações precisas de P2O5 para fins de redução das perdas de P.

5.2 Factores agronómicos que afectam a variabilidade espacial do P à escala do campo

Sistemas agrícolas

Os resultados do Capítulo 2 mostraram que, com base no CV, a variabilidade do P era alta a muito alta (45-81%) de acordo com a classificação de Nolin e Caillier (1992b) em relação a outras propriedades físico-químicas do solo (Quadro 2-1). West et al (1989) explicaram que a elevada variabilidade do P nas pastagens se deve provavelmente à presença de formas químicas altamente lábeis de P no solo. Estes valores de CV obtidos são coerentes com estudos anteriores efectuados em pastagens na Irlanda (McCormick et al., 2009; Fu et al., 2013a; Fu et al., 2013b).

Os resultados do Capítulo 2 também revelaram que o sistema de pastagem permanente (10 anos) combinado com práticas de fertilização intensiva modificou a variabilidade do P ao nível do campo (Quadro 21). De facto, a variabilidade do P foi mais elevada (63-81%) no sistema de rotação milho-soja (2 anos), enquanto foi mais baixa (46-64%) no sistema de prados permanentes. Assim, a pastagem permanente (10 anos) reduziu a variabilidade do P ao nível do campo. O estudo de Jia et al (2011) também observou os mesmos efeitos.

Além disso, a elevada variabilidade do P devido ao efeito dos sistemas de pastagem combinados com práticas de fertilização intensiva tem um impacto em duas implicações agronómicas, nomeadamente (1) a estratégia de amostragem baseada no número de amostras necessárias (*n*) e (2) a não uniformidade das recomendações de P (kg $_{P2O5}$). [222]Uma variabilidade elevada de P corresponde a um número elevado (*n*) de amostras necessárias (densidade de amostragem) para atingir uma dada precisão da estimativa do P médio (Wilding e Drees, 1983; Nolin et al., 1991), de acordo com a seguinte fórmula: n=t CV /ER . *n* é uma função da variabilidade (CV) de P, do erro relativo (ER) e da probabilidade escolhida. Desta forma, a relação entre a amostragem, a intensidade e a probabilidade de a média de campo de uma determinada dimensão de amostra permanecer dentro de um intervalo aceitável (Nolin et al., 1991; Grandt et al., 2010). O objetivo é captar melhor esta variabilidade.

A elevada variabilidade do P significa que as recomendações de P2O5 não são uniformes, pelo que é importante ter este facto em conta para aplicar a quantidade certa de P, no momento certo, no local certo e da forma certa, a fim de reduzir as perdas de P. A variabilidade do P com base no CV é um bom indicador da intensidade da variação do P, mas não nos diz nada sobre a natureza dessa variabilidade (estruturada ou aleatória) nem sobre o padrão exato dessa variabilidade (Cambouris et al., 2006).

Os resultados do Capítulo 2 mostraram que a dependência espacial do P do solo sob JP e AP foi moderada (31-71%) (Tabela 2-2). Isto resulta da interação entre os factores intrínsecos (série do solo) e extrínsecos do solo (fertilização intensiva com P ou práticas agrícolas) que determinam a estrutura espacial do P. Estes resultados obtidos estão de acordo com outros estudos realizados anteriormente (Whelan e McBratney, 2000; Jia et al., 2011; Fu et al., 2013a).

Os resultados do capítulo 2 também revelaram que as práticas de fertilização intensiva (adubações ricas em P) reduziram a dependência espacial do P do solo nos prados permanentes durante um período mais longo (10 anos) (quadro 2-2). Esta redução da dependência espacial do P explica-se pela influência crescente dos factores extrínsecos do solo (fertilização rica em P), que modificaram a estrutura espacial a longo prazo do P do solo no campo. Vários estudos confirmaram estes resultados (Grandt et al., 2010; Jia et al., 2011; Fu et al., 2013a). Uma estrutura espacial reduzida do P do solo pode ter um impacto na eficiência da delimitação de ZAs para a gestão sustentável do P do solo nas pastagens. De facto, uma estrutura espacial elevada de P terá um impacto positivo em termos de delimitação de ZAs, enquanto uma estrutura espacial baixa de P dificultará a utilização de ZAs devido à falta de dependência espacial de P.

Trabalhar o solo

Os resultados do Capítulo 3 mostraram que, com base no CV, a variabilidade do P foi moderada a muito elevada (32-60%) (Nolin e Caillier, 1992b) em comparação com outras propriedades físico-químicas do solo (Figura 3-2). A variabilidade do P foi mais elevada em comparação com outras propriedades do solo. Esses resultados foram semelhantes a outros estudos realizados anteriormente sob lavoura (Cambouris et al., 2017; Dalchiavon et al., 2017; Malvezi et al., 2019). A alta variabilidade de P sob semeadura direta (DS) seria explicada por (1) a mistura reduzida de solo, resíduos de colheita e fertilizante P, e (2) os altos níveis de P residual na superfície do solo (Kitchen et al., 1990; Tyler e Howard, 1991; Mallarino, 1996).

Os resultados do capítulo 3 também revelaram que a prática agronómica da DS reduziu a variabilidade do P à escala do campo (Figura 3-2). Os resultados são semelhantes a outros estudos realizados à escala de parcelas experimentais no Quebeque (Cambouris et al., 2017). A redução da variabilidade no âmbito da DS teria um impacto positivo na estratégia de amostragem, caracterizada por um número reduzido de amostras de solo.

Os resultados do Capítulo 3 mostraram que a dependência espacial do P em solos lavrados foi moderada (23-46%) (Tabela 3-2). Isto resulta da interação entre os factores intrínsecos (série do solo) e extrínsecos do solo (lavoura) que determinam a estrutura espacial do P. Estes resultados obtidos estavam de acordo com outros estudos realizados anteriormente (Dalchiavon et al., 2017). A dependência espacial do P do solo foi maior sob SD em comparação com CT, devido à redução da lavoura sob SD, impactando na estrutura espacial de longo prazo do P do solo na escala de campo.

Pedodiversidade e densidade de amostragem

O trabalho nesta tese também destaca o impacto da baixa diversidade do solo na variabilidade e dependência espacial de P sob o efeito de sistemas de cultivo, lavoura combinada com práticas intensivas de fertilização. Estudos anteriores sobre P SV foram realizados em campos contendo várias séries de solo no leste do Canadá (Nolin et al., 1999; Nolin et al., 2003; Cambouris et al., 2006; Perron et al., 2018). Esses estudos foram caracterizados por alta variabilidade de P associada a alta dependência espacial (r > 75%), resultante da alta diversidade de solos (Cambouris et al., 2006; McCormick et al., 2009; Roger et al., 2014; Sun et al., 2015). A presença de parcelas longas e estreitas, constituídas por um ou mais canteiros arredondados, explica grande parte da elevada variabilidade de muitas propriedades do solo, incluindo o P na região (Quenum et al., 2012).

Os resultados dos Capítulos 2 e 3 mostraram uma elevada variabilidade de P sob o efeito de sistemas de cultivo, lavoura e baixa diversidade de solos à escala do campo no leste do Canadá (Quadro 2-1; Figura 3-2). No entanto, essa alta variabilidade de P está associada à redução da dependência espacial de P (23-71%) em comparação com estudos anteriores realizados sob alta diversidade de solo (Nolin et al., 1999; Nolin et al., 2003; Cambouris et al., 2006; Perron et al., 2018). Esta dependência espacial reduzida do P é causada pela fertilização rica em P (Grandt et al., 2010), combinada com baixa diversidade do solo. Além disso, o trabalho também demonstrou uma redução na variabilidade e dependência espacial de $_{ALM3}$ (Tabela 2-1; Tabela 2-2; Figura 3-2; Tabela 3.2) em comparação com estudos anteriores realizados, caracterizados por maior variabilidade e dependências espaciais de 1'$_{A1M3}$ sob alta pedodiversidade (Nolin et al., 2003; Perron et al., 2018).

A densidade de amostragem é um fator não negligenciável na avaliação do SV de P à escala do campo. Uma densidade de amostragem reduzida tem pouco efeito na variabilidade do P (Radocaj et al., 2021), mas tem um forte impacto na estrutura espacial do P (Fu et al., 2013b). [1]Shi et al (2000) obtiveram estruturas espaciais de até 98% correspondentes a densidades de amostragem mais baixas (i.e. 2 amostras ha). Estes resultados foram também confirmados por Nze Memiaghe et al (2022). Além disso, os resultados do capítulo 4 demonstraram que o método de delimitação de ZAs baseado na densidade de amostragem do $(P/A1)_{M3}$ representou a melhor estratégia de delimitação de ZAs para efeitos de redução (45%) do SV do $(P/A1)_{M3}$ (Figura 4-6). Assim, a densidade de amostragem continua a ser um fator dominante na caraterização do SV de P.

ECa: um instrumento limitado para caraterizar a variabilidade espacial de P

A CEa representa a melhor tecnologia moderna para delimitar ZAs no terreno (Cambouris et al., 2006). De facto, pode ser utilizada como uma propriedade auxiliar para melhor caraterizar a variação das propriedades do solo no interior do campo (Cambouris et al., 2006), devido à sua forte correlação com várias propriedades físico-químicas do solo (Sudduth et al., 2005; Saifuzzaman et al., 2021; Becker et al., 2022).

No entanto, os resultados do Capítulo 4 demonstraram que a CEa representou uma ferramenta limitada para caraterizar o P SV neste estudo, devido a uma correlação pouco significativa (0,22-0,23) observada entre a $_{CEa30}$ e os dois indicadores de P no solo estratificado com P (Figura 4-4). Esses resultados foram semelhantes a estudos anteriores realizados em solos estratificados com P (Omonode e Vyn, 2006; Peralta e Costa, 2013). A baixa intensidade da correlação CEa-P poderia ser explicada pelo baixo teor de água (Rhoades et al., 1989; Omonode e Vyn, 2006) associado à baixa pedodiversidade observada nos solos (Adamchuk et al., 2015).

Assim, as relações CEa-P do solo variam de campo para campo e devem-se provavelmente ao teor de água e ao desempenho dos sensores de CEa específicos do campo, onde o campo é dominado por um ou dois factores intrínsecos principais, como o teor de argila ou a humidade do solo (Corwin e Lesch, 2005; Brevik et al., 2006). Estes dois factores intrínsecos do solo tornam a interpretação dos valores de CEa muito específica do campo estudado. No entanto, as medições da CEa continuam a ser uma ferramenta importante para avaliar a fertilidade do solo em termos de P na agricultura de precisão, uma vez que têm o potencial de identificar zonas nos campos onde os tipos de solo, os níveis de nutrientes e a produtividade diferem muito (Omonode e Vyn, 2006).

5.3 Relação entre P e outras propriedades físico-químicas e auxiliares

P e as propriedades físico-químicas dos solos

Os resultados dos capítulos 2 e 3 mostraram que as práticas agronómicas (sistemas de cultivo e lavoura) tiveram um impacto nas correlações entre o P e as propriedades físico-químicas do solo. De facto, os resultados do capítulo 2 mostraram que as diferenças na correlação entre o P e as propriedades físico-químicas do solo variaram de acordo com os sistemas de pastagem contrastantes (Quadro 2-3; Quadro 2-4). A pastagem permanente resultou numa acumulação de P, modificando significativamente os efeitos de 1'$_{A1M3}$, $_{FeM3}$ e CaM3 no P estratificado, resultante de uma diminuição do pH. Estes resultados foram confirmados pelas associações visuais entre P e estes elementos químicos nos mapas de distribuição espacial (Figuras 2-3 d, e e f).

Também foram observadas ligações P-Ca e P-Fe neoformadas, confirmadas por outros estudos anteriores (Beauchemin et al., 2003; Kuo et al., 2005; Eriksson et al., 2016).

Os resultados do capítulo 3 mostram que as relações entre o P e as propriedades físico-químicas do solo diferem consoante as práticas de mobilização. De facto, a DS conduziu a uma acumulação de P, induzindo alterações significativas nas relações entre P e pH, carbono total e CaM3, resultando numa queda do pH (Quadro 3-3; Quadro 3-4). Esta diminuição do pH do solo deve-se à acidificação provocada pelos fertilizantes azotados combinada com a decomposição dos resíduos de culturas (Limousin et al., 2007; Soane et al., 2012; Malvezi et al., 2019). Estes resultados foram confirmados pelas associações visuais entre o P e estes elementos químicos nos mapas de distribuição espacial (Figuras 3-4 a, b e f).

P e propriedades auxiliares

Os resultados do artigo 3 mostraram que a relação $_{CEa30-P}$ era fraca (r < 0,70) de acordo com Heiniger et al. (2003) à escala do campo (Figura 4-4). Estes resultados têm um impacto agronómico na delimitação das ZAs, impedindo uma abordagem geoestatística de co-kriging destinada a melhorar a previsão da distribuição espacial de $(PZAl)_{MS}$ utilizando a $_{CEa30}$ na camada de 0-5 cm neste estudo. Assim, foram desenvolvidas três estratégias distintas de delineamento das ZAs com base em 1) $(P/Al)_{M3}$; 2) $_{CEa30}$; e 3) a combinação $(P/Al)_{M3+CEa30}$ (Figuras 4-5) para reduzir o SV de $(P/Al)_{M3}$, com o objetivo de otimizar as recomendações precisas de P2O5 no âmbito da SD.

Não foi observada uma correlação $_{CEa100-P}$ significativa, à semelhança de Peralta e Costa (2013). $^{22+2+}$Isto deveu-se principalmente a duas razões: (1) as condutâncias equivalentes dos iões P inorgânicos (H2PO4^{-} , $_{HPO4}$-) foram geralmente inferiores às de outras espécies iónicas (Ca e Mg) nos solos; e (2) as práticas de fertilização (aplicação em faixas) e a sementeira direta tiveram impacto nesta fraca relação $_{CEa100-P}$ do solo (Jung et al., 2005; Motavalli et al., 2015).

Nesta tese, o estudo das relações P-rendimento ao longo de quatro anos sucessivos constitui uma originalidade na província do Quebeque. Os resultados mostraram que as relações P-rendimento variam de ano para ano, como observado em estudos anteriores (Guedes Filho et al., 2010; Diacono et al., 2012; Ameer et al., 2022; Nyéki et al., 2022). Esta relação depende de dois factores dominantes, nomeadamente as propriedades do solo e as condições climáticas, que têm um impacto na variabilidade do rendimento (Jiang e Thelen, 2004; Singh et al., 2016; Nyéki et al., 2022). As propriedades do solo e as condições climáticas podem variar todos os anos devido às variações climáticas (Rodrigues e Corá, 2015).

Variabilidade de P e propriedades físico-químicas e auxiliares

Equações de regressão espacial múltipla foram geradas para avaliar o impacto das propriedades físico-químicas e auxiliares do solo na VS de P. Assim, os resultados do trabalho 1 revelaram que a pastagem permanente acumulou P, afetando significativamente o impacto de Ca_{M3} e Fe_{M3} na variabilidade de P (Tabela 2-4). Da mesma forma, os resultados do artigo 2 revelaram que a prática SD acumulou P, induzindo mudanças significativas de CT, $A1_{M3}$, Fe_{M3} e Ca_{M3}, na variabilidade do P (Tabela 3-4)

Os resultados do Documento 3 (Tabela 4-4) mostraram que 13-35% das variações em $(P/A1)_{M3}$ foram significativamente explicadas por Ca_{M3}, p⅛au e TC. No entanto, estes resultados também mostraram que as propriedades auxiliares tiveram um pequeno impacto (0,3 - 5%) na variabilidade de $(P/A1)_{M3}$ (Tabela 4-4). Omonode e Vyn (2006) obtiveram resultados semelhantes, confirmando o baixo impacto da CEa (< 7%) na variabilidade do P num solo estratificado com P sob uma rotação de milho-soja de 50 anos.

Assim, a aplicação das equações de regressão espacial confirmou a força e a estabilidade das relações entre os indicadores de P (P_{M3}; $[P/A1]_{M3}$) e CaM3, Fe_{M3} e TC. Assim, seria sensato considerar a variabilidade destas propriedades físico-químicas e as suas respectivas estruturas espaciais, a fim de compreender melhor a variabilidade do P acumulado no solo sob estas diferentes práticas agronómicas, uma vez que estas propriedades físico-químicas têm um impacto significativo na acumulação de P no solo.

5.4 Implicações agro-ambientais da variabilidade espacial do P: ganhos de P2O5 em culturas de milho para grão

O P SV do solo pode ser controlado por duas estratégias agronómicas principais na agricultura de precisão: (1) aplicação de taxa variável (VRA) e (2) utilização de zonas de gestão (ZAs). Ambas as abordagens têm por objetivo reduzir as perdas de P para o ambiente. 2525 Assim, os resultados do artigo 2 avaliaram os ganhos em P O para a cultura do milho grão com base na ATV para fins de recomendações específicas de P O em comparação com a aplicação uniforme baseada no valor médio do indicador agroambiental (P/Al)M3de todo o campo (Tabela 3-5). No campo sob SD, a quantidade total de P2O5 com base no valor médio do indicador agroambiental $(P/A1)_{M3}$ foi de 380 kg de P2O5 em comparação com 364 kg de P2O5 com base no ATV usando mapas georreferenciados para recomendações de P2O5 em milho grão. Isso gerou uma redução de 14 kg de P2O5 no campo.

Além disso, os resultados do artigo 3 avaliaram as reduções de entrada de P2O5 para o milho em grão utilizando três estratégias de delimitação distintas baseadas em 2 e 3 ZAs para efeitos de recomendações específicas de P2O5 em comparação com o método convencional baseado no valor médio $(P/A1)_{M3}$ de todo o campo (380 kg P2O5) semelhante ao artigo 2 (Quadro 4-6). Estas 3 estratégias de delimitação de ZAs baseiam-se em 1) $(P/Al)_{M3}$; 2) CEa_{30}; e 3) a combinação de $(P/Al)_{M3+CEa30}$ para reduzir o SV de $(P/Al)_{M3}$, com o objetivo de otimizar as recomendações precisas de P2O5 no âmbito da SD.

Assim, foram determinadas 6 recomendações agronómicas de P2O5 baseadas em 2 e 3 ZAs para cada estratégia de delimitação, em comparação com o método convencional (380 kg P2O5) (Quadro 4-6). As quantidades totais de P2O5 baseadas em 2 e 3 ZAs de acordo com $(P/Al)_{M3}$ representaram 306 e 341 kg de P2O5 no campo, respetivamente. Isto gerou reduções respectivas de 74 e 39 kg de P2O5 em comparação com o método convencional (380 kg) no campo. No entanto, as quantidades totais de P2O5 com base em 2 e 3 ZAs de acordo com as 2 outras estratégias de delimitação (CEa_{30}; $(P/Al)_{M3+CEa30}$) representaram 380 kg de P2O5, o que não gerou nenhuma economia de P (0 kg de P2O5), em comparação com o método convencional (380 kg).

Em resumo, o ATV gerou 366 kg de P2O5, enquanto a delimitação por 2 e 3 ZAs gerou 306 e 341 kg de P2O5, ou seja, ganhos respectivos de 60 e 25 kg de P2O5 em comparação com o ATV no milho em grão (Quadro 35; Quadro 4-6). 25 Consequentemente, a estratégia de delimitação de 2 e 3 ZAs pareceu ser mais eficaz do que a ATV em termos de ganho de P O neste campo sob acumulação de P. Este estudo demonstrou a importância de ter em conta o SV de P para fins específicos de gestão de P, a fim de reduzir as perdas de P em solos de culturas de campo num contexto de agricultura de precisão.

Conclusões

O P é um nutriente importante para o crescimento e o desenvolvimento das culturas. No entanto, as aplicações excessivas de P nos solos agrícolas em relação às necessidades das culturas conduziram à estratificação do P, aumentando o risco de perda deste elemento através do escoamento superficial e contribuindo para a degradação ambiental através da eutrofização dos cursos de água. A gestão sustentável do P nos solos aráveis depende, pois, de uma fertilização que equilibre a oferta e a procura efectivas de P no solo. É, pois, importante conhecer melhor o SV do P nos solos cultivados, a fim de melhorar a utilização económica e racional dos fertilizantes P, promover a rentabilidade e a sustentabilidade da exploração agrícola, melhorar a redução das perdas de P e preservar o ambiente. O objetivo geral desta tese de doutoramento foi avaliar o SV do P no solo em diferentes sistemas de cultivo e de lavoura para efeitos de recomendações agro-ambientais de P_2O_5 em agricultura de precisão.

Os resultados do capítulo 2 mostraram que as aplicações repetidas de corretivos orgânicos resultaram numa acumulação de P disponível [P_{M3}, $(P/A1)_{M3}$] na camada de 0-5 cm sob os antigos prados. Esta acumulação de P aumentou o risco agroambiental de poluição por P nas pastagens permanentes. A variabilidade reduzida e a dependência espacial do P do solo foram observadas em ambas as camadas do solo (0-5 cm e 5-20 cm) em pastagens antigas devido à influência crescente de factores extrínsecos do solo, tais como aplicações de fertilizantes orgânicos durante um longo período. De um ponto de vista agronómico, uma estrutura espacial reduzida do P do solo pode ter um impacto na delimitação das ZAs para efeitos de gestão do P do solo nas pastagens. As relações entre os índices de P disponível no solo e outras propriedades físico-químicas diferiram entre os sistemas de pastagem contrastantes.

Os resultados do capítulo 2 também demonstraram que os mapas de distribuição espacial do P no solo devem ser utilizados para orientar as aplicações de taxa variável (VRA) de fertilizantes P, a fim de evitar a sub e a sobre fertilização do P nas pastagens. De acordo com os resultados deste estudo, deve ser recomendada uma estratégia de amostragem do solo centrada nos cinco centímetros superiores do solo em prados permanentes, devido ao elevado risco de estratificação do P causado por uma fertilização com elevado teor de P, por oposição à atual estratégia de amostragem do solo (0-17,5 cm) aplicada na província do Quebeque, para efeitos de recomendações precisas de P_2O_5.

Os resultados do Capítulo 3 mostraram que os índices de P do solo medidos eram semelhantes em ambas as camadas (0-5 cm e 5-20 cm) sob CT. No entanto, sob SD, estes parâmetros de P foram mais elevados na camada de 0-5 cm em comparação com a camada de 5-20 cm, confirmando a estratificação do P. Assim, a prática agronómica de SD resultou numa acumulação de P [$(P/Al)_{M3}$] no solo (7,9%) em comparação com CT (2,7%), aumentando o risco de poluição por P, tal como observado nos mapas de krigagem espacial.

Os resultados do Capítulo 3 também mostraram que as relações entre os índices de P disponível no solo e outras propriedades físico-químicas do solo diferiam sob práticas de lavoura contrastantes. A variabilidade dos índices de P do solo nos dois campos variou de moderada a muito elevada (32-60%), indicando que as recomendações de fertilizantes P aplicados uniformemente atualmente em uso não são adequadas para campos com grandes áreas (10 ha). Estes resultados têm implicações agro-ambientais ligadas à gestão sustentável do P do solo. De facto, a ATV utilizando mapas de krigée gerou uma redução de 14 kg de P_2O_5 na camada (0-5 cm) do campo sob SD para a cultura do milho em grão. Neste capítulo, a ATV demonstrou a importância de aplicar adubos fosfatados da fonte certa, na dose certa, da forma certa e no local certo, a fim de elaborar recomendações futuras precisas de P para reduzir as perdas de P para o ambiente.

Os resultados do Capítulo 4 mostraram que o valor médio de $(P/Al)_{M3}$ foi de 7,9% na camada estratificada (0-5 cm) de P do solo sob SD. Os valores médios de CE_{a30} e CE_{a100} foram de 15,8 e 32,6 mS m^{-1}, respetivamente. O CV dos índices de P do solo permaneceu elevado (32-36%), apesar da baixa diversidade do solo no campo. Uma elevada intensidade de variação de P numa série de solos tem impacto na delimitação de ZAs homogéneas baseadas em P num campo de P estratificado, para fins específicos de gestão do fertilizante P. A dependência espacial do P do solo e das propriedades auxiliares (medições da CEa e rendimentos agronómicos) variou de moderada a elevada (43-99%) em resultado da interação entre factores intrínsecos e extrínsecos (*ou seja,* variabilidade climática).

Foram observadas relações variáveis entre $(P/Al)_{M3}$, medições de ECa e rendimentos (2012, 2015 e 2016) devido à variabilidade climática inter-sazonal (Figura 4-5). As relações P-rendimento variaram de ano para ano devido a dois factores dominantes principais (propriedades do solo e condições climáticas), com impacto na variabilidade do rendimento. Do mesmo modo, foram observadas relações CE-rendimento, resultantes da variabilidade do rendimento. Foi observada uma correlação relativa significativa $_{CEa30-P}$ do solo (r de 0,22-0,23), gerando três estratégias de delimitação de ZAs.

Os resultados do capítulo 4 também mostraram que existe potencial para reduzir a variabilidade espacial do P do solo utilizando o método de delimitação de ZAs, uma estratégia agronómica para controlar a variabilidade espacial, destinada a reduzir as perdas de P mantendo os rendimentos na província do Quebeque.

De acordo com os resultados deste estudo, a delimitação do campo de P estratificado em duas ou três ZAs, utilizando medições de $(P/Al)_{M3}$, representou a melhor estratégia agronómica para controlar a variabilidade espacial de $(PZAI)_{Ms}$. $_3$Este facto deve-se à maior redução (45%) da variabilidade espacial do $(PZAI)_M$ (1-2 ZAs), confirmada pelas validações estatísticas significativas obtidas de duas a três ZAs, e às maiores reduções de P2O5 destas duas ou três ZAs respetivamente (74 ou 40 kg $_{P2O5}$). Esta tese demonstrou assim a importância de ter em conta a VS do P para efeitos de uma gestão específica do P, através do VTA e da delimitação de ZAs com vista a reduzir as perdas de P nos solos de culturas arvenses num contexto de agricultura de precisão.

Recomendações e perspectivas

A estratificação do P nos solos agrícolas continua a ser uma questão agroambiental importante. De acordo com os resultados do presente estudo, deve ser recomendada uma estratégia de amostragem do solo centrada nos cinco centímetros superiores em solos de pastagens e SD para recomendações sustentáveis $_{de\ P2O5}$, devido ao elevado risco de estratificação do P no solo. O objetivo é reduzir as perdas de P para o ambiente decorrentes da fertilização rica em P em relação a estas práticas agronómicas.

Esta tese de doutoramento representa, tanto quanto sabemos, o primeiro estudo sobre a variabilidade espacial do P em solos de pastagens na província do Quebeque. No entanto, este estudo foi realizado num campo mais pequeno (2,5 ha). Por conseguinte, seriam necessários estudos adicionais em prados maiores para avaliar melhor a estrutura espacial do P com o objetivo de controlar melhor a variabilidade espacial do P .

Os modelos geoestatísticos tradicionalmente utilizados (esférico, exponencial) para determinar os índices de P do solo não são adaptados aos solos sob DS. Poucos estudos foram efectuados para desenvolver modelos geoestatísticos de previsão de P específicos para os solos SD. A investigação futura deve ser levada a cabo para desenvolver modelos geoestatísticos melhorados, incluindo modelos cíclicos para uma melhor previsão da estrutura espacial dos indicadores de P adaptados aos solos sob DS. O objetivo é obter mapas mais fiáveis que prevejam a distribuição espacial dos indicadores de P nos solos sob DS para uma melhor estratégia agronómica de controlo da variabilidade do P na AP.

Tanto quanto sabemos, este estudo representa a primeira experiência sobre a delimitação de ZAs utilizando a relação CEa-P do solo para controlar a variabilidade espacial do P do solo num campo de plantio direto (solo estratificado com P) na província do Quebec. No entanto, o trabalho foi realizado num único campo sob SD. Seriam necessários estudos adicionais noutros campos para avaliar os impactos a longo prazo das práticas de lavoura contrastantes (CT vs SD) e do teor de água do solo na relação CEa-P nos solos do Quebeque. $_3$O objetivo seria melhorar a previsão da distribuição espacial do índice agroambiental de P $(PZAI)_M$ usando ECa para recomendações sustentáveis de P2O5 em PA.

As propriedades físico-químicas dos solos, incluindo o P, os rendimentos e as condições climáticas podem variar todos os anos em resultado das variações climáticas, especialmente no contexto atual de alterações climáticas crescentes. Assim, o número ideal de ZAs pode mudar ao longo do tempo e depender das condições climáticas e da cultura selecionada. Foram efectuados poucos estudos sobre a variabilidade temporal do P do solo em relação à variabilidade temporal dos rendimentos das culturas, com o objetivo de delimitar com precisão as ZAs temporais. Seriam necessários estudos futuros para caraterizar a variabilidade temporal do P do solo em relação à variabilidade temporal dos rendimentos das culturas, a fim de delimitar com precisão as ZAs temporais (numa base de 3-5 anos, por exemplo). O objetivo seria avaliar a estabilidade temporária das ZAs baseadas no P e a relação P-rendimento num contexto espácio-temporal na AP. Assim, a escolha do futuro número de ZAs deve basear-se numa série de dados temporais.

Os resultados do capítulo 3 mostraram que os valores mais pequenos do intervalo espacial são os dos indicadores de P nos cinco centímetros superiores do solo sob SD neste estudo. Estas medições geoestatísticas determinam a grelha de amostragem ideal para a recolha de amostras de P e de outras propriedades físico-químicas do solo. Além disso, a densidade de amostragem tem um impacto na estrutura espacial do P. $_{2525}$Além disso, a estratégia de delimitação de ZAs com base na medição de dados de $(P/Al)_{M3}$ foi o melhor método de controlo da variabilidade espacial de P, confirmada pela maior redução (1-2 ZAs) na variabilidade espacial de $(P/Al)_{M3}$ (45%), pelos testes de validação significativos (2-3 ZAs) e pela redução das respectivas entradas de P O para duas e três ZAs (74 a 40 kg P O). Seria, portanto, necessário desenvolver outras estratégias agronómicas de controlo da variabilidade espacial do P, com base no conceito de densidade de amostragem económica óptima (DAP) para o P, para uma melhor avaliação da estrutura espacial do P do solo no contexto da gestão específica dos campos de AP. Poucos estudos foram efectuados sobre o WDEL de P em ambientes agrícolas. Assim, o WDET pode ser uma medida importante que merece atenção em investigação futura.

Esta tese demonstrou a importância de caraterizar a variabilidade espacial do P em diferentes sistemas de cultivo, com vista a reduzir as perdas de P. Poucos estudos foram efectuados sobre a aplicação de métodos espectroscópicos com sensores ópticos e raios gama (γ) para caraterizar a variabilidade espacial do P em 3D. Por conseguinte, seria necessário desenvolver outros métodos de caraterização da variabilidade espacial do P em 3D, utilizando técnicas espectroscópicas com sensores ópticos e raios gama. Os métodos espectroscópicos utilizam sensores ópticos que cobrem comprimentos de onda como o ultravioleta (100-400 nm), o visível (400-750 nm), o infravermelho próximo (750-2500 nm) e o infravermelho médio (2500-25000 nm). Requerem pouca preparação, nenhuma logística e nenhum produto químico para analisar amostras de solo. As técnicas espectroscópicas que utilizam sensores ópticos baseiam-se em equações de calibração entre o sinal ótico e o parâmetro físico-químico que está a ser medido (por exemplo, sondas ChrysaLabs), daí a importância de recolher amostras para obter uma base de dados. As estratégias de calibração para sensores ópticos variam desde a regressão linear simples até aos métodos multivariados. A espetroscopia gama (γ) mede a distribuição da intensidade da radiação γ em função da energia de cada fotão. É uma ferramenta importante para a caraterização das propriedades do solo através de medições de dados pontuais (por exemplo, SoilOptix), daí o estabelecimento de campanhas de amostragem para obter uma base de dados. Ainda pouco utilizados, os métodos espectroscópicos (sensores ópticos e raios y) poderiam ser estudados devido ao seu futuro muito promissor para a caraterização da variabilidade espacial dos índices de P, nomeadamente nos solos estratificados em P, com vista a reduzir as perdas de P para o ambiente.

Bibliografia geral

Abdi, D., Cade-Menun, B.J., Ziadi, N., Parent, L.E. (2014). "Impacto a longo prazo das práticas de cultivo e fertilização com fósforo nas formas de fósforo do solo, conforme determinado pela espetroscopia de ressonância magnética nuclear 31 P". Jornal de Qualidade Ambiental **43,** 1431-1441.

Adamchuk, V., Allred, B., Doolittle, J., Grote, K., Rossel, R., Ditzler, C., West, L. (2015). Ferramentas para deteção de solo proximal. Equipe de levantamento do solo, Ditzler, C., West, L. (Eds.), Manual de levantamento do solo. Serviço de Conservação de Recursos Naturais. Manual do Departamento de Agricultura dos EUA, **18**.

Allaire, S. E., Van Bochove, E., Denault, J.-T., Dadfar, H., Thériault, G., Charles, A., De Jong, R. (2011). "Caminhos preferenciais do movimento do fósforo dos terrenos agrícolas para as massas de água na bacia canadiana dos Grandes Lagos: uma ferramenta de previsão". Jornal Canadiano de Ciência do Solo **91**(3):361-374.

Ameer, S., Cheema, M.J.M., Khan, M.A., Amjad, M., Noor, M., Wei, L. (2022). "Delineação de zonas de gestão de nutrientes para uma gestão precisa de fertilizantes na cultura do trigo usando técnicas geoestatísticas". Soil Use and Management, **38**(3), 1430-1445.

Beauchemin, S., Hesterberg, D., Chou, J., Beauchemin, M., Simard, R.R., Sayers, D.E. (2003). "Especiação de fósforo em solos agrícolas enriquecidos com fósforo utilizando espetroscopia de absorção de raios X de estrutura próxima da borda e fracionamento químico". Journal of Environmental Quality **32,** 1809-1819.

Becker, SM, Franz, TE, Abimbola, O., Steele, DD, Flores, JP, Jia, X., Scherer, TF, Rudnick, DR, Neale, CM (2022). "Avaliação de viabilidade no uso de sensores geofísicos proximais para apoiar a gestão de precisão". Vadose Zone Journal **21**(6), e20228.

Bogunovic, I., Mesic, M., Zgorelee, Z., Jurisic, A., Bilandzija, D. (2014). "Variação espacial dos nutrientes do solo em solo argiloso-arenoso". Pesquisa de solo e lavoura **144**: 174-183.

Brevik, E.C., Fenton, T.E., Lazari, A. (2006). "Condutividade eléctrica do solo em função do teor de água do solo e implicações para a cartografia do solo". Agricultura de Precisão **7,** 393-404.

Cade-Menun, B., Carter, M., James, D., Liu, C. (2010). "Formas e química do fósforo no perfil do solo sob lavoura de conservação de longo prazo: um estudo de ressonância magnética nuclear de fósforo 31". Journal of Environmental Quality **39**(5): 1647-1656.

Cambouris, A., Messiga, A., Ziadi, N., Perron, I., Morel, C. (2017). "Distribuição bidimensional em escala decimétrica do fósforo do solo após 20 anos de manejo do solo e fertilização com fósforo de manutenção". Jornal da Sociedade de Ciência do Solo da América **81** (6): 1606-1614.

Cambouris, A., Nolin, M., Zebarth, B., Laverdière, M. (2006). "Zonas de gestão do solo delineadas pela condutividade eléctrica para caraterizar as variações espaciais e temporais no rendimento da batata e nas propriedades do solo". American Journal of Potato Research **83**(5):381-395.

Corwin, D., Plant R. (2005). "Aplicações da condutividade eléctrica aparente do solo na agricultura de precisão". Computadores e eletrónica na agricultura **46**(1):1-10.

Dalchiavon, F.C., Rodrigues, A.R., De Lima, E., Lovera, L.H., Montanari, R. (2017). "Variabilidade espacial de atributos químicos do solo cultivado com soja sob plantio direto". Revista de Ciências Agroveterinárias **16,** 144-154.

Diacono, M., Castrignanò, A., Troccoli, A., De Benedetto, D., Basso, B., Rubino, P. (2012). "Variabilidade espacial e temporal do rendimento e qualidade do grão de trigo em um ambiente mediterrâneo: uma abordagem geoestatística multivariada". Pesquisa de Culturas de Campo **131,** 49-62.

Eriksson, A.K., Hesterberg, D., Klysubun, W., Gustafsson, J.P. (2016). "Dinâmica do fósforo em solos agrícolas suecos influenciada pela fertilização e propriedades mineralógicas: percepções obtidas a partir de experimentos em lote e espetroscopia XANES". Ciência do Ambiente Total **566**, 1410-1419.

Fu, W., Zhao, K., Jiang, P., Ye, Z., Tunney, H., Zhang, C. (2013a). "Variabilidade em escala de campo do fósforo do teste de solo e outros nutrientes em pastagens sob manejos agrícolas de longo prazo". Pesquisa do Solo **51**(6):503-512.

Fu, W., Zhao, K., Tunney, H., Zhang, C. (2013b). "Usando GIS e geoestatística para otimizar a amostragem de fósforo e magnésio do solo em pastagens temperadas". Ciência do Solo **178**, 240-247.

Grandt, S., Ketterings, Q.M., Lembo Jr, A.J., Vermeylen, F. (2010). "Variabilidade no campo do fósforo no teste do solo e implicações para a gestão agronómica e ambiental do fósforo". Soil Science Society of America Journal **74**, 1800-1807.

Grant, R., Laubel, A., Kronvang, B., Andersen, H., Svendsen, L., Fuglsang, A. (1996). "Perda de fósforo dissolvido e particulado de bacias hidrográficas aráveis por drenagem subsuperficial". Water Research **30**(11):2633-2642.

Guedes Filho, O., Vieira, S.R., Chiba, M.K., Nagumo, C.H., Dechen, S.C.F. (2010). "Variabilidade espacial e temporal da produtividade das culturas e de algumas propriedades do Hapludox Rhodic sob plantio direto". Revista Brasileira de Ciência do Solo **34**, 1-14.

Heiniger, R., McBride, R., Clay, D. E. (2003). "Utilização da condutividade eléctrica do solo para melhorar a gestão dos nutrientes". Agronomy Journal **95**(3): 508-519.

Jamieson, A., Madramootoo, C., Enright, P. (2003). "Perdas de fósforo no escoamento superficial e subsuperficial de um evento de degelo num campo agrícola no Quebeque". Canadian Biosystems Engineering **45**:1-1.

Jia, S.; Zhou, D., Xu, D. (2011). "A variabilidade temporal e espacial das propriedades do solo num sistema agrícola afetado pelas práticas agrícolas nos últimos 25 anos". Journal of Food, Agriculture and Environment **9**: 669-676.

Jiang, P., Thelen, K. D. (2004). "Efeito das propriedades do solo e topográficas no rendimento das culturas num sistema de cultivo de soja de milho do Centro-Norte". Revista Agronomia **96**: 252-258.

Jordan, C., McGuckin, S., Smith, R. (2000) "Increased predicted losses of phosphorus to surface waters from soils with high Olsen-P concentrations". Soil Use and Management **16**(1):27-35.

Jung, W., Kitchen, N., Sudduth, K.A., Kremer, R., Motavalli, P. (2005). "Relação da condutividade eléctrica aparente do solo com as propriedades do solo argiloso". Soil Science Society of America Journal **69**(3): 883-892.

Kitchen, N., Westfall, D., Havlin, J. (1990). "Amostragem do solo sob plantio direto com fósforo em faixas". Soil Science Society of America Journal **54**:1661-1665.

Kuo, S., Huang, B., Bembenek, R. (2005). "Efeitos da fertilização com fósforo a longo prazo e da cultura de cobertura de inverno nas transformações do fósforo no solo em solos menos degradados". Biology and Fertility of Soils **41**: 116-123.

Limousin, G., Tessier, D. (2007). "Efeitos do plantio direto nos gradientes químicos e na acidificação do solo superficial". Soil and Tillage Research **92**(1-2): 167-174.

Mallarino, A. (1996). "Padrões de variabilidade espacial de fósforo e potássio em solos não arados para duas escalas de amostragem". Soil Science Society of America Journal **60**(5): 1473-1481.

Malvezi, K.E.D., Júnior, L.Z., Guimarães, E.C., Vieira, S.R., Pereira, N. (2019). "Variabilidade dos atributos químicos do solo sob plantio direto e plantio direto em um experimento de longo prazo no sul do Brasil". Bioscience Journal **35**(2): 467-476.

Mccormick, S., Jordan, C., Bailey, J. (2009). "Variação espacial dentro e entre campos do fósforo do solo em pastagens permanentes". Agricultura de Precisão **10**: 262-276.

Messiga, A.J., Ziadi, N., Morel, C., Grant, C., Tremblay, G., Lamarre, G., Parent, L.-E. (2012). "Impacto a longo prazo das práticas de cultivo e fertilização bienal de P e N na produção de milho e soja e no estado do P do solo". Pesquisa de Culturas de Campo **133**: 10-22.

Messiga, A.J., Ziadi, N., Morel, C., Parent, L.-E. (2010). "Disponibilidade de fósforo no solo em plantio direto versus plantio convencional após ciclos de congelamento e descongelamento". Jornal Canadiano de Ciência do Solo **90**: 419428.

Messiga, A. (2010). Transferências de fósforo em solos de culturas arvenses. Tese de doutoramento em Solos e Ambiente, Québec, Université Laval. 217 páginas.

Motavalli, P., Hammer, R., Bardhan, S. (2015). "Condutividade elétrica aparente do solo usada para determinar a variabilidade do fósforo do solo em pastagens com cama de aves". Jornal Americano de Agricultura Experimental **3**(1):287-309.

Nolin, M. e Caillier, M. (1992b). "La variabilité des sols. II-Quantificação e amplitude". Agrosol **5**(1):21-32.

Nolin, M., Caillier, M., e Wang, C. (1991). "Variabilidade do solo e estratégia de amostragem em levantamentos

detalhados do solo da planície de Montreal". Canadian Journal of Soil Science **71:** 439-451.
Nolin, M., Gagnon, B., Leclerc, M., Cambouris, A., Bélanger, G., Simard, R. (2003). Influência da pedodiversidade e das utilizações anteriores da terra na variabilidade espacial dentro do campo de indicadores selecionados da qualidade do solo e das forragens. In: Proceedings of the 6th International Conference on Precision Agriculture and Other Precision Resources Management, Minneapolis, MN, USA, 14-17 July, 2003. Sociedade Americana de Agronomia, p 261-277.
Nolin, M.C., Simard, R., Cambouris, A., Beauchemin, S. (1999). Variabilidade específica do estado do fósforo e caraterísticas de sorção em solos argilosos das terras baixas de St-Lawrence (Quebec). In: Actas da Quarta Conferência Internacional sobre Agricultura de Precisão, Madison, WI, EUA. Sociedade Americana de Agronomia, Sociedade Americana de Ciência das Culturas, Sociedade Americana de Ciência do Solo, p 395-406.
Nyéki, A., Daróczy, B., Kerepesi, C., Neményi, M., Kovács, A.J. (2022). "Variabilidade espacial das propriedades do solo e seu efeito na produção de milho no campo - um estudo de caso na Hungria". Agronomia MDPI: **12**(2), 395.
Nze Memiaghe, J.D., Cambouris, A.N., Ziadi, N., Karam, A. (2022). Impactos dos métodos de interpolação nos mapas de fósforo agroambiental do solo sob a produção de milho. Em: 15ª Conferência Internacional sobre Agricultura de Precisão, Minneapolis, Minnesota, EUA. Sociedade Internacional de Agricultura de Precisão.
Omonode, R.A., Vyn, T.J. (2006). "Dependência espacial e relações da condutividade eléctrica com a matéria orgânica do solo, o fósforo e o potássio". Ciência do Solo: **171** (3):223-238.
Patoine, M., Hébert, S., Simoneau, M., D'auteuil-Potvin, F. (2017). Cargas de fósforo, azoto e sólidos em suspensão na foz dos rios do Quebeque, 2009 a 2012. [1]Ministère du Développement durable, de l Environnement et de la Lutte contre les changements climatiques, Diretion générale du suivi de l'état de l'environnement.
Peralta, N.R., Costa, J.L. (2013). "Delineação de zonas de manejo com condutividade elétrica aparente do solo para melhorar o manejo de nutrientes". Computadores e Eletrónica na Agricultura **99**: 218-226.
Perron, I., Cambouris, A.N., Chokmani, K., Vargas Gutierrez, M.F., Zebarth, B.J., Moreau, G., Biswas, A., Adamchuk, V. (2018). "Delineando zonas de manejo do solo usando um sistema de deteção de solo proximal em dois campos comerciais de batata em New Brunswick, Canadá". Jornal Canadense de Ciência do Solo **98**: 724-737.
Puustinen, M., Koskiaho, J., Peltonen, K. (2005). "Influência dos métodos de cultivo nos sólidos suspensos e nas concentrações de fósforo no escoamento superficial em campos argilosos inclinados em clima boreal". Agriculture, Ecosystems and Environment **105**: 565-579.
Quenum, M., Nolin, M., Bernier, M. (2012). "Mapeamento numérico da capacidade máxima de sorção de fósforo dos solos na escala da parcela agrícola usando variáveis auxiliares". Jornal Canadiano de Ciência do Solo **92**: 733-750.
Radocaj, D., Jug, I., Vukadinovic, V., Jurisic, M., Gasparovic, M. (2021). "O efeito da densidade de amostragem do solo e autocorrelação espacial na precisão da interpolação das propriedades químicas do solo em terras aráveis". Agronomia MDPI **11** (12): 2430.
Rhoades, J., Manteghi, N., Shouse, P., Alves, W.J. (1989). "Condutividade eléctrica do solo e salinidade do solo: novas formulações e calibrações". Soil Science Society of America Journal **53** (2): 433-439.
Rodrigues, M.S., Corá, J.E. (2015). "Zonas de manejo utilizando fuzzy clustering com base na variabilidade espaço-temporal do solo e da produtividade do milho". Engenharia Agrícola **35:** 470-483.
Roger, A., Libohova, Z., Rossier, N., Joost, S., Maltas, A., Frossard, E., Sinaj, S. (2014). "Variabilidade espacial do fósforo do solo no cantão de Friburgo, Suíça". Geoderma **217**:26-36.
Saifuzzaman, M., Adamchuk, V., Biswas, A., Rabe, N. (2021). "Dados de deteção de solo proximal de alta densidade e derivados topográficos para caraterizar a variabilidade do campo". Engenharia de Biossistemas **211**: 19-34.
Shi, Z., Wang, K., Bailey, J., Jordan, C., Higgins, A. (2000) "Sampling strategies for mapping soil phosphorus and soil potassium distributions in cool temperate grassland". Agricultura de Precisão **2:** 347-357.
Singh, G., Williard, K.W., Schoonover, J.E. (2016). "Relação espacial da condutividade elétrica aparente do solo

com o rendimento das culturas e propriedades do solo em diferentes posições topográficas em uma pequena bacia hidrográfica agrícola". Agronomia MDPI **6** (4): 57.

Soane, B.D., Ball, B.C., Arvidsson, J., Basch, G., Moreno, F., Roger-Estrade, J. (2012). "Plantio direto no norte, oeste e sudoeste da Europa: uma revisão dos problemas e oportunidades para a produção agrícola e o meio ambiente". Soil and Tillage Research **118**: 66-87.

Sudduth, K., Kitchen, N., Wiebold, W., Batchelor, W., Bollero, G., Bullock, D., Clay, D., Palm, H., Pierce, F., Schuler, R., Thelen, K. (2005). "Relacionando a condutividade eléctrica aparente com as propriedades do solo no centro-norte dos EUA". Computadores e Eletrónica na Agricultura **46**(1-3):263-283.

Sun, W., Huang, B., Qu, M., Tian, K., Yao, L., Fu, M., Yin, L. (2015). "Efeito das práticas agrícolas na variabilidade do estado do fósforo em solos geridos de forma intensiva". Pedosphere **25**: 438-449.

Tunney, H. (1990). "A note on a balance sheet approach to estimating the phosphorus fertiliser needs of agriculture". Irish Journal of Agricultural Research **29**(2):149-154.

Tyler, D., Howard, D. (1991). "Padrões de amostragem do solo para avaliar técnicas de fertilização em plantio direto". Journal of fertilizer issues.

West, C., Mallarino, A., Wedin, W., Marx, D. (1989). "Spatial variability of soil chemical properties in grazed pastures" (Variabilidade espacial das propriedades químicas do solo em pastagens). Soil Science Society of America Journal **53**(3):784-789.

Whelan, B., McBratney, A. (2000) "The "null hypothesis" of precision agriculture management". Precision Agriculture **2**(3):265-279.

Wilding, L.P., Drees, L. (1983). Variabilidade espacial e pedologia. Em Developments in Soil Sciences. Elsevier (Vol.
11, pp. 83-116). p. 83-116.

MIX
Papier aus verantwortungsvollen Quellen
Paper from responsible sources
FSC® C105338

Printed by Books on Demand GmbH, Norderstedt / Germany